Planeten-Geologie

Planeten-Geologie

Mond, Merkur, Mars, Venus und Jupitermonde

John Guest mit Paul Butterworth, John Murray und William O' Donnell

Herder Freiburg · Basel · Wien

Übersetzt von Anton Bruzek

Titel der Originalausgabe: Planetary Geology

erschienen bei David & Charles Newton Abbot London

Herstellung: Freiburger Graphische Betriebe 1981
ISBN 3-451-19147-4

Inhalt

Einleitung

Der Mensch hat seinen Drang, die Kontinente der Erde zu erkunden, weitgehend befriedigt; es ist nicht überraschend, daß er nun seine Aufmerksamkeit den Planeten zuwendet. Plötzlich sind einige unserer Nachbarplaneten nicht mehr ferne, nur im Teleskop zu betrachtende Objekte, sondern Welten, die wir aus der Nähe sehen können. In der ersten Phase der Erkundung des Mondes und der erdähnlichen Planeten Mars und Merkur haben die Geologen eine wichtige Rolle gespielt. Das gilt besonders für den Mond, bei dem die sorgfältige Untersuchung möglicher Landeplätze ein integraler Teil der NASA-Planung für die bemannte Landung war. Geologische, einschließlich geophysikalischer und geochemischer Untersuchungen waren – und sind noch – ein wesentlicher Gegenstand der Forschung.

Innerhalb der letzten 15 Jahre haben die Erdwissenschaftler den Bereich ihrer Forschung von der Erde auf alle erkundeten Planeten ausgedehnt, und es ist zu erwarten, daß in weiteren 10 Jahren die meisten Planeten und Satelliten des Sonnensystems mehr oder weniger geologisch erforscht sein werden.

Die geologische Erforschung der Planeten folgt einem bestimmten Schema. Die ersten Bilder von dem zu untersuchenden Planeten haben relativ geringe Auflösung, aber mit der Zeit und weiteren Missionen ergeben sich immer mehr Details. So wurde der Mond zuerst mit Hilfe des Fernrohrs von der Erde aus studiert, dann wurden Aufnahmen aus ihn umkreisenden Raumfahrzeugen gemacht; es folgten unbemannte Landungsgeräte und schließlich die bemannte Landung auf der Oberfläche, wo Feldbeobachtungen gemacht, Steine gesammelt und zur Erde gebracht wurden. Die Untersuchungen am Mars folgten etwa dem gleichen Schema; die letzte, die Vikingmission erbrachte eine Menge Daten sowohl aus der Umlaufbahn als auch auf der Oberfläche durch die beiden weich gelandeten Sonden. Die Erforschung des Merkur befindet sich noch im Anfangsstadium und basiert ganz auf der Mariner-10-Mission, die beim Vorbeiflug photographische Aufnahmen lieferte, die knapp 50% der Oberfläche überdecken und mit den Fernrohraufnahmen des Mondes vergleichbar sind. Die nächste Phase in der Erforschung des Mondes wird sicher die Kartierung der chemischen Verhältnisse der Oberfläche und die Durchführung geophysikalischer Messungen von einem in geringer Höhe kreisenden Orbiter sein. Eine ähnliche Mission kommt auch für Merkur in Frage, während für Mars der nächste entscheidende Schritt das Abholen von Gesteinsproben ist, um Natur und Alter der Oberflächengesteine zu bestimmen.

Dieses Fortschreiten von der Betrachtung der groben Strukturen zum Studium der Details eines Planeten ist genau umgekehrt zu der bei der Erforschung der Erde angewandten Methode.

Zwar stellten schon in der ersten Hälfte des 17. Jahrhunderts große Philosophen, wie etwa Descartes, umfassende Theorien über den Ursprung der Erde auf. Leibniz nahm an, daß die Erde als glühende Kugel entstand, an deren Oberfläche sich beim Abkühlen und Zusammenziehen eine Schlackenschicht ausbildete, während aus der Atmosphäre Wasser kondensierte; als die Kruste weiter abkühlte, bildeten sich

Hohlräume, die schließlich einstürzten, wodurch Berge und Täler entstanden. Diese Ideen beruhten aber mehr auf Spekulationen über die Dinge als auf ihrer Beobachtung. Erst als man im 18. Jahrhundert anfing, die Gesteine an Ort und Stelle zu untersuchen, begann sich die moderne geologische Wissenschaft zu entwickeln. Die ersten Diskussionen betrafen den Ursprung der Gesteine und der Fossilien. Der »berühmteste« Streit des späten 18. Jahrhunderts war wohl der zwischen den Anhängern des großen französischen Geologen Desmarest, der glaubte, daß Basalt ein vulkanisches Gestein ist, das aus inzwischen längst erloschenen Vulkanen stammt, und den Anhängern des Mineralogen Werner, der dieses Gestein als Ablagerung in den Ozeanen ansah. Das Wissen der Geologie wurde damals wesentlich durch neue Beobachtungen von Forschungs-Reisenden und Entdeckern erweitert. Reisen in Europa spielten dabei sicherlich eine wichtige Rolle, aber einen Großteil des Materials, an dem sich die Ideen weiter entwickelten, lieferten z. B. die Fahrten von Cook in der Mitte des 18. Jahrhunderts und die Untersuchungen an Gesteinen, Mineralien und Fossilien während der sechsjährigen Expedition quer durch das russische Reich, die von Katharina der Großen ausgesandt wurde.

Die frühen Auseinandersetzungen über die Natur spezifischer Gebiete der Geologie führten schließlich zur allgemeinen Anerkennung der Grundprinzipien der Geologie wie sie von dem schottischen Arzt James Hutton im späten 18. Jahrhundert formuliert wurden. Hutton postulierte, daß durch »Zerfallsprozesse« allmählich das ganze Land durch Erosion zerstört wird und der Schutt des abgetragenen Landes von den Flüssen ins Meer geschwemmt wird. Die dort abgelagerten Sedimente werden dann wieder emporgehoben und bilden neue Gebirgszüge, die schließlich ihrerseits wieder erodiert werden. Hutton nahm an, daß die Erde ein Zentralfeuer besitzt, das für die Entstehung der Vulkane, der Minerale und Erzadern verantwortlich ist. So betrachtete er die Erde als durch zyklische Veränderungen geformt, ein Konzept das als *Uniformitarianismus* bezeichnet wird, und im Gegensatz steht zu den früheren Katastrophentheorien. Die Ideen Huttons wurden von Charles Lyell in seinen 1830 erschienenen »Principles of Geology« ausgebaut, in denen er sich besonders auf solche geologischen Prozesse stützt, deren Wirkung in vielen Teilen der Erde gesehen werden kann.

Durch Charles Lyells Werk wurde eine „Schule" der Geologie begründet, die bis in unsere Tage fortwirkte. Aus der eingehenden Untersuchung kleiner Gebiete der Erde ergab sich schließlich ein – wenn auch noch sehr unvollständiges – Bild der Landmassen. Erst in den letzten Jahrzehnten wurden die 70% der von Ozeanen bedeckten Erdoberfläche soweit erforscht, daß die Aufstellung einer globalen Theorie, die der *Plattentektonik* möglich wurde. Vor der Theorie der Plattentektonik hatten die Geologen schon erkannt, daß das Gesicht der Erde im Laufe ihrer Geschichte durch gewaltige Kräfte in ihrem Innern erheblich verändert wurde. Man hatte erkannt, daß starke Druckkräfte die Gebirgszüge emporgehoben haben, wobei stark gefaltete und verworfene Gesteinsschichten entstanden, daß Erdbeben und Vukanismus im wesentlichen auf schächere Zonen der Erdkruste beschränkt sind, wo Lava leichter aus tieferen Schichten aufsteigen kann als anderswo und daß stetige Bewegungen Erdbeben verursachen. Und es fanden sich auch Hinweise dafür, daß die Kontinente nicht immer ihre gegenwärtige Position hatten, sondern sich über den Erdball verschoben haben.

Diese Vorstellungen beruhten auf Studien an den Kontinenten, die nur einen kleinen Teil der Gesamtoberfläche der Erde ausmachen. Untersuchungen an den Ozeanböden zeigten dann, daß sich die verschiedenen geologischen Prozesse, die internen Kräften zugeschrieben werden, im Rahmen einer globalen Erdgeschichte verstehen lassen. Man fand, daß an bestimmten Stellen des Meeresbodens, zum Beispiel im Mittelatlantischen Rücken durch vulkanische Aktivität neues Krustenmaterial erzeugt wird und sich dadurch der Meeresboden mit merklicher Geschwindigkeit, nämlich 1 cm pro Jahr, ausdehnt. Da die Erde aber nicht größer wird, muß dieser Zuwachs durch Abbau von Kruste an anderer Stelle kompensiert werden.

Eine solche Reduktion findet unter anderem an der Westküste von Südamerika dadurch statt, daß ozeanische Kruste unter den Kontinent geschoben wird, was ein Anheben von Gebirgen und vulkanische Aktivität verursacht. In Erdbebenzonen, wie der San Andreas-Verwerfung gleitet ozeanische Kruste entlang der kontinentalen Kruste ohne dabei verbraucht oder zerstört zu werden. Die Gebiete, in denen ein Teil der Erdkruste relativ zu einem anderen verschoben wird, werden *Mobilitätszonen* genannt; sie sind leicht an der großen Erdbebenhäufigkeit und der starken vulkanischen Aktivität zu erkennen.

Bevor sich diese Vorstellungen entwickelten, wußte man schon, daß die Erde aus einer Anzahl von Schalen aus Gestein verschiedener Zusammensetzung aufgebaut ist. Die äußerste Schicht, die *Erdkruste,* besteht aus Gestein relativ geringer Dichte; darunter befindet sich der *Erdmantel,* der den größten Teil des Erdvolumens einnimmt, und im Zentrum der Erde liegt der *Erdkern* aus Nickel und Eisen.

Die Theorie der *Plattentektonik* beruht auf den physikalischen Eigenschaften der Gesteine. An der Außenseite der Erde schwimmt eine dünne Schicht aus Material, das sich im wesentlichen als starrer Körper benimmt, zumindest über kurze Zeiträume. Diese Schicht, die *Lithosphäre,* erstreckt sich durch die Erdkruste hinunter in den oberen Mantel. Darunter befindet sich weniger starres, verformbares Gestein, die *Asthenosphäre.* Die Theorie der Plattentektonik nimmt nun an, daß die Lithosphäre aus vielen einzelnen Platten besteht, die auf der Asthenosphäre schwimmen und dort, vermutlich von konvektiven Strömungen mitgenommen, herumtreiben. In diesem Modell erzeugt Vulkanismus neue Kruste, indem Gestein von unten auftaucht, Gebirge werden hochgedrückt, wo Platten aufeinanderstoßen, und starke Versetzungen finden statt, wo Platten gegeneinander reiben. Diese allgemeine, von den meisten Geologen nun anerkannte Theorie gibt eine umfassende Erklärung für viele Vorgänge, die durch interne Kräfte bewirkt werden; sie ist der Beginn eines Versuchs, die Erde als ein Ganzes zu verstehen. Es ist vielleicht kein Zufall, daß diese globale

Betrachtungsweise der Geologie zu einer Zeit entstand, als die Weltraumforschung auf dramatische Weise zeigte, daß auch die Erde ein Planet ist und als solcher im Rahmen des Sonnensystems betrachtet werden muß.

Ein fundamentales Charakteristikum der Geologie ist, daß sie sich nicht nur mit der Physik und Chemie der Prozesse befaßt, die Gesteine und Geländeformen erzeugen, sondern auch mit ihrer Geschichte, um die heute stattfindenden Prozesse mit denen der Vergangenheit zu verknüpfen. Darin hat die Geologie viel mit der Astronomie gemein, die sowohl das Universum beobachtet wie es heute ist, als auch seine Entwicklung in der Zeit zu verstehen versucht. Ebenso befaßt sich die geologische Untersuchung eines Planeten nicht nur mit Prozessen wie Meteoreinschlägen und Vulkanismus, sondern versucht auch die Oberflächenform eines Planeten und die Natur der Prozesse zu rekonstruieren, die in den verschiedenen Phasen seiner Geschichte wirksam waren.

Wie wir sehen werden, kennen wir die Geschichte des *Mondes* von allen Planeten außer der Erde am besten. Die sorgfältige geologische Kartierung des Mondes anhand der Bilder, die mit Teleskopen und mit Raum-Sonden erhalten wurden, lieferte eine *Stratigraphie,* das heißt eine zeitliche Folge der Ereignisse abgeleitet aus der Aufeinanderfolge der Gesteinsschichten in der gegenwärtigen Oberfläche des Mondes. Diese Geschichte war eine *relative,* die nur die Aufeinanderfolge der Ereignisse angab. Erst als Mond-Gestein zur Erde gebracht wurde, konnten diesen Ereignissen *absolute* Daten zugeordnet werden Diese Untersuchungen ergaben ein unglaublich hohes Alter für die Mondoberfläche. Die kraterübersäte Mondoberfläche zeigt, daß vor 4 Milliarden Jahren und früher eine große Zahl von Asteroiden und kleineren Körpern auf den Mond aufschlugen. Sicher haben in dieser frühen Zeit Vulkane Material vom tiefen Innern des Mondes heraufgebracht und der Oberflächenkruste hinzugefügt. Aber die Anzeichen dafür wurden durch die häufigen Einschläge zerstört, die das Gestein zertrümmerten und das Gelände veränderten. Die Intensität des Bombardements scheint vor 4 Milliarden Jahren plötzlich nachgelassen zu haben; der vorherrschende geologische Prozess wurde nun der Vulkanismus, der riesige Überflutungen durch Lava erzeugte, die als *Maria* erhalten sind. Diese gewaltigen Eruptionen ereigneten sich durch etwa 1 Milliarde Jahre; es ist unwahrscheinlich, daß später als vor 2,5 bis 3 Milliarden Jahren noch viel Vulkanismus existierte. Seit dieser Zeit passierte nur noch wenig auf dem Mond, abgesehen von gelegentlichen großen Einschlägen und einem andauernden Aufwühlen der Oberfläche durch kleinere Einschläge. So blieb also der Mond seit einer langen geologischen Zeit ein relativ inaktiver Körper.

Eine ähnliche Situation sehen wir auf dem *Merkur,* wo der Großteil der von Mariner 10 photographierten Hälfte altes, kraterbedecktes Gebiet ist. An manchen Stellen sind diese Krater über weite Gebiete durch relativ glattes Material verschüttet, sodaß weite Ebenen entstanden. Wie wir später sehen werden, ist der Ursprung dieser Ebenen nicht ganz klar. Möglicherweise sind sie teilweise vulkanisch, entsprechend den Maria auf dem Mond. Es scheint vernünftig, die Chronologie des Merkur so wie die des Mondes zu interpretieren: in seiner frühen Geschichte war er einem starken Bombardement ausgesetzt, dem eine Periode vulkanischer Tätigkeit folgte, nach der auf der Oberfläche des Planeten nicht mehr viel passierte.

Wenn wir den Mars untersuchen, sehen wir, daß auch er während seiner frühen Geschichte bombardiert wurde. Aber, anders als Mond und Merkur, entwickelte er sich weiter, erzeugte große Vulkanberge und ausgedehnte Lavafelder, und, da er eine Atmosphäre hat, fanden auch Erosion und Ablagerungen statt. So hat Mars eine komplizierte geologische Geschichte, obwohl auch hier ein Großteil der geologischen Aktivität relativ früh im Leben des Planeten stattfand. Gegenwärtig gibt es auf dem Mars geologische Prozesse auch nicht annähernd mit der Häufigkeit wie auf der Erde.

Es ist interessant zu sehen, daß ein Großteil der auf Mond, Merkur und Mars gefundenen geologischen Aktivität Katastrophencharakter hat. In der frühen, und gelegentlich auch in der späteren Geschichte der Planeten müssen große Einschläge – von denen einige Krater mit über 1300 km Durchmesser erzeugten – jeden Teil des Planeten drastisch verändert haben, indem Trümmer mit hoher Geschwindigkeit auf die Oberfläche aufschlugen und der Boden durch seismische Wellen erschüttert wurde; außerdem wurden durch vereinzelte, aber höchst dramatische und ausgedehnte Vulkanausbrüche Tausende von Quadratkilometern mit Lava überdeckt. Die Häufigkeit und Art der Katastrophen, die das gegenwärtige Gelände und Oberflächengestein formten, änderte sich mit der Zeit: während in der sehr frühen Geschichte die Einschläge der beherrschende Prozesse auf allen Planeten war, verlor dieser allmählich seine Bedeutung und Vulkanismus – auf Mars zusammen mit anderen Prozessen – wurde wichtiger. Auch die interne Aktivität hat mit der Zeit nachgelassen.

Wenn wir also die Geologie eines anderen Planeten betrachten, sehen wir im Laufe der Geschichte eine Reihe von Katastrophen auf einem Planetenkörper, der sich mit der Zeit in einer Richtung entwickelt. Diese Betrachtungsweise steht im Gegensatz zur normalen Tradition der Geologie, die auf Untersuchungen auf der Erde beruht und in der die Philosophie des *Uniformitarianismus* gilt. Diese Philosophie, die in dem Schlagwort „die Gegenwart ist ein Schlüssel zur Vergangenheit" zusammengefaßt werden kann, besagt, daß das was heute auf der Erde passiert, repräsentativ ist für das, was in der Vergangenheit passierte, und daß wir unser Wissen von den heute beobachtbaren Prozessen benützen können, um auf die Gesteine und Geländeformen der Vergangenheit zu schließen. Diese war und ist ein sehr wichtiges Konzept in der Geologie und brachte große Fortschritte im Verständnis unserer Erde.

Aber bis vor relativ kurzer Zeit konnten durch die Untersuchung von Gesteinen und Fossilien nur die letzten 600 Millionen Jahre der Erdgeschichte studiert werden. In dieser relativ kurzen Periode mögen wohl die wirksamen Prozesse denen ähnlich gewesen sein, die wir noch heute sehen. Allerdings glauben einige Geologen, daß nicht alle bis heute erhalten gebliebenen Gesteine durch die uns bekannten kontinuierlichen Prozesse entstanden sind und daß das „Tagebuch der Geologie“ auch ungewöhnliche, oft katastrophenartige Ereignisse der Vergangenheit enthält. Wenn wir die Gesteine untersuchen, die die ältere Geschichte der Erde – etwa vor 2,5 Milliarden Jahren – repräsentieren, erkennen wir nicht nur, daß es tatsächlich Katastrophen gegeben hat sondern auch, daß damals die Bedingungen ganz anders waren. Die Tatsache, daß andere Planeten vor 4 Milliarden Jahren und früher heftig bombardiert wurden, zwingt zur Annahme, daß auch die Erde diesem Bombardement ausgesetzt war. Unsere Untersuchungen an den Planeten ergeben also, daß auch die Erde sich in einer Richtung fortentwickelt hat und daß in ihrer frühen Geschichte ihr Zustand von dem heutigen ganz verschieden war. Es kann durchaus sein, daß es während der frühen Erdgeschichte die Plattentektonik, wie wir sie heute kennen, nicht gab. Man fand zwar Gestein, wie etwa Granit, das typisch für die späteren Phasen der Erdgeschichte ist, in den frühesten Gesteinen, aber viele Strukturen sind verschieden von denen, die mit der Plattentektonik verknüpft sind. Dies deutet darauf hin, daß der thermische Zustand von dem heutigen verschieden war. Es gibt auch Hinweise dafür, daß die Erdatmosphäre damals anders war und möglicherweise aus Kohlendioxyd bestand.

Die Erde ist in vieler Hinsicht von den anderen Planeten ganz verschieden. Der grundlegende Unterschied, den wir als Geologen an der Erdoberfläche feststellen können, ist, daß die Erde 4,6 Milliarden Jahre nach ihrer Geburt noch immer ein höchst aktiver und veränderlicher Planet ist. Die irdische Atmosphäre und das frei vorhandene Wasser bewirken eine sehr starke Erosion, die Gebirge abträgt und Becken auffüllt; die vulkanische Aktivität ist sehr hoch, oft brechen an die 20 Vulkane gleichzeitig aus und einige von ihnen sind praktisch dauernd aktiv; Erdbeben zeigen, daß die dünnen Platten, aus denen die Erdoberfläche besteht, mit einigen cm pro Jahr herumgeschoben werden.

Wieso ist die Erde so anders? Offensichtlich hat sie eine andere thermische Geschichte gehabt, sie ist noch warm und aktiv, während der Mond abgekühlt ist verglichen mit den Bedingungen vor 3–4 Milliarden Jahren als er noch Lava an die Oberfläche auswarf. Wieso das so ist, wissen wir nicht. Von der Voyager-1-Sonde bekamen wir Bilder des Jupitersatelliten Io, die ihn mit einer sehr aktiven Oberfläche zeigen. Io hat etwa die Größe des Erdmondes; daraus ist zu folgern, daß sich nicht alle kleinen Körper des Planetensystems abgekühlt haben.

Die Erforschung der Venus bietet eine besondere Gelegenheit dieses Problem weiter zu verfolgen. Diese hat eine ähnliche Dichte wie die Erde, fast die gleiche Größe und eine der Erdbahn ähnliche Umlaufbahn. Es ist daher sehr wahrscheinlich, daß sie auch eine ähnliche Zusammensetzung und eine ähnliche Geschichte wie die Erde hat. Ein großer Unterschied ist aber, daß die Venus eine sehr dichte Atmosphäre aus Kohlendioxyd hat, vielleicht eine solche Atmosphäre wie sie auch die Erde in ihren frühen Tagen besaß. Dadurch können wir die Oberfläche der Venus mit konventionellen Mitteln nicht direkt beobachten. Es gelang jedoch, mit Hilfe von Radar ihre

Oberfläche von der Erde aus zu betrachten und die Existenz verschiedener Gebilde festzustellen, von denen einige große Krater, andere Vulkane und weitere große, durch Verwerfungen erzeugte Spalten sein können. Wesentlich mehr Details wurden von dem Radar-Kartographen des Venus-Pionier-Orbiters aufgezeichnet, der seit Dezember 1978 die Venus mit Ausnahme der Polgegenden, insgesamt 93% ihrer Oberfläche, vermessen hat.

Naturgemäß ist die Methode der Untersuchungen an anderen Planeten geprägt durch unsere geologische Ausbildung und Erfahrung auf der Erde. Für den Geologen, der gewohnt ist, geologische Probleme in Feldarbeit zu lösen, kann das Studium anderer Planeten oft frustrierend sein, da er meist auf Daten angewiesen ist, die von Raumsonden, also durch Fernerkundung erhalten wurde. Nur von den paar Apollo-Landeplätzen konnten wir Gestein aufsammeln und zur Erde bringen, um es im Laboratorium zu untersuchen, wie es der normalen Routine auf der Erde entspricht. Man muß hier aber beachten, daß unser Wissen von der Entwicklung der Erde als Ganzes auf der Erforschung des vom Meer bedeckten Meeresboden beruht und diese Forschungen mit Techniken durchgeführt wurden, die der Fernerkundung der Planeten durchaus analog sind. Die ozeanographischen Forschungsschiffe, die den Meeresboden absuchen, sind in ihrer Rolle vergleichbar mit Raumfahrzeugen, die die Planeten umkreisen, und die seltenen Exkursionen in Tieftauchgeräten zum Ozeanboden entsprechen den bemannten Landungen auf dem Mond und verwenden eine ähnliche Technologie.

Die Geologie befindet sich an einem wichtigen Wendepunkt ihrer Geschichte. Anstatt lokale Prozesse zu betrachten, die in relativ kleinen Gebieten der Erdkruste während kurzer Perioden stattfinden, beginnen wir, die Erde als ein umfassendes geologisches System zu studieren und dieses gleichzeitig mit der Entwicklung anderer Planeten zu vergleichen. Es ist zu hoffen, daß schließlich eine umfassende Theorie entsteht, mit der die Bedingungen auf irgendeinem Planeten zu irgendeiner Zeit aus Parametern wie Größe und Zusammensetzung abgeleitet werden können.

Die Planeten sind immer eine Domäne der Astronomen gewesen, und sind es zu einem gewissen Maß noch immer, aber die Geologen und anderer Erdwissenschaftler sind in dieses Forschungsgebiet eingedrungen. Die Zusammenarbeit zwischen diesen sehr unterschiedlichen Disziplinen hat zu der Erkenntnis geführt, daß sie vieles gemeinsam haben. Die Astronomen beschäftigen sich mit der Aufstellung konsistenter Modelle über die Entstehung und Entwicklung eines Sternes von seiner Kindheit bis zu seinem Reifezustand als Sonne mit den sie umkreisenden Planeten. Der Erdwissenschaftler beginnt mit den Planeten in ihrem jetzigen Zustand und versucht, sich in der Zeit zu ihrem Ursprung zurückzuarbeiten, was bis vor kurzem nicht sehr weit möglich war. Der Gedanke, daß es die Aufgabe der Geologie sein könnte, festzustellen, wie die Erde entstand, war Geologen wie Lyell und Hutton völlig fremd. Hutton erklärte, die Geologie beschäftige sich keinesfalls mit Fragen über den Ursprung der Dinge. Dies entsprach der Einstellung der Geologen, Geologie als reine Beobachtungswissenschaft zu betreiben, in der man die Dinge studiert, die man sehen kann, anstatt über Dinge zu spekulieren, die man nicht sehen kann. Unsere Untersuchungen an Planeten haben aber gezeigt, daß auf anderen Planeten noch Überreste aus Zeitaltern existieren, die auf der Erde nicht mehr repräsentiert sind, so daß wir nun auch „dem Ursprung der Dinge" auf einer solideren Basis nachforschen können. Die Unterscheidung zwischen Geologie und Kosmologie hat für uns wohl nicht mehr dieselbe Bedeutung wie für die Geologen des 19. Jahrhunderts.

Was können uns geologische Untersuchungen über den Ursprung der Planeten sagen? Die Analyse der Gesteine von der Oberfläche der Planeten hilft bei der Bestimmung der Zusammensetzung des Planeten als Ganzes, und das erlaubt anderseits, auf die Zusammensetzung der Materie zu schließen, aus der die Planeten gebildet wurden. Die Erde ist, wie bereits besprochen, nicht homogen sondern hat einen Nickel-Eisen-Kern, der von Schalen von Silikatgestein verschiedener Zusammensetzung umgeben ist. Sind alle Planeten so aufgebaut, oder gibt es auch homogene? Einige meinen, daß die Erde unrsprünglich schon mit diesen Schichten entstanden ist, daß während der Akkumulation, als die verschiedenen Schichten unter der Wirkung der Schwerkraft angelagert wurden und den Planeten bildeten, zuerst die metallischen Teile kamen und erst später die Silikate hinzugefügt wurden. Mehr verbreitet ist jedoch die Meinung, daß die Planeten aus homogenem Material gebildet wurden und daß sie in ihrer frühen Geschichte homogen waren. Möglicherweise sind einige von ihnen homogen geblieben, aber sicher nicht die Erde.

Wenn wir annehmen, daß ein in Entstehung begriffener Planet sich zum größten Teil in flüssigem Zustand befindet, dann werden sich die Elemente entsprechend ihrer Affinität in verschiedene Phasen verteilen. Diese Phasen sind Silikatschmelzen, Metallschmelzen, Sulfidschmelzen und die Uratmosphäre. Die Atmosphäre wird bestimmt durch den Dampfdruck der Elemente und die in ihr befindlichen stabilen Verbindungen. Ihre Zusammensetzung in verschiedenen Höhen wird je nach Druck- und Temperaturverhältnissen in weiten Grenzen variieren. Anderseits werden sich im flüssigen Material die Elemente in Kristallphasen verteilen je nach der Menge der verschiedenen Elemente und ihren Affinitäten zueinander. Die dichteren Phasen, wie metallisches Eisen werden sich unter der Wirkung der Schwerkraft abtrennen und einen Kern bilden, während die leichteren Phasen an die Oberfläche kommen und den Mantel und die Erdkruste bilden. Es ist festzuhalten, daß dieser Prozess, die Differenzierung durch die Dichte der Phasen und nicht durch das Atomgewicht der Elemente gesteuert wird. Wenn sich daher schwere Elemente wie Uran und Thorium mit leichten Phasen verbinden, werden sie an die Oberfläche des Planeten getragen und sich nicht in der Tiefe ansammeln. Der Grad der Differenzierung zur Zeit der Bildung des Planeten ist wesentlich für seine weitere Geschichte; das gilt insbesondere für Elemente wie Uran und Thorium, deren radioaktiver Zerfall eine Wärmequelle darstellt. Bei völliger Differenzierung befinden sich diese Elemente in der Kruste, wenn keine Differenzierung stattgefunden hat, sind sie gleichmäßig innerhalb des Planeten

verteilt. Diese Ausführungen über die Differenzierung zeigen, wie die Geologie helfen kann, den Ursprung der Planeten und des Sonnensystems zu verstehen.
Auch Untersuchungen der Entwicklung des Planeteninnern durch die Geologie können dazu beitragen. Die Anfangstemperatur eines Planeten kann aus seiner späteren thermischen Geschichte durch Rückwärts-Extrapolation abgeleitet werden. Man verwendet Modelle, die alle bekannten Prozesse im Planeten berücksichtigen wie Konvektion, Wärmeerzeugung durch Radioaktivität usw. Sie werden einmal ergänzt durch die Kenntnis der gegenwärtigen thermischen Verhältnisse und zum andern durch die Ableitung der früheren thermischen Bedingungen aus der Kenntnis der geologischen Geschichte. So ist beim Mond zu berücksichtigen, daß vor 3–4 Milliarden Jahren Vulkanismus existierte, der die Maria erzeugte, daß also der Mond in mehreren 100 km Tiefe so heiß war, daß Magma entstand.
Die letzten paar Jahre, die Geburt und erste Entwicklung der Geologie der Planeten und den Anfang der Erkundung der Planeten gesehen haben, waren sehr aufregend. Wir hoffen, daß wir in diesem Buch den Leser auf einige interessante Aspekte der Planetenoberflächen hinweisen können. Wir wollen zeigen, wie die verschiedenen Planeten aussehen und versuchen, eine Interpretation der beobachteten Erscheinungen zu geben. Der Leser wird sehen, daß wir nicht alle Antworten haben und daß auf diesem Gebiet für die Wissenschaft noch viel zu tun bleibt.
Die gezeigten Bilder sind eine kleine, subjektive Auswahl aus den vielen Zehntausenden, die wir schon haben, und mit deren Hilfe wir unser Studium der Planeten vertiefen können. Wir haben uns im wesentlichen auf photographische Aufnahmen beschränkt, aber man darf nicht vergessen, daß es noch andere Arten von Daten gibt, die zu unserem Wissen beitragen: geophysikalische Untersuchungen des Mondes, Untersuchung von Gesteinsproben, meteorologische Studien von Mars usw. Die Bilder sind jedenfalls spektakulär und wir hoffen, daß dieses Buch dem Leser eine Einführung in die Geologie der Planeten gibt und ein Anreiz zu weiterem Studium ist.
Wir bitten unsere Fachkollegen um Entschuldigung, daß wir keine bibliographischen Hinweise auf die Veröffentlichungen geben, in denen die meisten der in diesem Buch dargestellten Ideen entwickelt wurden. Soweit die Ideen unsere eigenen sind, verdanken sie sehr viel den Diskussionen und dem Gedankenaustausch mit unseren Kollegen.

Mond Der Vollmond

In einer klaren Nacht kann man auf dem Vollmond ganz leicht hellere und dunklere Stellen sehen. Die dunklen Stellen wurden mit dem lateinischen Wort für Meere *Maria* (Einzahl *Mare*) bezeichnet, weil man annahm, daß es auch auf dem Mond Meere gibt. Als man Fernrohre auf den Mond richtete, wurde klar, daß diese dunklen Stellen nicht Meere sind sondern große, tiefer gelegene, ebene Flächen. Man fand kein Anzeichen für das Vorhandensein von Wasser, Wolken oder einer Atmosphäre auf dem Mond, und insgesamt schien er sehr verschieden von der Erde zu sein. Seit Beginn der Fernrohrbeobachtungen des Mondes vor etwa 400 Jahren wurde niemals eine dauernde Veränderung an seiner Oberfläche beobachtet. Nur Schatten wandern Monat für Monat mit wechselndem Sonnenstand über die Mondlandschaft.

Mit Hilfe des Fernrohrs können verschiedene Arten von Formationen auf dem Mond unterschieden werden. Es gibt *Gebirgsketten,* wie die Apenninen (das unregelmäßige, bogenförmige Gebilde, das in der gegenüberliegenden Abbildung mit »A« bezeichnet ist) und auch isolierte Berggipfel, niedrige Hügel und Rücken ebenso wie die weiten Ebenen der Maria. Die auffälligsten Formen sind die *Krater,* die in sehr verschiedenen Größen auf der ganzen Mondoberfläche vorkommen. Man nahm früher an, daß dies *Vulkankrater* seien, denn bis ins vorige Jahrhundert waren auf der Erde nur Krater vulkanischen Ursprungs bekannt. Allerdings bemerkte bereits 1665 der Engländer Robert Hooke die Ähnlichkeit zwischen Mondkratern und Kratern, die durch Einschläge schwerer Körper in weichen Ton entstehen. Als Anfang des 19. Jahrhunderts Meteoriteneinschläge bekannt wurden, vermuteten Gruithuisen und später Gilbert, daß die Mondkrater *Einschlagkrater* sein könnten, die durch den Zusammenstoß sehr großer Meteoriten mit dem Mond gebildet worden sind. Damit begann die große Kontroverse über den Ursprung der Mondkrater, die erst mit der Landung der Apollo-Astronauten auf dem Mond beendet wurde. Die Wissenschaftler stimmen heute im allgemeinen darin überein, daß beide Typen von Kratern auf dem Mond vorkommen, daß aber die Einschlagkrater die weitaus häufigsten sind. Wie sich die beiden Typen unterscheiden, wird später besprochen.

In den hellen Gebieten des Mondes befinden sich Hunderte von Kratern, die sich fast lückenlos zusammendrängen und einander überlappen. Diese Gebiete heißen *Hochländer* und sind älter als die tiefliegenden Maria. Altersbeziehungen zwischen den verschiedenen Mondformationen wurden zuerst von den Amerikanern Shoemaker und Hackman in den frühen sechziger Jahren aufgestellt. Sie stellten fest, daß die hellen radialen Strahlen, die von Kratern wie Tycho (T) und Kopernikus (C) ausgehen, andere Mondkrater, wie zum Beispiel Eratosthenes (E) überlagern, also jünger als diese sein müssen. Eratosthenes selbst hat schwache Strahlen, die auf dem Mare Imbrium aufliegen, so daß diese Strahlen wieder jünger sein müssen als das Mare, während andererseits Mare-Material beschädigte Krater wie den Sinus Iridum (S) am Rande des Hochlands auffüllt, ein Hinweis dafür, daß das Hochland älter ist. Diese vier Zeitabschnitte: Kopernikus, Eratosthenes, Imbrium, Prä-Imbrium wurden zu den vier geologischen Hauptperioden des Mondes (Prä-Imbrium wurde später ersetzt durch Nectarium und Prä-Nectarium); der größte Teil des Mondes wurde entsprechend geologisch kartiert ehe Gesteinsproben zur Erde zurückgebracht wurden.

S
A
E
C
T

Mond Erkundung des Mondes

Die bemannten Mondlandungen der Apollo-Missionen und die Erkundungsmissionen davor waren eine entscheidende Entwicklung in der Erforschung des Mondes, die innerhalb weniger Jahre zur Entstehung einer hochentwickelten, modernen und populären Wissenschaft führte. Drei Ranger-Sonden stürzten 1964/65 auf die Mondoberfläche und sandten bis zur letzten Sekunde Bilder zurück, die Mondkrater bis herab zu einem Meter Durchmesser zeigten. Ihnen folgten fünf Orbiter, von denen die letzten beiden den Mond in einer polaren Bahn umkreisten und Bilder von praktisch der ganzen Oberfläche machten; einige davon sind auf den folgenden Seiten widergegeben. Anfangs las jeder seine eigenen Ideen und Theorien aus den Bildern heraus und viele Kontroversen entstanden. Aber weitere Missionen und die fortgeführten Forschungen haben allmählich ein klareres Bild ergeben. Die sowjetische Sonde Luna 9 landete 1966 weich auf dem Mond und lieferte Bilder von der Mondoberfläche; ihr folgten 1966/68 sieben weich landende Surveyor-Sonden, von denen fünf erfolgreich waren; sie photographierten kleine Details des Oberflächengesteins und analysieren automatisch aufgesammelten Mondboden. Zwei sowjetische Zond-Sonden umkreisten 1968 den Mond und kehrten sicher zur Erde zurück.

Aber all diese Erfolge wurden durch die Apollo-Missionen in den Schatten gestellt, bei denen Menschen zuerst (Weihnachten 1968) den Mond umkreisten und schließlich am 20. Juli 1969 auf seiner Oberfläche landeten. Von da an galt dem Mond besonderes Interesse, speziell den zur Erde zurückgebrachten Gesteinsproben, die bald besser untersucht waren als irgendein irdisches Gestein. Die auf Maria gelandeten Missionen (Apollo 11, 12, 15, 17) fanden, daß diese aus Lavaströmen bestehen, und eine dem irdischen Basalt ähnliche Zusammensetzung haben und 3,16 bis 3,96 Milliarden Jahre alt sind. Auf Hochlandgebieten wurde stark zertrümmertes Gestein gefunden, sogenannte Breccie, das in vielen Fällen der in Einschlagkratern auf der Erde vorhandenen Breccie ähnlich ist und ein Alter von 3,9 bis 4.0 Milliarden Jahre hat. Die USSR entwickelte inzwischen zwei automatische Raumfahrzeuge, Luna 16 und Luna 20, die Proben zur Erde zurückbrachten, und zwei Lunochod-Fahrzeuge, die die Oberfläche über Distanzen von 10 beziehungsweise 37 km absuchten. Die späteren Apollo-Missionen besuchten ergiebigere Plätze, blieben länger auf dem Mond und hatten leistungsfähigere Ausrüstung wie zum Beispiel ein Mondfahrzeug mit Kameras, die über die regenschirmartige Antenne von der Erde aus gesteuert werden konnten. Die Astronauten konnten verschiedene Gebilde von besonderem Interesse erreichen, wie die großen Felsen, die aus einem Einschlagkrater herausgeschleudert wurden (Abbildung unten und oben links, Apollo 17) und Bodenproben entnehmen (oben rechts). Während der ausgedehnten Fahrten stieß die Apollo-17-Mannschaft auf das ungewöhnlichste Mondgestein, nämlich auf orangefarbige Kügelchen, die in einer vulkanischen Feuerfontäne vor 3,5 Milliarden Jahren entstanden sind. Ein Netz von Seismometern wurde auf dem Mond errichtet, das eine große Zahl von schwachen Mondbeben registrierte. Diese geben Hinweise auf die Struktur des Mondinnern (siehe S. 50). Apollo 17 zündete eine Reihe von Sprengladungen, die Aufschlüsse über die oberflächennahen Strukturen gaben.

Mond Die Einschlagkrater

Die vorherrschende Formation auf dem Mond sind die *Einschlagkrater.* Auf der gegenüberliegenden Seite wird der Krater Timocharis gezeigt, ein mittelgroßer Krater von 34 km Durchmesser. Er ist ein verhältmäßig junger Krater, bei dem die charakteristischen Formen des Einschlagkraters noch gut erhalten und unter dem streifenden Lichteinfall gut zu erkennen sind. Der eigentliche Krater ist annähernd kreisförmig, was ihn von vielen vulkanischen Kratern unterscheidet, die oft längliche Form haben, da sie selten Material nur von einer einzigen Quelle ausschleudern. Den Krater umgibt ein sanft abfallender, hügeliger Wall, der weiter außen in annähernd radiale, unregelmäßige Rücken übergeht. Diese Anhäufungen von Material außerhalb des Kraters sind Auswürfe aus dem Innern. In Kraternähe sind sie naturgemäß am stärksten, werden nach außen dünner, bis sie schließlich in etwa 1,5 Kraterdurchmesser Abstand vom Kraterrand durchbrochen sind. Noch weiter außen fallen die sekundären Krater auf. Diese entstanden durch den Einschlag von Klumpen oder Blöcken von Material, das aus dem Hauptkrater (oft auch *Primärkrater* genannt) ausgeschleudert wurde. Die *Sekundärkrater* haben gewöhnlich eine ziemlich unregelmäßige Form und bilden oft Haufen oder Ketten ähnlich wie die vulkanischen Krater. Von diesen unterscheiden sie sich aber durch eine Reihe von Eigenschaften, die anschließend beschrieben sind.

In den letzten Jahren wurde der Mechanismus der Bildung der Einschlagkrater aufgeklärt und zwar durch die in kleinem Maßstab durchgeführten Hochgeschwindigkeitseinschlagexperimente von Gault und anderen, und durch geologische Untersuchungen von Einschlagkratern auf der Erde. Die Abfolge der Ereignisse bei einem Einschlag ist folgende: zuerst, wenn der einschlagende Körper die Mondoberfläche – wahrscheinlich mit einer Geschwindigkeit von etwa 20 km/sec – erreicht, drückt er sie nach unten zusammen. Es entsteht eine gewaltige Stoßwelle und für kurze Zeit spritzt geschmolzenes Gestein zwischen Einschlagkörper und Oberfläche mit so hoher Geschwindigkeit heraus, daß es die Anziehungskraft des Mondes überwindet und in den Weltraum entweicht. Der Einschlagkörper dringt tiefer, zertrümmert die Oberfläche und erzeugt eine schüsselförmige Vertiefung, die den entstehenden Krater abgrenzt. Die Aushöhlung des Kraters besorgen die Stoßwellen, die im ersten Augenblick des Einschlags entstehen. Diese drücken zuerst die Oberfläche nach unten und außen, doch wird die Abwärtsbewegung bald nach oben umgelenkt; Material wird in einem Winkel von 40 Grad ausgeworfen und der Krater ausgehöhlt. Die Geschwindigkeit des dabei ausgeworfenen Materials ist niedriger als die Einfallsgeschwindigkeit, sodaß die Trümmer wieder zur Mondoberfläche zurückfallen. Dieser Materialauswurf hält an solange der Krater weiter wächst, wobei die Geschwindigkeiten mit der Erschöpfung der Einschlagsenergie rasch abnehmen. Die Dauer dieses Vorgangs hängt von der Größe des Kraters ab; bei Timocharis war es wahrscheinlich weniger als eine Minute.

Mond Sekundäre Einschlagkrater

Das in den ersten Phasen der Kraterentstehung ausgeworfene Material fällt in großen Entfernungen wieder auf die Oberfläche zurück und erzeugt dabei *Sekundärkrater.* Da die Auswurfgeschwindigkeit rasch abnimmt, schlägt das Material immer näher am Krater ein und braucht immer kürzere Zeit. Die lange Kraterkette im Bild links oben wurde durch den Einschlag einer Reihe von Gesteinstrümmern erzeugt, die von einem weit entfernten Krater ausgeworfen wurden. Beachte in diesem Bild, daß Krater, die einen anderen in der Kette überlappen, gewöhnlich oberhalb des überlagerten liegen. Das weist daraufhin, daß der sie erzeugende Primärkrater sich im Bild unten befindet, denn Material, das in größere Entfernungen geschleudert wird, braucht länger und schlägt später auf als das näher am Krater herabfallende. Die vom Primärkrater weiter entfernten Sekundärkrater werden daher die näheren überlappen.
Die übrigen Bilder auf der anderen Seite zeigen Sekundärkrater und Auswürfe des 95 km großen Kraters Kopernikus, die sich in verschiedenen Abständen vom Kraterrand befinden. Kopernikus liegt jeweils unterhalb des Bildausschnittes. Das Bild Mitte oben zeigt ein Feld von Sekundärkratern im Mare Imbrium, 350 km von Kopernikus entfernt. Da diese Krater eng zusammen in Ketten liegen und sich häufig überlappen, haben die meisten von ihnen unregelmäßige Form und einige sind kaum als Krater zu erkennen. Auswürfe aus den Sekundärkratern sind als helle Rücken zu sehen, die sich von der Kratergruppe gegen den oberen Bildrand hin erstrecken. Sie haben diese Richtung weil das von Kopernikus ausgeworfene Material die Oberfläche unter flachem Winkel traf und so wieder Material vorzugsweise in Fortsetzung der Einfallsrichtung, gegen den oberen Bildrand hin, herausschlug.
Rechts oben wird eine Kraterkette 150 km von Kopernikus entfernt gezeigt, deren Einzelkrater so eng liegen, daß das Ganze als durchgehende Vertiefung erscheint. Zu beiden Seiten davon ist ein Fischgrätenmuster schwacher Rücken zu sehen. Dieses Muster ist charakteristisch für Sekundärkrater und unterscheidet sie von den später zu besprechenden Ketten vulkanischer Krater.
Das untere Bild zeigt Sekundärkrater 100 km von Kopernikus entfernt am Rand des nicht unterbrochenen Auswurfmaterials. Das Fischgrätenmuster ist wieder sichtbar, aber in Verbindung mit nur einem Krater auf einen einzigen V-förmigen Rücken reduziert. Diese V-förmigen Rücken könnten Bugwellen sein, die in einer dichten Wolke aus Gas, Staub und Gesteinsbrocken an Bodenhindernissen entstanden sind, die vom Krater wie eine Flüssigkeit wegströmte. Sie könnten anderseits auch unsymmetrisch zurückfallendes Auswurfsmaterial aus Sekundärkratern sein, wie auf der übernächsten Seite beschrieben. Laborexperimente haben überdies gezeigt, daß zwei benachbarte, fast gleichzeitige Einschläge zwischen sich einen V-förmigen Rücken erzeugen, der den auf dem Mond beobachteten sehr ähnlich ist. Es ist möglich, daß die V-förmigen Rücken auf dem Mond durch eine Kombination all dieser Prozesse entstanden sind.

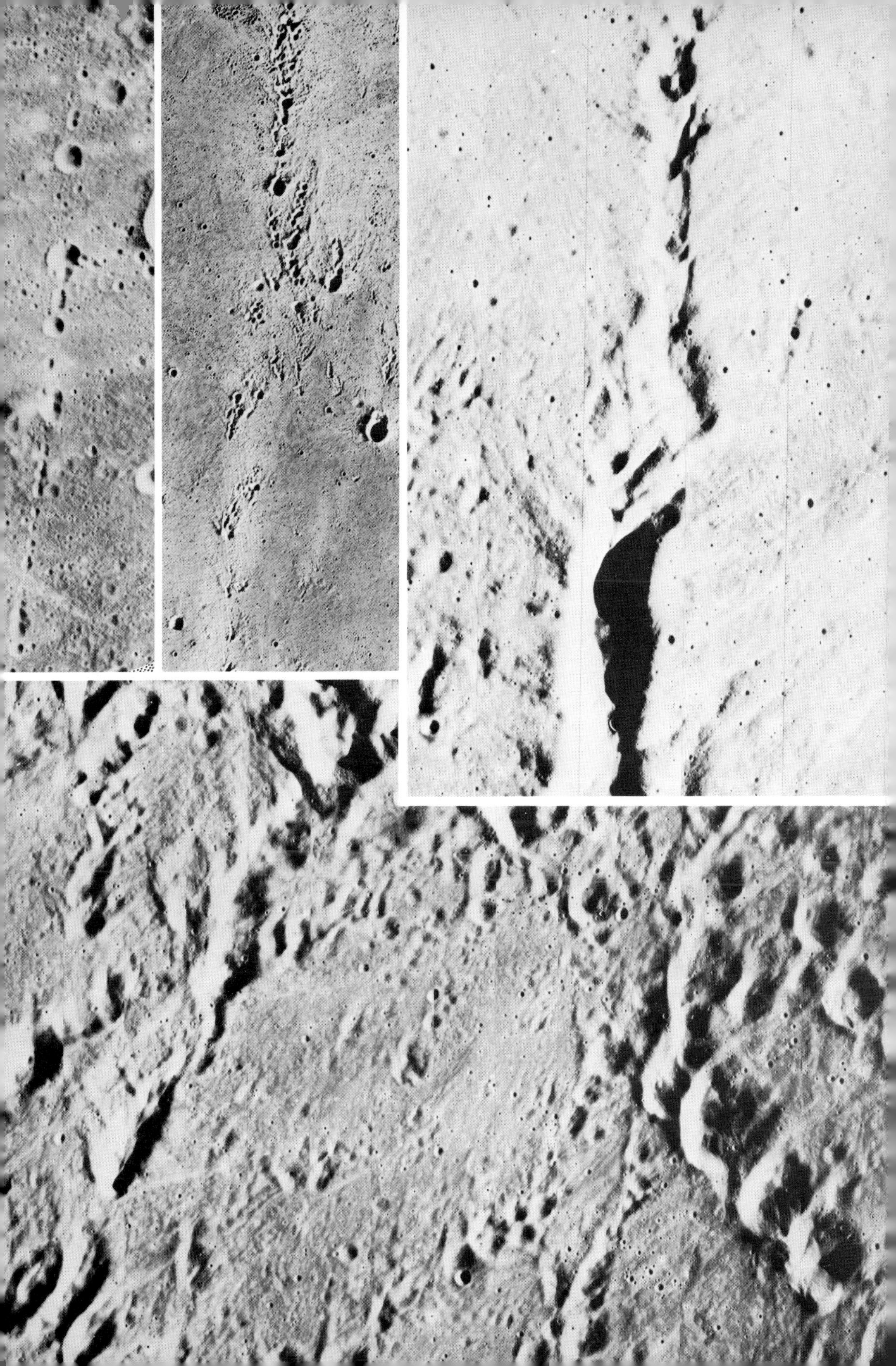

Mond Kraterstrahlen

Eine kurze Überlegung zeigt, daß der Mond nur von wenigen Körpern, denen er auf seiner Reise durch den Weltraum begegnet, vertikal getroffen werden kann: die meisten Körper werden aus verschiedenen Richtungen zwischen vertikal und fast horizontal einfallen. Aber bis herunter zu Einfallswinkeln von ein paar Grad zur Horizontalen ist der entstehende Krater fast kreisförmig, da bei hoher Einschlagsgeschwindigkeit der Krater viel größer wird als der ihn erzeugende Körper: die von einem schräg auf den Mond auftreffenden Körper erzeugte Stoßwelle breitet sich nach allen Richtungen mit der gleichen Geschwindigkeit aus, sodaß sie mit der Zeit immer kreisähnlicher wird und der Krater praktisch kreisförmig ist, wenn er seine volle Größe erreicht hat. Das in den ersten Momenten der Krateraushöhlung ausgeworfene Material wird jedoch nicht symmetrisch um den Krater herabfallen. Wenn der einfallende Körper die Oberfläche fast horizontal trifft, wird Material eher in der Vorwärtsrichtung herausgeschleudert werden als in den anderen Richtungen. Verschiedene Auswurfmuster werden auf der gegenüberliegenden Seite gezeigt. Das obere Bild zeigt einen Krater der Mondrückseite, der durch einen nahezu vertikalen Einfall gebildet wurde und bei dem das Auswurfsmaterial – bestehend aus zertrümmertem und pulverisierten Gestein und daher heller als die Umgebung – ziemlich symmetrisch in radialen Strahlen um den Einschlagspunkt zurückgefallen ist.

Das Bild links unten zeigt den Krater Proclus, der durch einen im Bild von links oben einfallenden Körper erzeugt wurde. Das Gebiet links oberhalb des Kraters ist daher fast frei von Strahlen; wäre der Einfall noch schräger gewesen, wäre der strahlenfreie Sektor noch größer. Strahlenmuster genau wie diese wurden im Laboratorium erhalten, indem man Projektile mit sehr hoher Geschwindigkeit unter verschiedenen Winkeln in ein Sandbett hineinschoß.
Das Bild unten rechts zeigt das Kraterpaar Messier (rechts) und Messier A. Sie sind ein seltenes Beispiel für einen fast horizontalen Einschlag. Der von rechts einfallende Körper streifte zuerst die Oberfläche, wobei er schon einen Großteil seiner Energie und Geschwindigkeit verlor, schlug dann nochmals auf und erzeugte den zweiten Krater. Da durch die Energie eines Einschlags zwei Krater gebildet wurden, haben diese ungewöhnliche Eigenschaften. Beide sind länglich, und der zweite ist selbst wieder doppelt. Die Auswurfmuster beider Krater sind verschieden: beim ersten Krater wurde das Material ganz nach beiden Seiten hin ausgeschleudert so wie von einem Radfahrer, der durch eine Pfütze fährt, das Wasser nach beiden Seiten gespritzt wird. Die Strahlen des zweiten Kraters bilden einen langen Doppelast in der Richtung des Einfalls. Auch die Doppel- und Mehrfachkrater und die Verteilung der Auswurfsmasse konnten im Laboratorium erzeugt werden, und zwar durch Projektile, die unter Winkeln von 2–7 Grad zur Horizontalen in Sand einschlugen.

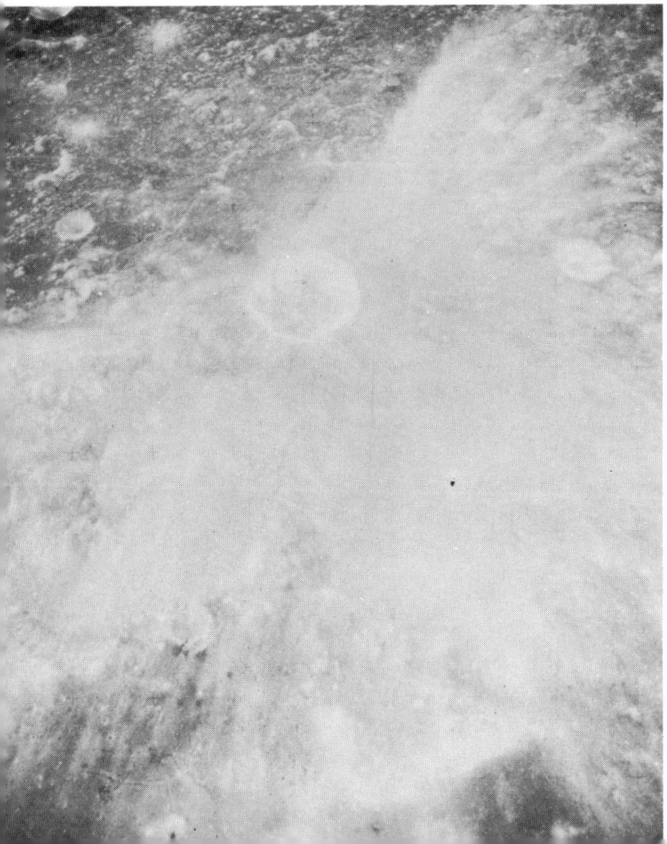
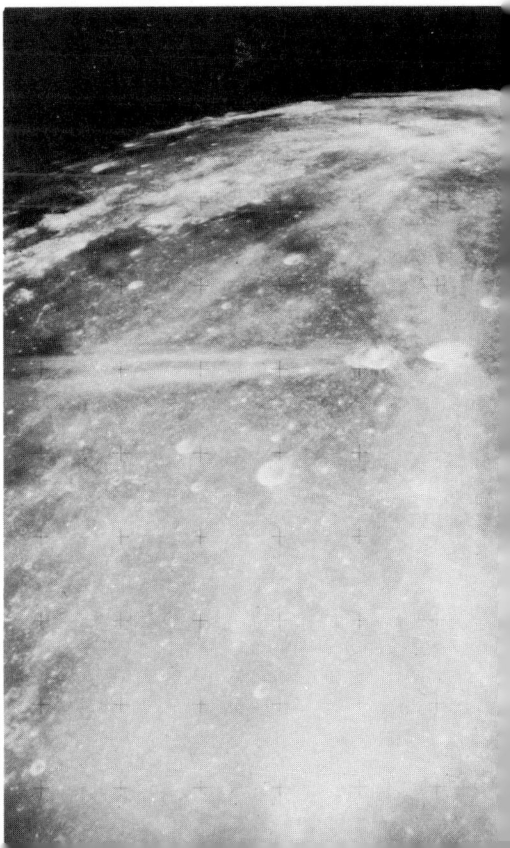

Mond Große Einschlagkrater

Nachdem das letzte Material herausgeschleudert wurde und der Krater aufgehört hat zu wachsen, kann sich sein Erscheinungsbild noch immer durch eine Reihe von Vorgängen verändern. Bei Kratern mit Durchmessern von mehr als etwa 15 km sind die steilen inneren Kraterwände zu hoch, als daß sie unter diesem Winkel stehen bleiben könnten. Große Teile rutschen daher ab, sinken zusammen und bilden eine Art Stufenterrassen. Die Bilder gegenüber zeigen die Krater Aristarchus (oben) mit 40 km Durchmesser und Tycho (unten) mit 84 km Durchmesser. Die gekrümmten, eingesunkenen Terrassen sind deutlich an der Innenwand der Krater zu sehen; die Bruchlinien verlaufen parallel zum Kraterrand.

In den letzten Momenten der Krateraushöhlung gibt es große Mengen von Gesteinstrümmern, Staub und sogar geschmolzenem Gestein, die nicht mehr über den Kraterrand hinauskommen und an der Kraterwand zurückgehalten werden. Dieses Material wird die Wand hinabgleiten und sich auf dem Kraterboden ausbreiten. Das kann vor, während oder nach der Abrutschphase passieren. Der durch diesen einwärts gerichteten Trümmerstrom gebildete ebene Boden ist in beiden Kratern gut zu erkennen. Auch viele, sehr große Blöcke nahmen an dieser Bewegung teil und liegen am Boden der beiden Krater.

Während das Abrutschen und der Trümmerstrom anhalten, setzt unter dem Kraterboden eine andere Art von Bewegung ein. In Kratern von der Größe des Aristarchus und des Tycho reicht die Festigkeit des Materials unter dem Kraterboden nicht aus, um ein so großes Loch zu erhalten; es beginnen großräumige Bewegungen nach oben und gegen das Zentrum des Kraters, der Boden hebt sich, der Krater verflacht, und in seinem Zentrum entsteht ein *Zentralberg*. Ähnliche Vorgänge beobachtet man, wenn man einen Stein ins Wasser fallen läßt: zuerst bildet sich ein Krater, sein Boden schwingt zurück und es bildet sich innen eine Erhebung ähnlich dem Zentralberg eines Mondkraters. (Da Wasser keine Materialfestigkeit besitzt, verschwinden Krater und zentrale Spitze ziemlich schnell wieder).

Die Bilder gegenüber zeigen auch Teile unmittelbar außerhalb des Kraterrandes. Sie sind hügelig, in manchen Teilen mit radialen Marken, und bestehen aus Material, das noch vor dem Ende der Aushöhlung des Kraters ausgeworfen wurde. Diese Auswürfe hatten die niedrigste Geschwindigkeit und häuften sich daher in nächster Nähe des Kraters an ohne Sekundärkrater zu erzeugen. Die feinen radialen Marken sind Rinnen, Trümmerströme oder Flüsse von geschmolzenem Gestein, das durch die beim Aufschlag erzeugte Hitze entstanden ist. Diese werden in mehr Einzelheiten auf der nächsten Bildseite gezeigt. In Querschnitten von experimentellen Einschlägen sieht man, daß das dem Krater nächstgelegene Auswurfsmaterial durch den Einschlag umgedreht wurde: Horizontale Schichten erscheinen vom Krater abgeschält und mit der Oberseite nach unten neben ihn hingeworfen.

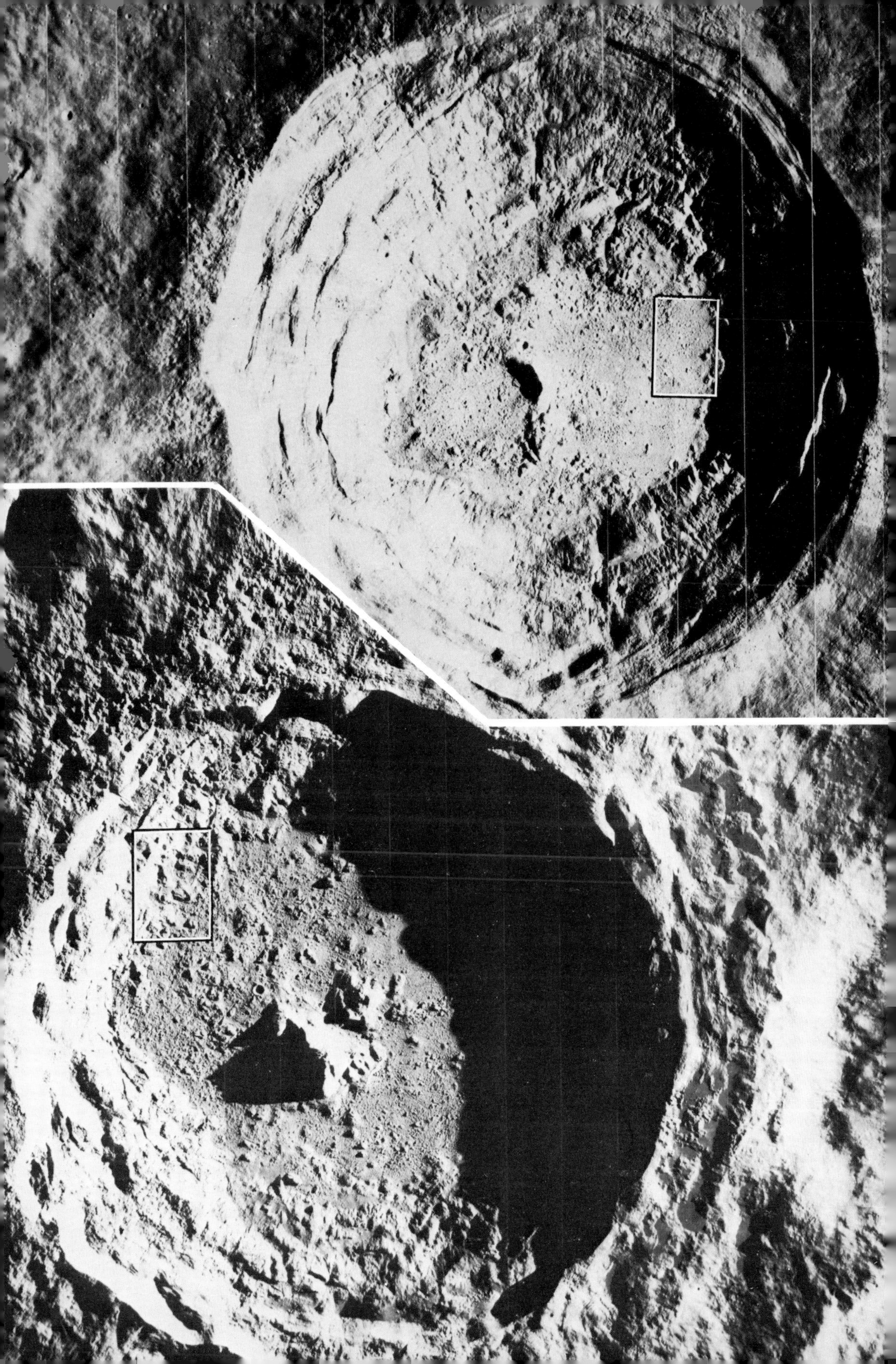

Mond Erscheinungen innerhalb und außerhalb großer Einschlagkrater

Die Bilder gegenüber sind Vergrößerungen interessanter Gebiete von großen Einschlagkratern. Das Bild oben links ist eine Fläche von 9 km × 13 km, das Terrassen an der inneren Wand des Kraters Tycho zeigt (es entspricht dem auf S. 27 eingezeichneten Ausschnitt). Auffällig sind die großen Terrassen, ebenso wie eine Anzahl von Strömen (F), die sich an einigen Stellen stauen und ebene Flächen bilden (P), im allgemeinen aber gegen den Kraterboden zu verlaufen, der sich rechts unten im Bild befindet. Wie auf S. 26 erklärt wurde, sind diese Ströme wahrscheinlich geschmolzenes Gestein oder Trümmerströme oder ein Gemisch aus Schmelze und zurückgefallenen Auswürfen. Sie haben offensichtlich zur Füllung des Kraters beigetragen und bildeten den ebenen Kraterboden. Die im Bild markierten Ströme müssen aber spät, erst nach der Terrassenbildung entstanden sein, denn sie verlaufen in Tälern und füllen Löcher in den schon vorhandenen Terrassen.

Das Bild rechts oben zeigt eine Fläche von 3,5 km × 5,5 km vom Boden des Kraters Aristarchus, das auf S. 27 eingezeichnet ist. Beachte die Spalten, die am rechten Bildrand ungefähr parallel zum Rand des Kraterbodens verlaufen. Die Struktur des Bodens ähnelt dem eines Lavasees, wie sie in Hawai gefunden werden, vom Größenunterschied abgesehen. Die Konfiguration der Spalten ähnelt jener in abkühlender Lava und weist darauf hin, daß zumindest ein Teil der Kraterfüllung geschmolzenes Gestein ist.

Das Bild links unten zeigt eine Fläche von 6 km × 10 km nördlich außerhalb von Tycho. Ein auffälliges Paar dicker Flüsse mit charakteristischen Kämmen verläuft aufwärts gegen das Zentrum, und eine viel dünnere Fließfront liegt rechts bei (f-f). Oben im Bild sind außerdem einige aufgefüllte Mulden (P) zu finden. Diese Flüsse ähneln sehr stark zähen vulkanischen Lavaflüssen und werden manchmal tatsächlich als Flüsse aus vulkanischen Eruptionen interpretiert, die lang nach dem Einschlag stattgefunden haben. Das Fehlen sichtbarer Vulkanschlote spricht aber eher dafür, daß es sich um geschmolzenes oder teilweise geschmolzenes Gestein handelt, das durch den Einschlag erhitzt und ausgeworfen wurde. Die aufgefüllten Mulden sind ebenfalls ein Hinweis auf flüssiges Material. Diese haben die Tendenz in der Vorwärtsrichtung schräger Einschläge aufzutreten; am Tycho konzentrieren sie sich außerhalb seines Ostgrates, was zeigt, daß der einfallende Körper sich ostwärts bewegte, als er auf die Oberfläche aufschlug.

Das rechte Bild unten zeigt einen breiten Trümmerstrom (seine Front ist mit Pfeilen markiert), der zu dem sehr großen Krater Ziolkowski (Durchmesser 185 km) auf der Rückseite des Mondes gehört. Der Kraterrand ist links im Bild zu sehen. Dies ist ein viel größerer Trümmerstrom als jene, die innerhalb und außerhalb der Wälle von Tycho und Aristarchus zu finden sind; der ganze äußere Grat von Ziolkowski scheint in diesem Sektor nach auswärts abgerutscht zu sein. Das Feld dieser Abbildung mißt 110 km × 140 km.

F
F
F
P
P
F
P

P
P
P
P
P
f
f

Mond Kleine Einschlagkrater

Auf der Seite gegenüber ist ein Panorama des kleinen Kraters Shorty (Durchmesser 100 m) zu sehen, das während der Durchquerung durch Apollo 17 aufgenommen wurde. Man beachte die vielen zertrümmerten Felsen, die in den Krater zurückgefallen sind, und auch jene, die am Rand zutagetreten wie der große hinter dem Mondfahrzeug links im Bild. Kleine Krater sind relativ einfache Gebilde. Die Festigkeit des Materials reicht aus, um eine Senke dieser Größe zu stützen, also gibt es keinen Zentralberg, und an den inneren Wänden rutscht nichts ab, also bilden sich keine Terrassen. Der Krater hat gewöhnlich die Form einer Schüssel mit einem kreisförmigen Rand; nur das Vorhandensein zerbrochenen Gesteins stört die Symmetrie. Die Außenwände sind hügelig, und weiter draußen gibt es Auswurfmasse, Sekundärkrater und Strahlen, die aber verschieden sind von denen größerer Krater. Kleine, schüsselförmige Krater wie dieser sprenkeln die ganze Mondoberfläche; sie sind auf jedem Mondgelände zu finden und sind auf weiteren Bildern dieses Abschnitts zu sehen.

Kleine Mondkrater können zur relativen Datierung verschiedener Gebiete des Mondes dienen. Auf S. 16 wurde gezeigt, wie verschiedene Formationen aufgrund gegenseitiger Überlagerung relativ zueinander datiert werden; offenbar ist ein Gebilde, das einem andern überlagert ist, später entstanden als dieses. Durch die Zählung kleiner Einschlagkrater kann nun eine relative Datierung zweier Gebiete erfolgen, die sich nicht berühren: wenn man einen ununterbrochenen Regen einschlagender Körper voraussetzen kann, wird ein Gebiet umso mehr Einschlagkrater haben je älter es ist. Für eine relative Datierung genügt dann die Zählung der Krater einer bestimmten Größe auf gleich großen Flächen beider Gebiete. Aristarchus und Tycho (siehe vorhergehende Seite) sind sehr junge Krater, daher gibt es in ihnen sehr wenige Einschlagkrater, während die Krater Archimedes und Fra Mauro (S. 35) viel älter sind und viele kleine Krater enthalten.

Durch Kraterzählungen um jeden der Apollo-Landeplätze wurde die Relation zwischen Kraterzahl und dem aus dem Gestein ermittelten Alter bestimmt. Im Idealfall könnte diese Relation zur Datierung eines jeden Gebiets auf dem Mond benützt werden. In der Praxis wird die Sache aber durch Sekundärkrater kompliziert, die in Gebieten wie dem auf Seite 21 unten abgebildeten mit Primärkratern verwechselt werden können und so ein höheres als das wahre Alter vortäuschen. Anderseits können in hügeligen Gegenden kleine Erdrutsche und andere Abwärtsbewegungen kleine Krater nach ihrer Bildung zerstören, sodaß ein zu niedriges Alter bestimmt würde. Ferner werden die kleinen Krater in alten Gebieten schließlich erodiert und aufgefüllt werden. Der Krater im gegenüberliegenden Bild hat bereits zu verwittern begonnen; das frische, kantige Gestein, das seinen Rand bildete, ist abgetragen und der Boden füllt sich allmählich mit Trümmern von benachbarten Einschlägen.

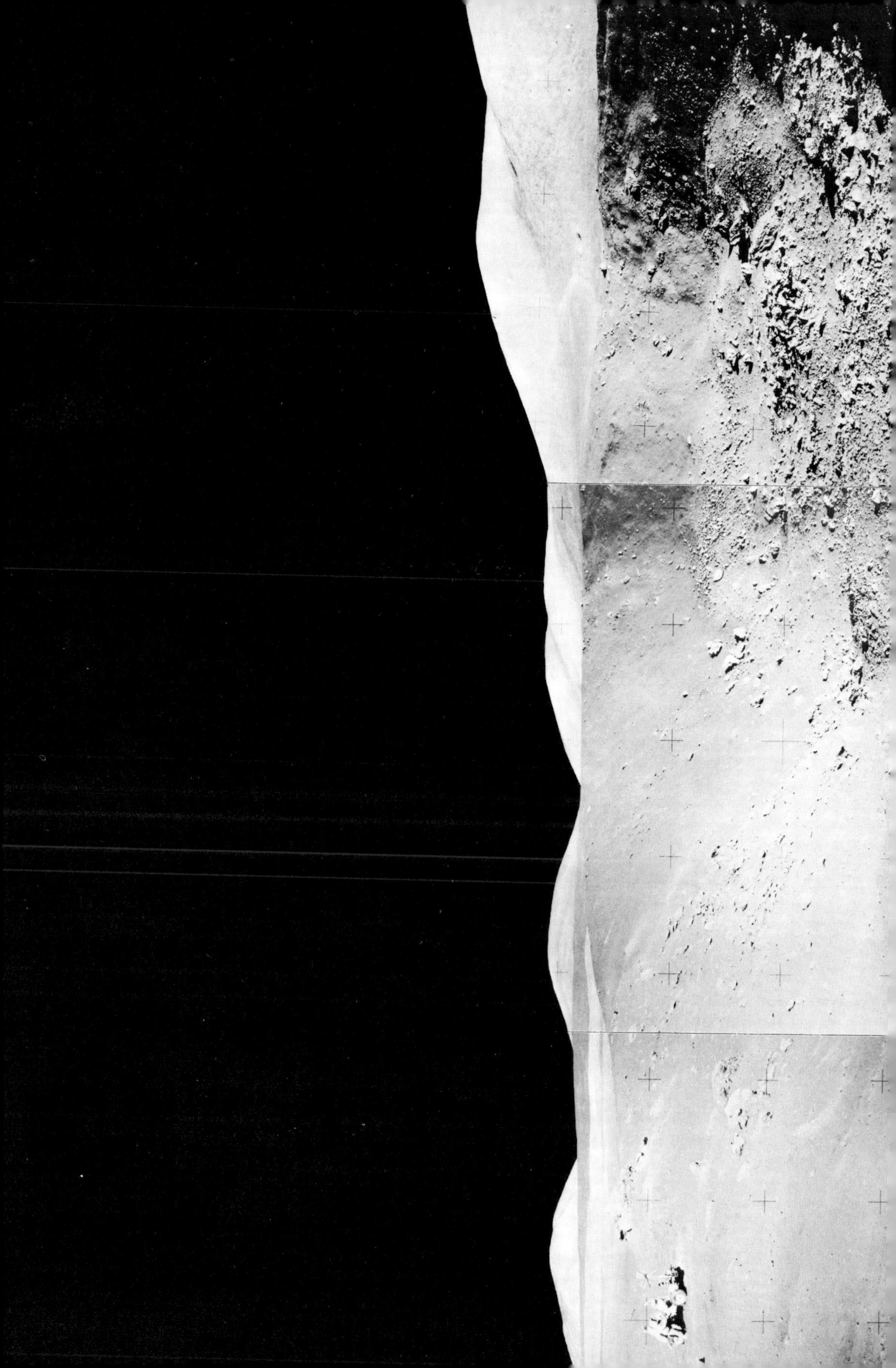

Mond Vergleich mit Einschlag- und Explosionskratern auf der Erde

Eine der Hauptschwierigkeiten bei der Untersuchung der Mondkrater war bis vor kurzem, daß man nicht wußte, wie ein „frischer“ Einschlagkrater aussieht. Einer der best erhaltenen Einschlagkrater auf der Erde ist der Meteorkrater in Arizona (Bild rechts oben), der nur einige Zehntausende von Jahren alt ist, aber schon erheblicher Erosion unterworfen war, wie die Abflußrinnen an seiner Innenseite zeigen. Die Strukturen der Auswurfsmasse und der Sekundärkrater außerhalb des Randes erscheinen durch Wind und Wasser abgerundet im Vergleich zum Mondkrater Diophantus (oben links), der wahrscheinlich hunterttausend Jahre älter ist. Es gibt nur allgemeine Ähnlichkeiten zwischen den beiden Kratern, wie etwa den hügeligen Rand. Ein anderes Problem sind die verschiedenen Größen: Diophantus hat einen Durchmesser von 18 km, während der Meteorkrater in Arizona etwas über 1 km groß ist. Auf Seite 26 wurde erklärt, daß Krater größer als 15 km einige Erscheinungen zeigen, die in kleineren nicht vorkommen. In den vergangenen Jahren sind auf der Erde eine ganze Anzahl größerer Einschlagkrater entdeckt worden, bei denen aber gewöhnlich der Rand wegerodiert und der Krater aufgefüllt ist; oft ist nur noch der Kern des Kraters erhalten geblieben, der zwar sehr wertvoll für die Bestimmung der Struktur der tieferen Schichten der Einschlagkrater ist, aber wenig über die ursprüngliche Oberflächenform zum Vergleich mit den Mondkratern sagt.

Aus diesem Grund wurden Bombenkrater zum Vergleich herangezogen. Die kraterübersäten Schlachtfelder Nordfrankreichs im ersten Weltkrieg erinnern häufig an Mondlandschaften. Tatsächlich gaben die Bombenkrater des ersten und zweiten Weltkriegs wahrscheinlich den Hauptanstoß zur *Einschlagtheorie* der Mondkrater wie sie von dem Amerikaner Ralph Baldwin in den ersten Nachkriegsjahren dargestellt wurde. Als die durch Kernexplosionen erzeugten sehr großen Krater wie der Sedan Krater (Bild unten) studiert wurden, fand man viele Ähnlichkeiten mit Mondkratern. Der hügelige Rand, die ungefähr radial ausgerichteten Auswürfe weiter draußen, und schließlich die Anhäufungen sekundärer Krater mit ihren vom Primärkrater weggerichteten strahlenförmigen Auswürfen, sie alle sind den Konfigurationen um Mondkrater herum sehr ähnlich.

Beim Vergleich mit den Mondkratern sind die Unterschiede im Charakter der Oberflächen, insbesondere das Vorhandensein von Wasser, und auch die Größenunterschiede zu berücksichtigen. Und man darf über der Ähnlichkeit des Endprodukts nicht vergessen, daß sich die Erzeugungsmechanismen von Einschlagkratern und Bombenkratern erheblich unterscheiden.

Unsere jetzigen, ziemlich detaillierten Kenntnisse über die Vorgänge bei einem Einschlag und das zu erwartende Aussehen des Kraters wurden im wesentlichen aus drei Informationsquellen kombiniert: 1) den Laborexperimenten, die „richtige“ Einschlagkrater erzeugen, die aber zu klein sind, um die charakteristischen Eigenschaften großer Krater zu zeigen, 2) den großen natürlichen Einschlagkratern auf der Erde, die wichtige Informationen über die Kraterbildung liefern, deren obere Flächen aber wegerodiert sind, und 3) den Hochenergie- und Kernexplosionskratern, die frisch genug sind, um die Oberflächenformen im Detail zu zeigen, aber keine echten Einschlagkrater sind.

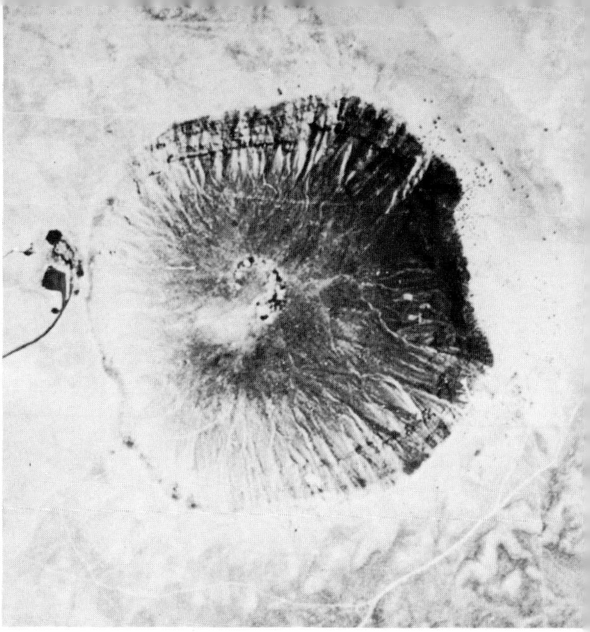
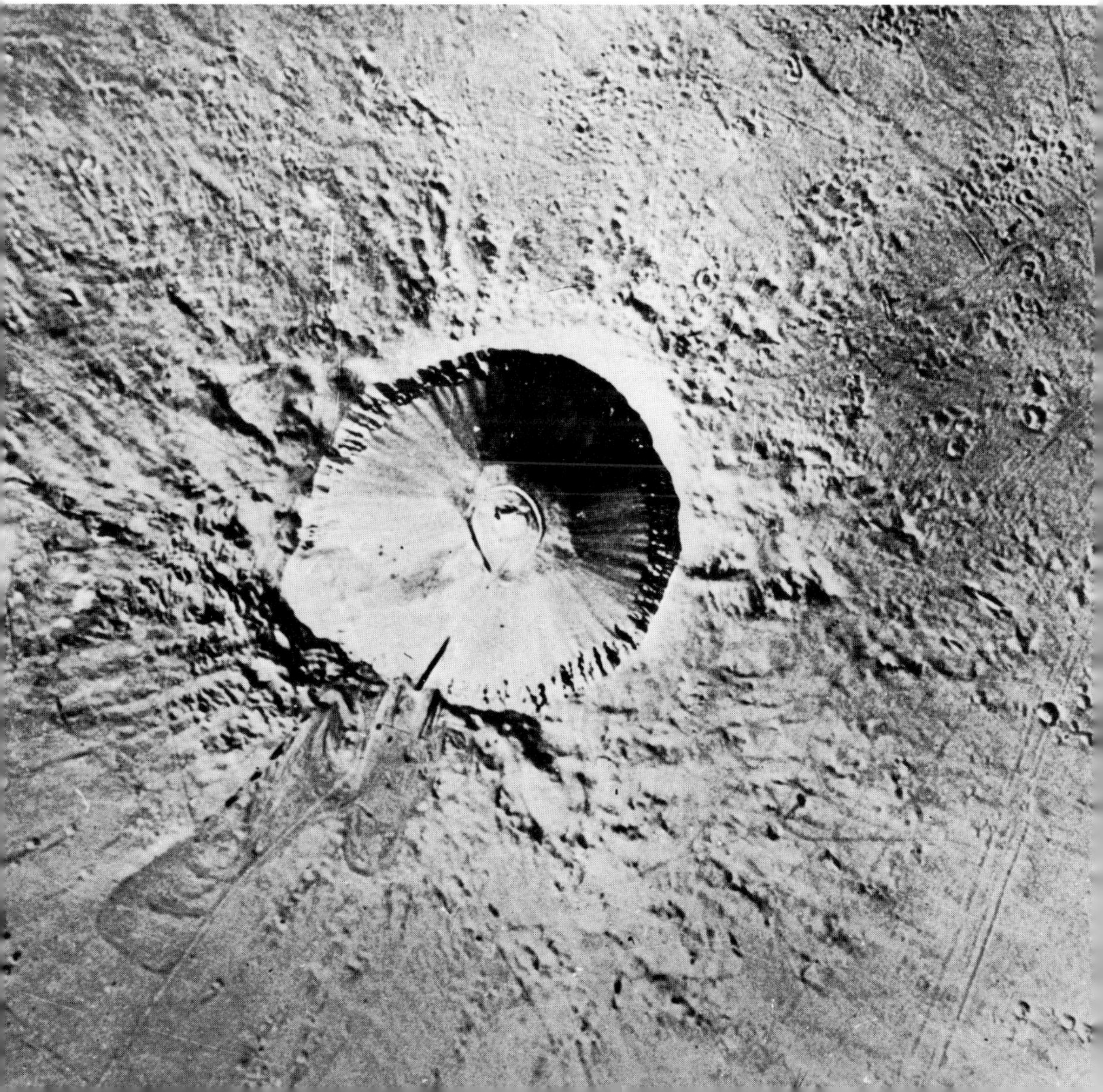

Mond Erosion und Zuschüttung von Einschlagkratern

Es wird nicht immer beachtet, daß auf dem Mond besondere Erosionsprozesse wirken müssen, die die Krater, Berge und andere Oberflächenformen langsam abtragen. Auf der Erde erfolgt fast alle Erosion durch die Wirkung von Wasser, Eis und (zu einem geringeren Maß) Wind. Was erodiert aber auf dem Mond, wo diese drei Prozesse fehlen? Sicher ist, daß die Erosion, die auf der Erde in 1000 Jahren stattfindet auf dem Mond mehrere Hundertmillionen Jahre brauchen würde. Zwei Prozesse sind auf dem Mond wegen des Fehlens einer Atmosphäre möglich: das Bombardement durch kosmische Strahlung, das in geringem Maß Oberflächengestein zerstören kann, und Bombardement durch Meteorite. Kosmische Strahlen werden von der irdischen Atmosphäre von der Erdoberfläche abgehalten, und alle Meteore unter einer gewissen Größe werden durch Reibung in der Erdatmosphäre erhitzt bis sie schmelzen oder zerspringen und schließlich als feiner Staub auf der Oberfläche landen. Auf dem Mond treffen dieselben Teilchen mit ihrer vollen Umlaufgeschwindigkeit von mehreren Kilometern pro Sekunde auf und erzeugen Krater verschiedener Größe. (Die Teilchen selbst heißen *Meteoroide* solange sie sich im Weltraum befinden; die Begegnung eines Meteoroids mit einer Planetenatmosphäre ergibt ein (leuchtendes) *Meteor;* ein Meteorid, der den Durchgang durch die Atmosphäre überlebt und die Oberfläche erreicht, heißt *Meteorit.)* Das Millionen von Jahren dauernde Bombardement durch Meteorite bewirkte ein dauerndes Aufbrechen und „umbauen" des Oberflächenmaterials am Mond. Die dabei entstehende Schicht von zerbrochenem Gestein und feinerem Staub, die mehrere Meter dick sein kann, heißt *Regolith.* Das Bombardement bewirkt ein Ausgleichen der Oberflächenformen, große Einschlagkrater verlieren allmählich ihre Sekundärkrater, die V-förmigen Rücken und andere charakteristische Gebilde. Dieser Prozess ist an Hängen besonders effektiv, wo ein Einschlag eine Gesteinslawine auslösen kann. Mondbeben, die oft durch große Einschläge erzeugt werden, können ebenfalls Erosion durch Auslösung von Erdrutschen bewirken.

Die Wirkungen einiger dieser Prozesse sind in den abgebildeten Kratern zu sehen. Die großen Krater Fra Mauro und Bonpland (Mitte links) sind sehr alt und die Wirkung schweren meteoritischen Bombardements sind auf ihrem Boden zu sehen; die abgetragenen Rändern lassen nur noch den Umriss eines Kreises erkennen. Außerdem sind sie kreuz und quer von Rissen durchzogen und die linke Hälfte des oberen Kraters (Fra Mauro) ist mit Auswurfmasse von einem viel größeren Einschlag bedeckt. Man kann sich kaum vorstellen, daß diese Krater einmal Aristarchus und Tycho ähnlich sahen (S. 27). Oben rechts wird ein ähnlich alter Krater gezeigt, dessen unterer Rand aber abgesunken ist und anschließend von Lava überflutet wurde, sodaß nur ein Halbkreis übrig blieb. Die Aufnahme rechts unten zeigt den Krater Archimedes (80 km), dessen Zentralberg, die Strukturen im Innern sowie der Großteil der äußeren Abhänge von Lavaflüssen bedeckt sind.

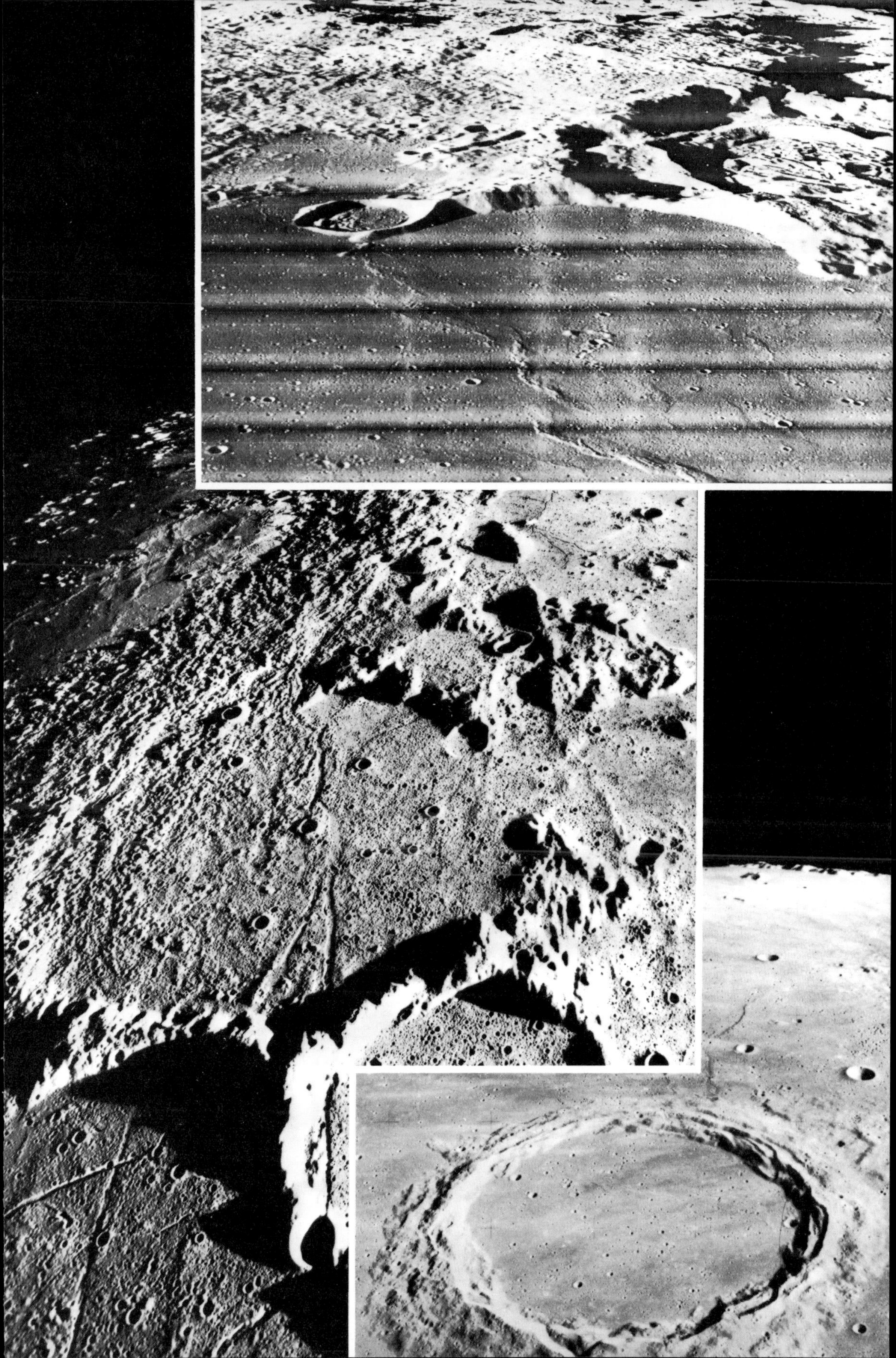

Mond Verwerfungen

Schon in der ersten Zeit der Fernrohrbeobachtungen wurden an vielen Stellen der Mondoberfläche langgestreckte Linien bemerkt, die *Rillen* genannt wurden. Die größte von ihnen ist die Sirsalis-Rille (links) mit 430 km Länge und einer durchschnittlichen Breite von 3,5 km, aber es gibt Rillen bis zur Grenze der optialen Auflösung. Sie kommen auf jedem Gelände vor, doch sind sie um die Ränder der Maria konzentriert und relativ selten auf der Rückseite des Mondes. Die zwei Seiten der Rillen sind Verwerfungen, die entstanden, als der Boden rechts und links zurückwich und der zentrale Teil dazwischen absank. Rillen werden gewöhnlich breiter, wenn sie höheres Gelände kreuzen; so ist im Bild unten die Sirsalis-Rille, da wo sie den Rand eines alten Kraters kreuzt, breiter als am Boden des Kraters. Das weist darauf hin, daß die beiden begrenzenden Verwerfungen geneigt sind; diese Struktur ist auf der Erde wohlbekannt und wird allgemein *Graben* genannt. Einzelne, normale Verwerfungen, bei denen der Boden auf der einen Seite relativ zur anderen absinkt, sind auf dem Mond viel seltener. Das beste bekannte Beispiel ist die „Gerade Wand" (im zweiten Bild von links), die 115 km lang und 400 m hoch ist. Das zweite Bild von rechts zeigt eine Reihe von „Echelon"-Gräben, die sich über 250 km erstrecken. Solche Muster sind oft mit Bewegungen infolge von Spannungen verknüpft, manchmal mit Scherbewegungen, bei denen sich das Land auf einer Seite parallel zur Verwerfung verschiebt. Das Bild ganz rechts zeigt die Hyginus-Rille, die den 9 km-Krater Hyginus zweiteilt. Das ist ein normaler Graben abgesehen von den an ihm aufgereihten Kratern, zu denen auch Hyginus gehört. Diese sind offenbar keine Einschlagkrater, denn es wäre sehr unwahrscheinlich, daß soviele Einschläge genau entlang der Rille stattgefunden haben. Sie unterscheiden sich von Einschlagkratern dadurch, daß sie keinen erhöhten Rand haben; sie sind einfach Löcher im Boden. Das zeigt, daß es sich um Einbruchkrater handelt, die entstehen, wenn der Untergrund nachgibt. Solche Krater finden sich auf der Erde in Vulkangegenden. Abzug des Magmas von unterhalb der Spalte könnte zur Bildung dieser Einbruchkrater geführt haben.

Die Verteilung von Verwerfungen und Gräben über den Mond zeigt ein interessantes Muster. Sie treten in drei Vorzugsrichtungen auf: Nordwest-Südost, Nordost-Südwest und Nord-Süd. Dieses Muster wird das *lunare Netzmuster* genannt. Es zeigt sich nicht nur in Verwerfungen und Gräben sondern zum Beispiel auch an Kraterrändern, die leicht polygonal sein können oder Bruchstellen in den Vorzugsrichtungen enthalten. Es handelt sich hier offenbar um ein fundamentales Muster der Mondkruste, das entweder durch die Gezeitenwirkung der Erde oder durch den später beschriebenen Imbrium-Einschlag gebildet wurde. Auch noch entstehende Brüche werden in einer dieser Vorzugsrichtungen verlaufen müssen.

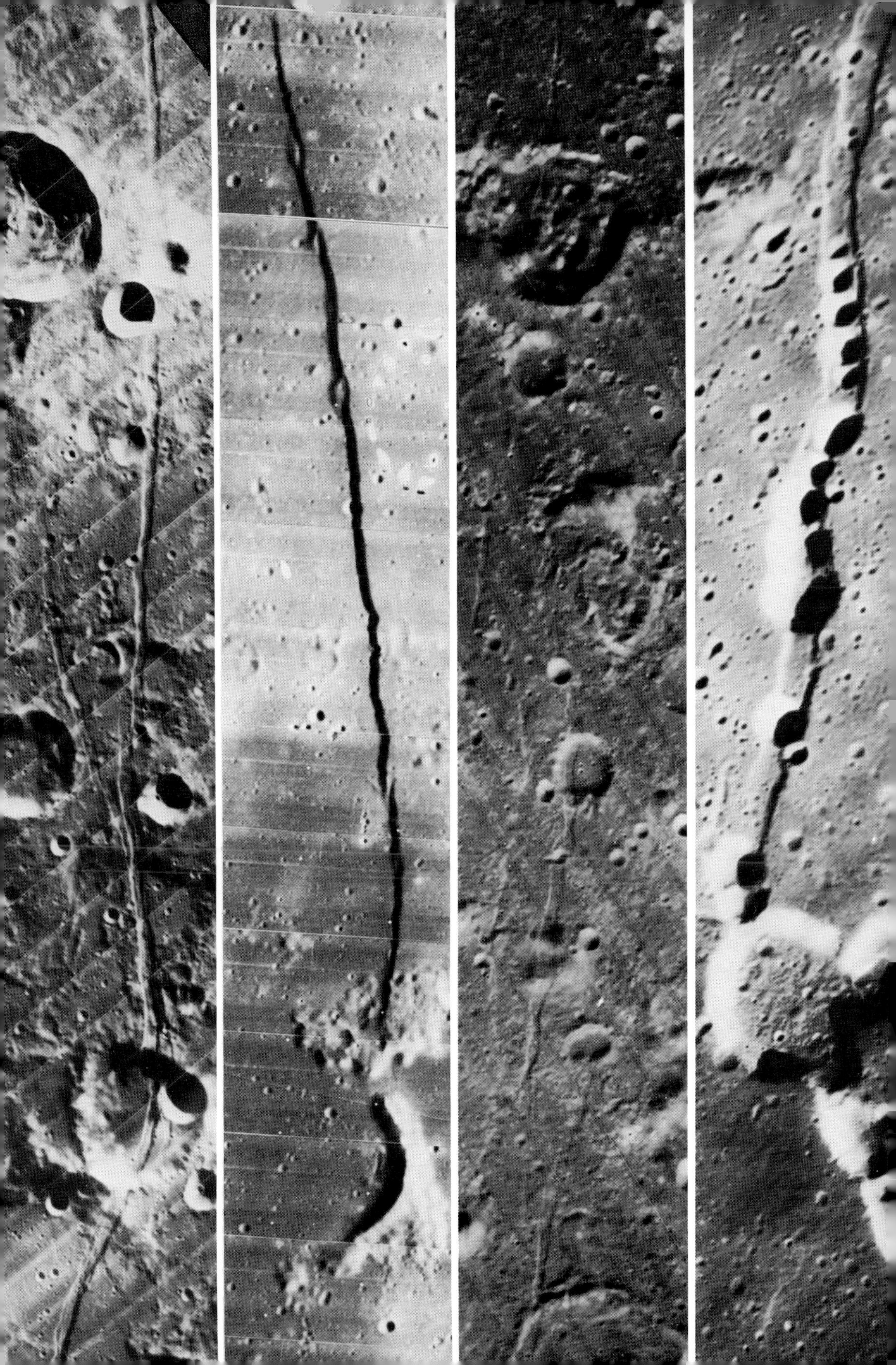

Mond Die Maria

Die ausgedehnten Ebenen der Maria erscheinen unter steiler Beleuchtung flach und strukturlos, aber bei niedrigem Sonnenstand (Abbildung!) werfen Myriaden von winzigen Kratern lange Schatten und unvermutet erscheinen viele niedrige Rükken. Sogar geringe Höhenschwankungen sind in der linken Hälfte des halb verschütteten Kraters Letronne (120 km) zu sehen, wo das Sonnenlicht am flachsten einfällt; die Mare-Oberfläche erscheint hier wellig, aber die Höhe der Wellen beträgt nur ein paar Meter oder weniger. Daraus ergibt sich folgendes Problem: wenn die Maria wirklich Lava sind, dann sollten unter diesen Beleuchtungsverhältnissen deutlich die Lavafronten zu sehen sein; das ist aber nicht der Fall. Ferner gibt es im Gebiet der gegenüber gezeigten Mare-Fläche (etwa 27 000 km^2) viele Einschlagkrater mit ihrem kreisförmigen Rand und den niedrigen äußeren Hängen, aber keine Vulkankegel und kein Anzeichen dafür, wo die Lava herkam. Dieses Problem wurde bald, nachdem die ersten Gesteinsproben vom Mond kamen, gelöst. Wenn nämlich Gestein derselben Zusammensetzung wie das Mondgestein geschmolzen wird, ist es weitaus flüssiger als irgendeine auf der Erde gefundene Lava. Ihre Viskosität entspricht etwa der von Maschinenöl, sodaß sie nicht bloß kurze Strecken fließt und merkliche Fronten bildet wie die Laven auf der Erde, sondern große Strecken zurücklegen kann, ehe sie erstarrt, Löcher fast wie Wasser auffüllt und keine sichtbaren Fronten oder andere Strukturen bildet, die anzeigen, wo ein Lavastrom endet und ein anderer beginnt. Im gegenüberliegenden Bild gibt es aber Hinweise darauf, daß es eine Folge von Lavaströmen gab und nicht bloß einen großen Strom. Der 13 km große Krater Flamsteed A (Pfeil) wurde vollständig von Lava eingeschlossen, also ist er älter als die Lava. Die Lava hat seine Sekundärkrater und hügeligen Auswürfe bedeckt abgesehen vom äußeren Wall, woraus folgt, daß die Lavadekke hier ziemlich dünn ist. Die Wälle des viel größeren Kraters Letronne tauchen aber völlig in der Lava unter, offenbar weil sie hier viel dicker ist. Flamsteed A muß daher gebildet worden sein, nachdem die meiste Lava abgelagert war, aber vor dem letzten ihn jetzt umgebenden Lavafluß.

Aus der obigen Diskussion über die Lavaviskosität ergibt sich, daß die Oberflächen der Maria glatt und eben sein sollten. Tatsächlich beherrschen aber runzelige Rükken die Maria, die häufig Kraterrändern, Gebirgsketten und den Rändern der Maria selbst parallel laufen, oft aber keine offensichtliche Beziehung zu ihnen haben. In der Abbildung ist bemerkenswert, daß der nördliche Wall des Kraters Letronne durch Laven bedeckt ist, die nacheinander den Krater überflutet und seinen Boden bedeckt haben, sodaß nur noch die höchsten Gipfel des Zentralbergs herausschauen; der in der Nordwand fehlende Abschnitt erscheint durch Mare-Rücken ersetzt. Flamsteed A scheint jedoch keinen Einfluß auf die Richtung der Mare-Rücken gehabt zu haben; die niedrigen Rücken sind durch den Krater zwar unterbrochen, setzen sich aber auf der anderen Seite fort, als ob er nicht da wäre.

Mond Mare-Rücken

Weitere Beispiele von Mare-Rücken werden in den folgenden Bildern gezeigt. Sie können in zwei Typen eingeteilt werden (oben links): die breiten, langsam abfallenden Rücken (B) und die steilen, schmalen Rücken (N). Die breiten Rücken haben eine typische Breite von 5 km mit Hängen von 3 Grad Neigung und unterbrechen oder überlappen nicht Krater oder andere Formationen auf der Marefläche. Die schmalen Rücken sitzen häufig auf breiten Rükken entlang der einen oder anderen Seite auf. Die Situation im Bild oben links mit den beiden parallelen breiten Rücken, die an entgegengesetzten Seiten von schmalen Rücken begrenzt sind, ist die übliche und ist auch in den beiden unteren Bildern zu sehen. Die schmalen Rücken haben typisch eine Breite von weniger als 1 km und Flankenneigungen von 15 Grad. Anders als die breiten Rücken überlappen sie manchmal Krater in den Maria, das heißt also, sie sind später gebildet worden und bestanden aus einem Material das fließen konnte. Aus dem Zustand der Mare-Rücken ist zu erkennen, daß sie durch Faltung und Aufwölbung der Oberfläche entstanden sind. Ähnliche Formen, insbesondere die Echelon-Formationen können durch Bewegen der Hand über ein Tischtuch imitiert werden. Die Mare-Laven werden einige Zeit zur Abkühlung gebraucht und eine Oberflächenhaut aus festem Gestein gebildet haben, während die Lava darunter noch geschmolzen war. Abkühlung und Zusammenziehung der Lava unter dieser festen Haut muß zum Aufbrechen in einzelne Platten geführt haben. Als die Grenzen zwischen ihnen wieder erstarrten, werden weitere Plattenbewegungen Faltungen und Aufwölbungen entlang dieser Grenzen bewirkt haben. Die breiten Mare-Rücken sind offenbar Faltungen, während die schmalen Rücken wahrscheinlich aus Lava bestehen, die später durch Risse an die Oberläche austrat und infolge beträchtlicher Abkühlung zäher war als bei der ursprünglichen Eruption.

Die Verbindung zwischen den Mare-Rükken und Bruchlinien zeigt sich in dem Bild links unten, wo diese in einem 115 km × 115 km großen Gebiet am Rande des Mare Serenitatis parallel zueinander laufen. Die Konfiguration der Mare-Rücken ist häufig von Gebilden unterhalb der Mare-Oberfläche beeinflußt. Das ringförmige Gebilde R von 6 km Durchmesser im Bild oben rechts zeigt einen „begrabenen“ Einschlagkrater an, und auf der vorhergehenden Seite sind die „begrabenen“ Wälle von Letronne durch eine gekrümmte Reihe von Rücken markiert. Offenbar wird die Topographie des Untergrunds Einfluß darauf haben, wo die Plattenränder und damit die Rücken gebildet werden. Außerdem wird jede Bewegung entlang der kreisförmigen Bruchlinien, die die Einschlagkrater umgeben, zu einem Aufwölben der Oberfläche führen.

Jedoch nicht alle Mare-Rücken-Formationen entstanden, als die Lava unterhalb noch geschmolzen war. Das Bild unten rechts (115 km × 155 km) zeigt Rücken nahe dem Rand von Mare Serenitatis. Die Mare-Oberfläche am Fuß des Bildes hat viel mehr Einschlagkrater und ist daher erheblich älter; doch die Rücken in der neueren Mare-Fläche darüber setzen sich ohne Unterbrechung in die ältere Mare-Fläche fort. Die Lava im älteren Mare-Gebiet muß in der langen Zeitspanne, die sich aus dem Unterschied der Kraterzahlen ergibt, abgekühlt sein, also müssen die Rücken durch Faltung erstarrter Lava gebildet worden sein. Es ist möglich, daß das Eindringen von Lava in Schichten unterhalb dieser älteren Oberfläche eine „Schmierung“ der Oberflächenbewegungen bewirkte.

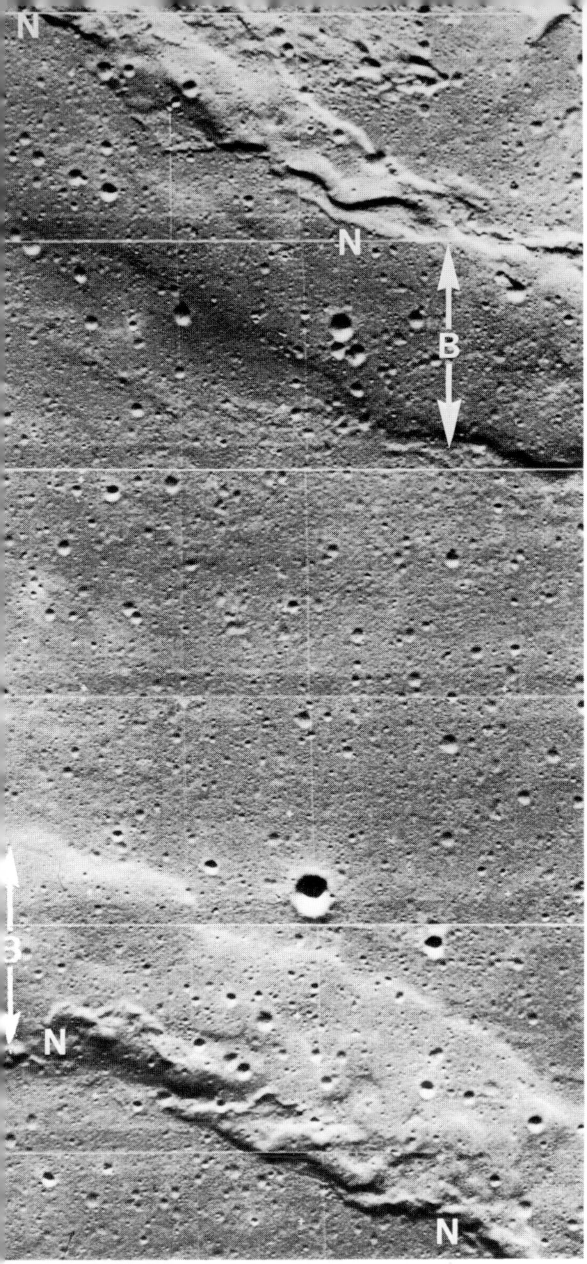
N
N
B
B
N
N

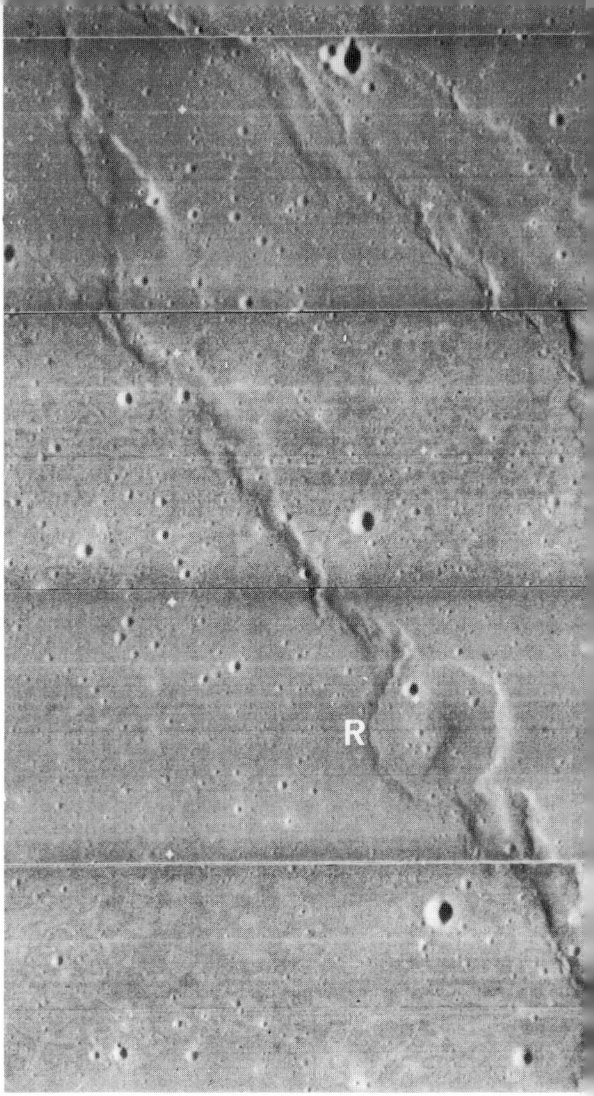
R

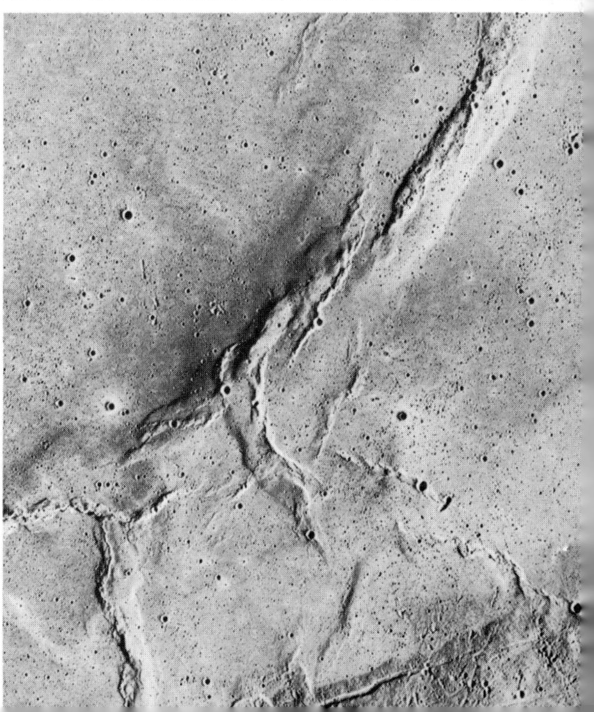

Mond Imbrium-Lavaströme

Es gibt ein Ausnahmegebiet in den Maria, wo die Lava zäh genug war, um Lavafronten zu bilden. Dieses Gebiet wird gegenüber gezeigt und liegt im südwestlichen Teil des Mare Imbrium. Die Information, die dieses Gebiet über den Mechanismus der Eruption der Mare-Laven gibt, birgt einige Überraschungen. Erstens ist die große Ausdehnung der einzelnen Ströme ohne Parallele auf der Erde. Sie flossen über Entfernungen bis zu 600 km über Hänge mit Neigungen von höchstens 1 : 100, und die Fronten haben im Mittel eine Höhe von 30 m. Bei irdischen Vulkanen wurde gefunden, daß die Entfernung, die die Lava zurücklegt, zwar von der Viskosität und der Neigung abhängt, aber weitgehend durch die Eruptionsgeschwindigkeit der Lava bestimmt ist. Bei den Laven der Abbildung ist eine sehr hohe Eruptionsgeschwindigkeit wahrscheinlich, eine viel höhere als jemals auf der Erde beobachtet wurde.

Eine andere Besonderheit dieser Laven ist ihr Ursprung. Wenn man den Lavastrom zu seiner (unten außerhalb des Bildes liegenden) Quelle zurück zu verfolgen sucht, findet man keinen passenden Vulkankegel.

Sie müssen also ruhig und rasch ohne explosive Vorgänge ausgetreten sein, und zwar in einem Gebiet am südlichen Rand des Mare Imbrium. Wenn dies für alle Mare-Laven typisch ist, dann ist zu verstehen, wieso die großen Mare-Laven nicht eindeutig mit sichtbaren Vulkanen in Verbindung stehen. Am wahrscheinlichsten ist, daß die Förderschlote lange Spalten sind wie sie auf der Erde häufig an der Quelle großer Lavaflüsse gefunden werden. Im Fall der normalen, sehr flüssigen Mare-Laven könnte ein Aufstauen den Spalt „ertränken".

Die Zusammensetzung der Mare-Laven wurde an Gesteinsproben analysiert, die an fünf Stellen auf dem Mond gesammelt wurden. Obwohl sie der Basaltlava auf der Erde ähnlich ist, gibt es einige wichtige Unterschiede. So enthalten die Mondlaven kein Wasser oder wasserhaltige Minerale, woraus zu schließen ist, daß in den letzten 4 Milliarden Jahren auf dem Mond Wasser nicht in größeren Mengen vorhanden war.

Ihr Titangehalt ist höher und schwankt je nach Fundstelle, sie enthalten auch mehr Eisen; es ist nicht überraschend, daß die Oxidationsstufen von Eisen niedriger sind als auf der Erde. Mondlaven enthalten wenig Natrium und Kalium, was, zusammen mit dem Wassermangel, vermuten läßt, daß der Mond irgendwann in seiner Geschichte sehr heiß gewesen ist und diese Elemente in den Weltraum verdampften. Die in Basalt gefundenen Minerale – Pyroxen, Olivin, Plagioklas, Ilmenit und Spinell – sind alle vorhanden, aber es gibt einige neue Minerale, die auf der Erde nicht bekannt sind. Eines davon, Pyroxferroit ist den Pyroxenen ähnlich, enthält aber mehr Eisen. Ein anderes neues Mineral wurde nach den Apollo-Astronauten *Armstrong, Aldrin* und *Collins* Armalcolit genannt. Es ist inzwischen auch in Südafrika gefunden worden. Die Größen und Formen der Kristalle in den Laven zeigen, daß diese relativ rasch – in weniger als ein paar Jahren – abkühlten. Das ist ein zusätzlicher Hinweis dafür, daß die Maria aus mehreren dünnen Lava-Flüssen von etwa 10 m Dicke bestehen, denn wenige, dicke Flüsse würden Hunderte, wenn nicht Tausende von Jahren zur Abkühlung gebraucht haben.

Mond Lunare Vulkankrater

Vulkankrater auf dem Mond sind selten und sehr klein. Es gibt keine großen *Schildvulkane* wie den Ätna oder die Vulkane in Hawai, und es gibt nichts was den riesigen Schildvulkanen des Mars (die später beschrieben werden) vergleichbar wäre; aber in ein paar Gebieten sind verschiedene Schlote zu finden, von denen einige gegenüber gezeigt werden. Links oben sind drei hufeisenförmige Kegel (P), deren größter 2 km Durchmesser hat. Sie sind leicht von den Einschlagkratern (I) durch ihre breiten äußeren Abhänge und durch die Austrittsöffnung für die Lava von den Einschlagkratern zu unterscheiden. Sie ragen als Hügel in die Höhe im Gegensatz zu den Löchern der Einschlagkrater und zeigen damit, daß eine Eruption stattgefunden hat. Oben rechts befinden sich ähnliche, aber in einer Reihe angeordneter Krater mit einer von ihnen ausgehenden Spalte. Hier fand anscheinend eine kleine Spalteneruption statt, bei der Schlackenkegel entstanden, aber keine Lava emittiert wurde. Mitte links zeigt eine ganz andere Art von Krater (C), der für einen Einschlagkrater zu länglich ist und dem sichtbare äußere Wände fehlen. Er mißt 5 km × 3 km und enthält eine teilweise doppelte, deutliche Terrasse an der Innenwand. Er ähnelt den *Einbruchbecken* oder *Calderas* die normalerweise bei basaltischen Vulkanen auf der Erde gefunden werden. Der einzige Unterschied ist der, daß solche Becken gewöhnlich an den Gipfeln von flach abfallenden Vulkanen vorkommen. Vielleicht war auf dem Mond die Lava so dünnflüssig, daß sie überhaupt keine Erhebung bilden konnte; durch ihre rasche Ausbreitung in der Umgebung entstanden rundherum die flachen Mare-Ebenen. Man beachte den Unterschied zwischen diesem vulkanischen Einbruchkrater, der keine äußeren Abhänge hat, und den sekundären Einschlagkratern (S), die unregelmäßiger sind, flache äußere Abhänge und V-förmige Rücken haben, Eigenschaften die typisch für Sekundärkrater sind. Mitte rechts ist bei F eine andere Spaltenruption und auch ein 10 km breiter *Monddom* D mit einem Gipfelkrater C zu sehen. Dieser hat wahrscheinlich denselben Ursprung wie die Caldera in der Mitte links, nur war die Lava in diesem Fall etwas weniger flüssig und hat die niedrige kreisförmige Erhebung rundherum gebildet. Links unten ist ein Vulkankomplex beim Mare Orientale mit einem auffälligen Spalt (f) mit pyroklastischen Kegeln darauf. Laven aus diesem Spalt haben Fronten bei L; ein kreisförmiger Dom aus Lava (d) ohne Gipfelcaldera ist links sichtbar; bei der Lavafront L rechts unten dagegen befindet sich wahrscheinlich eine Caldera C. Das Bild mißt 20 km von links nach rechts. Das Bild unten rechts zeigt einen 4 km breiten steilen Dom auf einer flachen Erhebung, die einem normalen Monddom ähnelt. Beide sind wohl durch einen Lavaerguß entstanden, beim steilen Dom war aber die Lava zäher und bildete einen steil abfallenden irregulären Fluß. Diese und die Kegel oben links gehören zu den Marius-Hügeln, dem größten Gebiet von Vulkanschloten auf dem Mond mit einer Ausdehnung von über 270 km. Es gibt jedoch keinen Hinweis dafür, daß dieses Gebiet oder ein anderer von den abgebildeten Vulkanen die Quelle der großen Lavaüberflutungen der Maria waren. Sie waren wahrscheinlich Stellen kleinerer, später Eruptionen, in einigen Fällen vielleicht von Ergüssen noch-geschmolzener Lava von unterhalb der Kruste, die über einer großen, Marebildenden Eruption entstanden war.

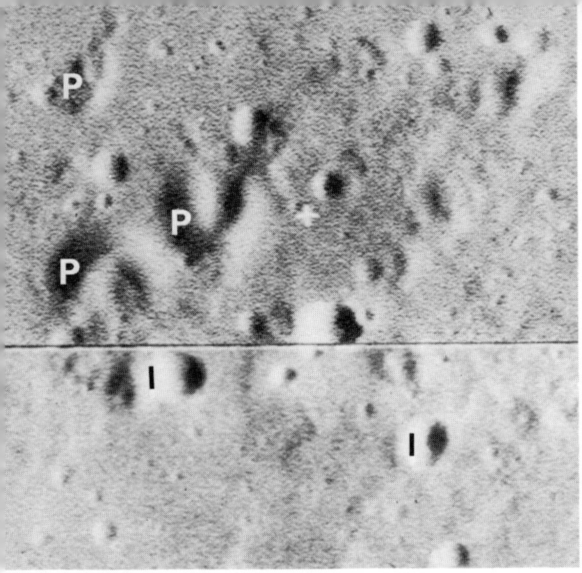
P
P
P
I
I

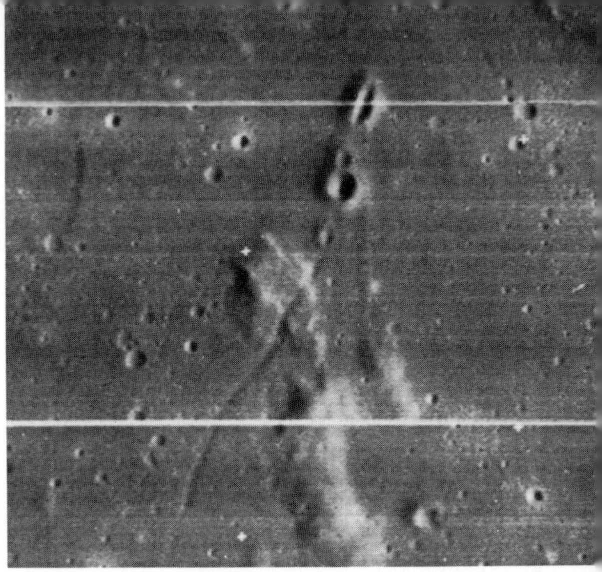

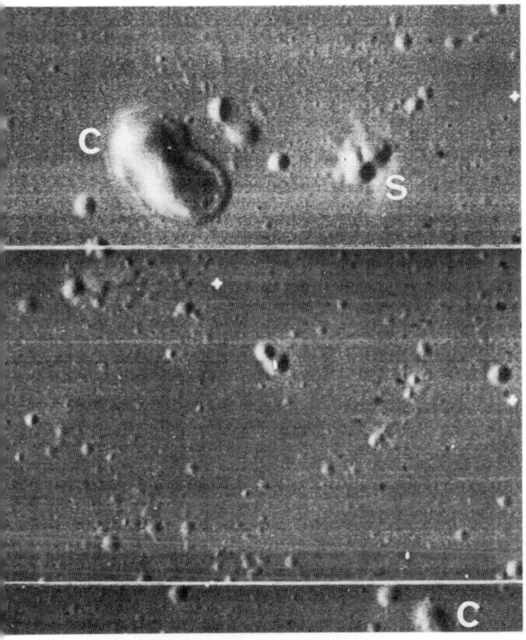
C
S
C

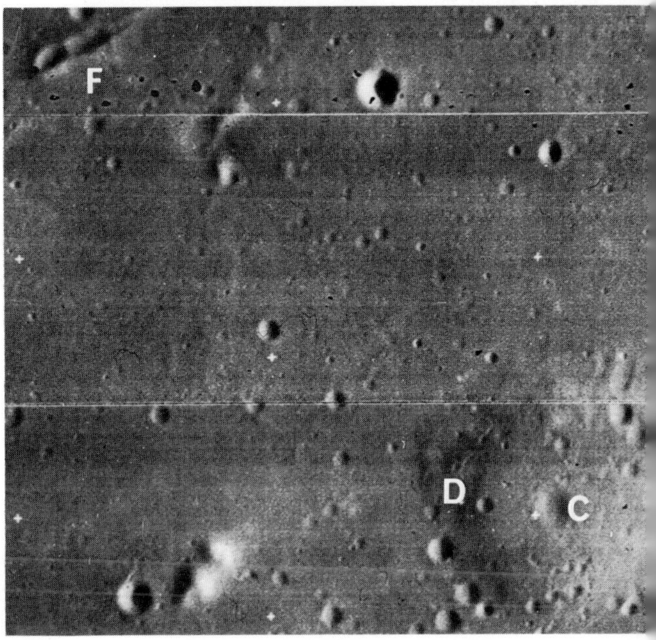
F
D
C

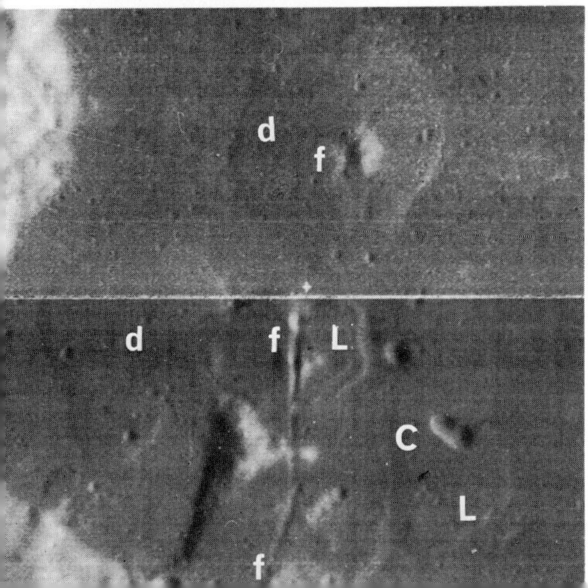
d
f
d
f
L
C
L
f

Mond Gewundene Rillen

Eines der eigenartigsten Gebilde, die von den Orbiter-Sonden photographiert wurden, sind die Gewundenen Rillen (Sinusrillen in der alten Mondterminologie), die sich von „normalen" Rillen dadurch unterscheiden, daß sie wie ein Fluß in Windungen verlaufen. Sie wurden bereits viel früher, an der Wende des Jahrhunderts beobachtet, aber erst die Entdeckung ihrer großen Häufigkeit erregte großes Aufsehen und Interesse, weil man für einige Zeit glaubte, daß sie durch fließendes Wasser gebildet wurden und daß ihre Häufung in gewissen Gebieten – zum Beispiel am Rande des Aristarchus-Plateaus (siehe Bild) – auf größere Mengen Wasser hindeutete. Das Fehlen von Wasser in den Mondgesteinsproben widerlegte jedoch diese Theorie, und außerdem zeigen die Gewundenen Rillen einige Unterschiede zu Flüssen. Die meisten von ihnen beginnen in einer randlosen Senke, breit und tief, aber beide, Breite und Tiefe nehmen gewöhnlich gegen das andere Ende hin ab. Allerdings kann sich die Tiefe, entgegen diesem Trend, plötzlich ändern oder die Rille vollständig unterbrochen werden.

Der Anfang einer Rille befindet sich in größerer Höhe als das Ende, wobei allerdings der Abfall längs der ganzen Rille nicht kontinuierlich ist. Bei ansteigenden Abschnitten kann fast immer gezeigt werden, daß sie mit einer späteren Aufwölbung zusammenhängen. Natürliche Wasserläufe auf der Erde sind im Verhältnis zu ihrer Breite nicht so tief und haben andere Anzeichen des Fließens, und zusätzlich Ablagerungen am unteren Ende.

Aber andere Eigenschaften der Gewundenen Rillen erinnern an die einer strömenden Flüssigkeit. Sie werden von Hindernissen abgelenkt, sie schmiegen sich an Erhöhungen an und folgen vorhandenen Depressionen. In der Abbildung zum Beispiel, befinden sich rechts vom Krater Krieger, dem größten im Bild, eine Reihe von Bruchlinien, die von links nach rechts verlaufen. Einige der Rillen, die sie kreuzen, werden plötzlich in sie hinein abgelenkt; sie verlaufen nun gerade, bis sie wieder plötzlich abgelenkt werden und ihren früheren gewundenen Lauf wieder aufnehmen.

Wenn die Flüssigkeit nicht Wasser war, was dann? Die Antwort ist ziemlich sicher: geschmolzene Lava. Lavakanäle, die von Eruptionskratern ausgehen, sind auf der Erde wohlbekannt, wie die nächste Abbildung zeigt, und sie haben einige der besonderen Eigenschaften der Gewundenen Rillen. Gewundene Rillen sind auf dem Mond weit verbreitet und die Krater an ihren Kopfenden können gut die Hauptquellen der Mare-Lavas sein; andere Beobachtungen zeigen allerdings, daß sie nicht die einzigen Quellen sind. Die auf S. 42 beschriebenen großen Lavaströme im Mare Imbrium wurden nicht durch Gewundene Rillen genährt, und obwohl diese nicht typisch für große Mare-Ströme sind, gibt es andere große Mare-Gebiete, die keine Gewundenen Rillen haben, durch die die Lava zugeflossen sein könnte. Die stille, aber rasche Emission aus Spalten bleibt also ein wichtiger Mechanismus für die Eruption von Mare-Lava.

Mond Lava-Kanäle und Lava-Tunnel

Die beiden Bilder ganz rechts zeigen terrestrische *Lava-Kanäle* in Idaho (oben) und in Hawai (unten). Sie haben ähnliche Eigenschaften wie die Gewundenen Rillen und beginnen in einem Krater, der entweder kreisförmig (oben) oder länglich (unten) sein kann. Breite und Tiefe nehmen im allgemeinen mit wachsender Entfernung vom Krater ab, doch zeigt eine genaue Untersuchung, daß es entlang des ganzen Kanals abrupte Zu- und Abnahmen von Breite und Tiefe sowie häufige Unterbrechungen gibt. Lava-Kanäle wie im Bild rechts oben konnten während ihrer Entstehung beobachtet werden. Wenn die geschmolzene Lava von ihrer Quelle (Krater oder Spalte) bergabwärts fließt, bildet sich infolge der Abkühlung an der Oberfläche eine feste Kruste. Diese Kruste nimmt in Gebieten, wo die Lava langsam fließt, zu, und nur wo die Lava rasch fließt, bleibt sie flüssig. Diese Gebiete rascher Bewegung werden bald zu wohl definierten Kanälen. Manchmal bildet sich an der Oberfläche des Flusses, für einen Teil seiner Länge, durch Abkühlung eine Kruste, die den Kanal überdacht, sodaß die Lava unterirdisch fließt. Ein unterirdischer Lava-Kanal heißt *Lava-Tunnel.* Die Bildung dieser Kruste wird gefördert durch Schollen aus erstarrter Lava, die auf dem Lavastrom schwimmen und an engen oder gewundenen Stellen des Kanals hängen bleiben. Ein anderer Mechanismus der Überdachung beginnt mit der Bildung von Dämmen auf beiden Seiten des Stroms. Diese werden durch wiederholte, kleine Überschwemmungen aus dem Kanal angelegt; diese erstarren rasch und bilden auf beiden Seiten Wände, die sich über dem Kanal vereinigen und so einen Tunnel bilden können. Sobald ein Kanal auf eine der besprochenen Arten überdacht ist, ist die Lava darunter isoliert und bleibt heiß und daher flüssig. Sobald die Eruption aufhört, fließt die Lava aus den Tunnelabschnitten heraus und läßt Hohlräume zurück, die später einstürzen können. Auf den beiden rechten Bildern, insbesondere dem unteren ist zu erkennen, daß diese Kanäle über lange Strecken nicht eigentliche Kanäle, sondern eingestürzte Tunnels sind. Das eingestürzte Dach ist an einigen Stellen am Grund des Tunnels zu sehen; und die Unterbrechungen der Kanäle sind Abschnitte, in denen das Dach nicht eingestürzt ist. Trotz der Ähnlichkeit mit den Gewundenen Rillen am Mond bleiben einige deutliche Unterschiede, vor allem der Unterschied in der Größe. Das Bild oben links zeigt die größte Gewundene Rille – das Schröter-Tal. Es ist über 150 km lang, 4–6 km breit, 500 m tief und enthält eine weitere Gewundene Rille. Kein Lavakanal auf der Erde erreicht auch nur annähernd diese Dimensionen. Der Lava-Kanal im Bild oben rechts ist nur 3,5 km lang. Ein anderer Unterschied ist, daß Lavakanäle und -tunnels auf dem Rücken von Erhebungen verlaufen. Dies ist darauf zurückzuführen, daß sich durch wiederholtes Überfließen der Lavakanäle Dämme bilden. Auf dem Mond gibt es bei den Gewundenen Rillen keine entsprechende Erhebung. Ferner sind die Lavakanäle und -tunnels zwar leicht gewunden (rechts), zeigen aber niemals das starke, schlangenförmige Meandern einiger Gewundenen Rillen, wie etwa innerhalb des Schröter-Tals (unten links).

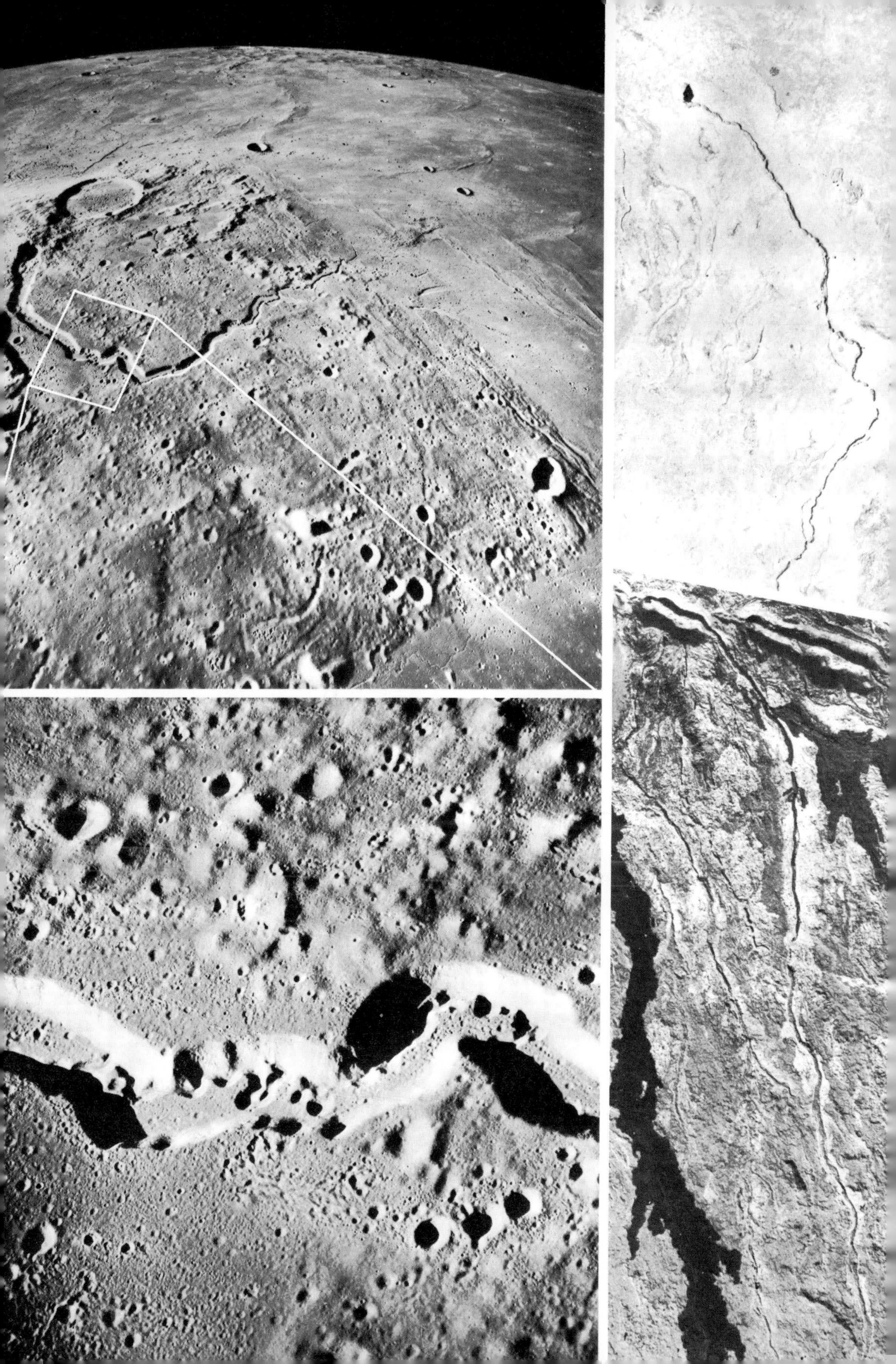

Mond Die Hadley-Rille

Alle Unterschiede zwischen den Lava-Kanälen auf der Erde und den Gewundenen Rillen auf dem Mond können erklärt werden durch die niedrige Viskosität (wahrscheinlich bedingt durch den höheren Titan- und Eisengehalt) und die höhere Eruptionsgeschwindigkeit der Mondlaven. Die höhere Eruptionsrate zusammen mit der niedrigen Viskosität bewirkt, daß die Lava über größere Entfernungen fließt und daß die Kanäle viel breiter sind. Die niedrige Viskosität bewirkt auch, daß aus dem Kanal überfließende Lava sich rasch in der Umgebung ausbreitet, sodaß sich keine merklichen Dämme an den Ufern aufbauen können. Dünnflüssigkeit der Lava bedeutet wohl auch, daß sich die Kanäle in ihr leichter verlagern können, wodurch die vielen Windungen der Gewundenen Rillen entstehen. Die bekannteste Gewundene Rille ist die Hadley-Rille, (rechts unten), die von den Apollo-15-Astronauten besucht wurde (Bild oben). Es ist eine ziemlich typische Gewundene Rille, die in einem länglichen Krater nahe dem unteren Bildrand entspringt; sie wird durch die Erhebung beim Apollo-Landeplatz (mit einem Stern markiert) abgelenkt und verengt sich fast völlig bevor sie sich an die Apenninen anschmiegt; schließlich verschwindet sie in einem Gebiet, in dem auch eine aus der entgegengesetzten Richtung kommende Rille verschwindet. Die Astronauten konnten sie genau untersuchen und fanden einen steilen Geröllhang an beiden Seiten, über die Felsblöcke in die Tiefe gerollt sind und sich am Boden gesammelt haben (unten links). Die plötzliche Verengung der Rille (Pfeil!) zeigt, daß sie zumindest teilweise ein gedeckter Tunnel war; der verengte Abschnitt ist wahrscheinlich eine Stelle, an der die Decke offensichtlich nur teilweise einstürzte.

Unter den Instrumenten, die die Apollo-15-Astronauten auf der Mondoberfläche aufstellten, war ein Seismometer. Dies war das dritte auf dem Mond arbeitende Seismometer, sodaß nun natürliche *Mondbeben* genau lokalisiert und der innere Aufbau des Mondes untersucht werden konnte. Die beim Aufschlag der Saturn-IVB-Raketen mehrerer Apollomissionen und bei natürlichen Einschlägen auf dem Mond (darunter eines sehr großen Körpers von ungefähr einer Tonne auf der Rückseite des Mondes) registrierten Mondbeben lieferten ein recht gutes Bild vom Innern des Mondes. In 25 km Tiefe nimmt die Geschwindigkeit der seismischen Wellen plötzlich zu, was als das Fehlen von Rissen unterhalb dieses Niveaus gedeutet wird; sie fehlen vielleicht, weil sie verschmolzen wurden. In 60 km Tiefe findet wieder eine Erhöhung der Geschwindigkeit statt, der als Wechsel in der Zusammensetzung des Gesteins von anorthositischen Gabbros zu einer darunterliegenden Pyroxen-Olivin-Schicht interpretiert wird. Dies markiert den Unterrand der Mondkruste. Darunter, bis in eine Tiefe von etwa 1000 km, befindet sich eine sehr starre, stabile Zone, durch die sich seismische Wellen sehr leicht und mit sehr geringem Intensitätsverlust ausbreiten. Dieser starre Teil des Mondes heißt Lithosphäre in Analogie zu einer ähnlichen, viel dünneren Schicht auf der Erde. An der Basis dieser Zone finden die natürlichen Mondbeben statt. Unterhalb von 1000 km bis zum Mondzentrum bei 1738 km Tiefe befindet sich eine partiell geschmolzene Zone analog zur Asthenosphäre der Erde.

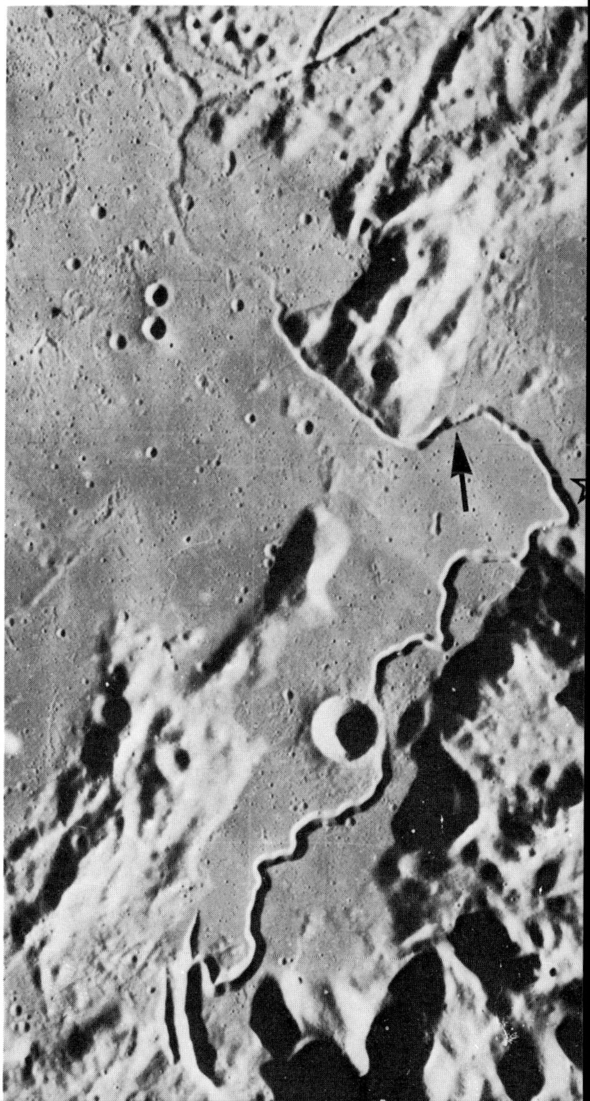

Mond Das Orientale-Becken

Eines der ungewöhnlichsten und aufregendsten Bilder, die von den Orbiter-Sonden empfangen wurden, war das des 900 km großen Orientale-Beckens (siehe gegenüber) am Westrand des Mondes. Kreisförmige Becken, wie das Imbrium-Becken auf der sichtbaren Seite des Mondes, waren schon lange bekannt, aber keines war so klar und frisch wie das Orientale mit der wunderbaren Symmetrie seiner kreisförmigen, konzentrischen Ringgebirge. Der Ursprung dieser Becken war, ebenso wie der der Krater, sehr umstritten. Einige Forscher glaubten an die Entstehung durch einen Einschlag, andere argumentierten, daß sie riesige, durch Verwerfungen gebildete tektonische Strukturen wären, die durch vulkanische Aktivität verändert wurden. Dieses eine Bild vom Orientale-Bekken bewirkte mehr als alles andere einen Umschwung der allgemeinen Meinung zugunsten der Annahme, daß die Becken den gleichen Ursprung wie die Krater haben müssen. So wurde die Einschlagtheorie, als sie für die Krater allgemein anerkannt war, auch für die Becken akzeptiert. Der Rand des Orientale ist kreisförmig und um ihn herum befindet sich eine deutliche Decke von Auswurfmaterial. Ein Teil davon ist in der Vergrößerung links unten zu sehen, wie es ältere Krater überdeckt und nach außen radiale Struktur annimmt. Die Ähnlichkeit mit Auswurfdecken von Einschlagkratern wie zum Beispiel Timocharis (S. 21) ist offensichtlich. In der Vergrößerung unten rechts sind sowohl feinere Streifungen als auch Fließspuren zu sehen, die denen beim Krater Tycho ähneln (S. 29). Außerhalb der Auswurfdecken fallen Sekundärkrater auf (Ausschnitt oben rechts), die in ihrer Unregelmäßigkeit und in der Bildung einer radial zum Zentrum des Beckens gerichteten Kette an jene von Kopernikus (S. 23) erinnern. Bemerkungswert ist auch, wie die vom Orientale weiter entfernten Krater die benachbarten Krater überlagern. Der lange Trog im Unterteil dieses Ausschnitts hat eine starke Ähnlichkeit mit den Formen im Bild rechts oben auf S. 23. Beides sind Ketten von Sekundärkratern, die so eng stehen, daß sie sich vereinigt haben; aber die Kraterkette gegenüber ist 15 km breit, während die Kopernikuskette nur 3 km breit ist.

Diese Ähnlichkeiten bei den Kratern werden außerhalb des Beckenrandes gefunden, innerhalb des Beckens ist das Bild ganz verschieden. Anstelle der Terrassen, dem ebenen Boden und dem Zentralberg großer Krater hat das Orientale-Becken zwei innere Ringgebirge. Für diese gibt es zwei Deutungen. Entweder stellen sie die verschiedenen Schichten der Kruste dar, die durch den Einschlag bloßgelegt wurden oder sie sind die Kombination konzentrischer Bruchlinien und einem erweiterten Zentralberg. Andere große Krater oder kleine Becken zeigen, daß sich oberhalb einer kritischen Grenze der Zentralberg zu einem Ring erweitert. Zwischen den beiden äußersten Ringen des Orientale befindet sich ein flacheres Gebiet, das dem Boden eines Einschlagkraters wie zum Beispiel von Aristarchus (S. 27) ähnlich sieht. Die Mitte des Orientale-Beckens ist wie die anderen kreisförmigen Mare-Becken auf der sichtbaren Seite des Mondes von dunkler Mare-Lava überflutet. Eine Vergrößerung der südlichen Grenze dieses Mare wird im Bild links unten gezeigt. Man sieht wie Mare-Lava Orientale-Material einschließt; eigenartig geformte Löcher mit steilen, treppenartigen Rändern lassen vermuten, daß sie für einige Zeit mit Lava gefüllt waren, die in Intervallen abfloß, sodaß am Rand, wo sie erstarrte, Stufen zurückblieben.

Mond Das Imbrium-Becken

Der riesige Ring von Gebirgen in der oberen Hälfte des Bildes gegenüber, der rechts die Mond-Apenninen, oben die Alpen und unten die Karpathen umfaßt, hat einen Durchmesser von fast 1300 km und markiert den äußeren Rand des Imbrium-Bekkens, dem größten auf dem Mond. Aus seiner stärkeren Erosion ist zu erkennen, daß es merklich älter ist als das Orientale. Es ist außerdem viel stärker von Lava überflutet, die Teile der Auswurfdecke und des Beckeninneren sowie Sekundärkrater überdeckt. Diese sind aber trotzdem in manchen Gebieten sichtbar; der Ausschnitt unten rechts zeigt einen schrägen Blick auf das Gebiet des Kraters Ukert in der Auswurfdecke nahe dem Rand von Imbrium. Feine Streifungen ähnlich denen in der Auswurfdecke von Orientale oder Timocharis (S. 21) sind deutlich zu sehen. Weiter außerhalb des Kraterrandes (Ausschnitte links unten) sind Ketten von Sekundärkratern zu sehen, die allerdings nicht so jung und so gut definiert sind wie die von Orientale. In den Laven innerhalb des Randes befindet sich ein Ring von Mare-Rücken, der das Vorhandensein eines inneren Gebirgsrings wie beim Mare Orientale andeutet, aber unter der Mare-Oberfläche. Kleine Teile davon kommen in Form von isolierten Berggipfeln oder niedrigen Gebirgsketten durch (Pfeile!).

Berechnungen haben gezeigt, daß ein Einschlag, der einen Krater von 1300 km Durchmesser auf einem Körper von der Größe des Mondes (Durchmesser 3476 km) erzeugt, fast ausreicht, um diesen auseinanderzubrechen; die Bildung des Imbrium-Beckens muß daher weitreichende Wirkungen auf die Oberfläche und das Innere des Mondes gehabt haben. Diese Wirkungen sind an der Oberfläche als ein radiales und konzentrisches Muster von Bruchlinien zu sehen, das sich fast über den ganzen Mond erstreckt. Fast ein Drittel aller Mondrillen sind entweder konzentrisch oder radial zum Mare Imbrium. Der Imbrium-Einschlag muß auch unter der Mondoberfläche verheerend gewesen sein, denn der in der Aushöhlungsphase (S. 20) erzeugte Urkrater war wahrscheinlich ein paar hundert Kilometer tief, ehe sich der Boden wieder hob und sich die inneren Ringe bildeten. Der Mond muß bis in eine beträchtliche Tiefe aufgebrochen sein, und spätere vulkanische Tätigkeit wird Magma entlang der Brüche zur Oberfläche gebracht und dort als Lava ausgeworfen haben. Gewundene Rillen und andere vulkanische Öffnungen häufen sich an den Rändern der kreisförmigen Maria, was darauf hindeutet, daß die meiste Lava, die die Becken füllte, an den Rändern ausgeworfen wurde. Das gilt auch für die großen Lavaströme mit auffälligen Fließfronten (S. 43), die in das Mare Imbrium flossen.

Es gibt auch Hinweise dafür, daß sich die Mare-Becken über einen langen Zeitraum allmählich mit Lava füllten. Große Krater wie Archimedes (A) oder Plato (P) im Bild gegenüber wurden nach dem Imbrium-Einschlag gebildet, denn sie liegen auf ihm. Sie sind aber älter als die Imbrium-Lavafüllung, denn sie sind selbst mit Lava gefüllt, was zeigt, daß zwischen dem Einschlag und der letzten Überflutung Zeit genug für die Bildung mehrerer großer Krater war. Es gibt auch direkte Beweise aus Gesteinsproben: der Imbrium-Einschlag wird mit 3,9 Milliarden Jahren datiert, während die Apollo-15-Proben zeigen, daß Überflutungen des Imbrium bis vor 3,3 Milliarden Jahren stattfanden.

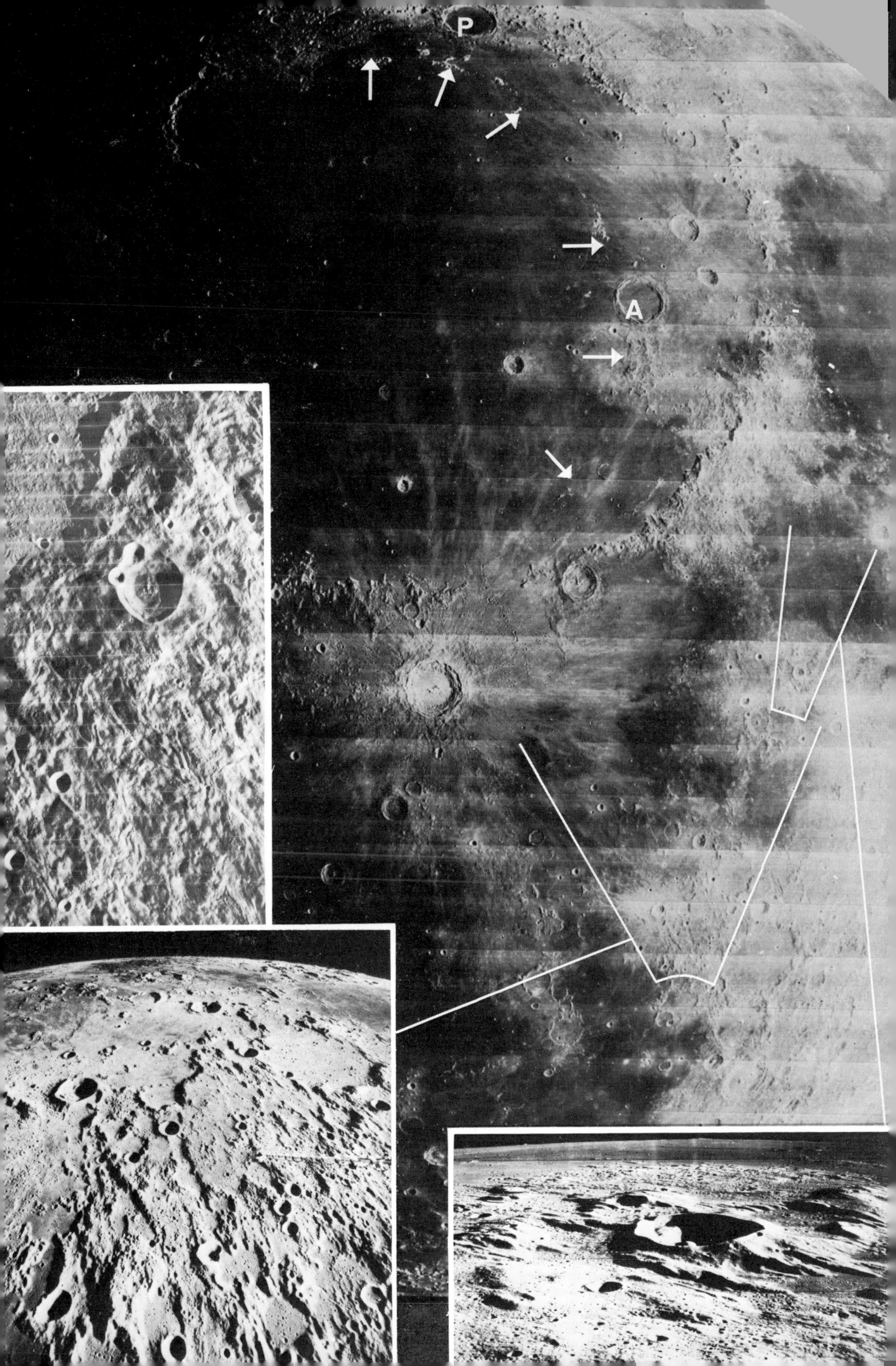
P
A

Mond Mascons

Als die Orbiter-Raumfahrzeuge den Mond umkreisten, wurden genaue Positionsmessungen gemacht. 1968 wurden diese Daten von zwei Amerikanern, Müller und Sjögren analysiert, um nach lokalen Veränderungen der Schwerkraft zu suchen. Sie interessierten sich besonders für die größeren Bekken auf der Vorderseite, denn als Depressionen in der Oberfläche sollten sie Zentren großer negativer Anomalien sein, das heißt die Gravitation sollte dort merklich schwächer sein als im Mittel. Zu ihrer großen Überraschung erhielten sie genau das gegenteilige Ergebnis. Jedesmal, wenn sich die Orbiter einem kreisförmigen Mare näherten, wurden sie beschleunigt und bei ihrer Entfernung verzögert, was zeigt, daß die Becken *positive* Gravitationsanomalien darstellen. Das weist daraufhin, daß in den Becken der Vorderseite eine Massenkonzentration und nicht ein Massendefekt existiert; diese Massenkonzentrationen wurden *Mascons* genannt. Sie erregten großes Aufsehen und Interesse, und es gab viele Spekulationen darüber, was diese Konzentrationen sind und warum sie gerade da sind. Einige glaubten, es wären die in den Mond eingedrungenen dichten Körper der Einschlagsmasse, andere hielten sie für tiefliegende ausgedehnte vulkanische Komplexe von Gesteinsadern, Lagergängen und Intrusionen. Mit Hilfe von detaillierten Beobachtungen in den letzten Jahren wurde ein Modell berechnet, nach dem die Mascons flache, scheibenförmige Objekte an der Mondoberfläche sind. Die allgemeine Meinung ist nun, daß die Mascons die die Becken füllende Lava sind. Die Tatsache, daß die Mascons nach 3 Milliarden Jahren noch existieren, zeigt, daß die Lithosphäre des Mondes so dick ist, daß sie das Gewicht der Mascons über eine so lange Zeit tragen konnte. Diese Festigkeit ist seither durch die seismischen Experimente der Apollo-Missionen (S. 50) bestätigt worden. Die Hochländer des Mondes zeigen anderseits keine positiven Anomalien, sie sind also im isostatischen Gleichgewicht. (Isostasie: das Einspielen eines Schweregleichgewichtszustandes einzelner Schollen der Kruste). Es muß daher zur Zeit der Bildung der Hochländer die Lithosphäre viel dünner gewesen sein.

Sogar während der frühen Lavaüberflutungen der Becken fand ein gewisser Ausgleich statt. Ein Hinweis dafür ist im gegenüberliegenden Bild zu sehen. Das Hauptbild zeigt eine schöne Serie von parallelen Gräben um das Mare Humorum. Sie sind ein Anzeichen für Bewegungen gegen das Mare-Zentrum zu, infolge von Spannungen, die durch ein Einsinken des Zentrums bei gleichzeitiger Dehnung der umgebenden Oberfläche erklärt werden können. Ein direkter Hinweis findet sich in dem Bildausschnitt links, der die gegenüberliegende Seite desselben Mare zeigt. Hier begrenzt eine auffällige Verwerfung die Mare-Oberfläche, die ein Absinken des Mare-Zentrums relativ zum Gebiet auf der linken Seite anzeigt. Man beachte, daß ein alter Krater durch die Verwerfung entzweigeschnitten wurde und der rechte Teil unter dem Mare begraben ist, während ein jüngerer kleiner Krater darunter, der direkt auf der Verwerfung aufsitzt, kein Zeichen der Störung zeigt. Diese Beobachtungen zeigen, daß in den frühen Phasen der Lavaüberflutung das Beckenzentrum isostatisch einsank.

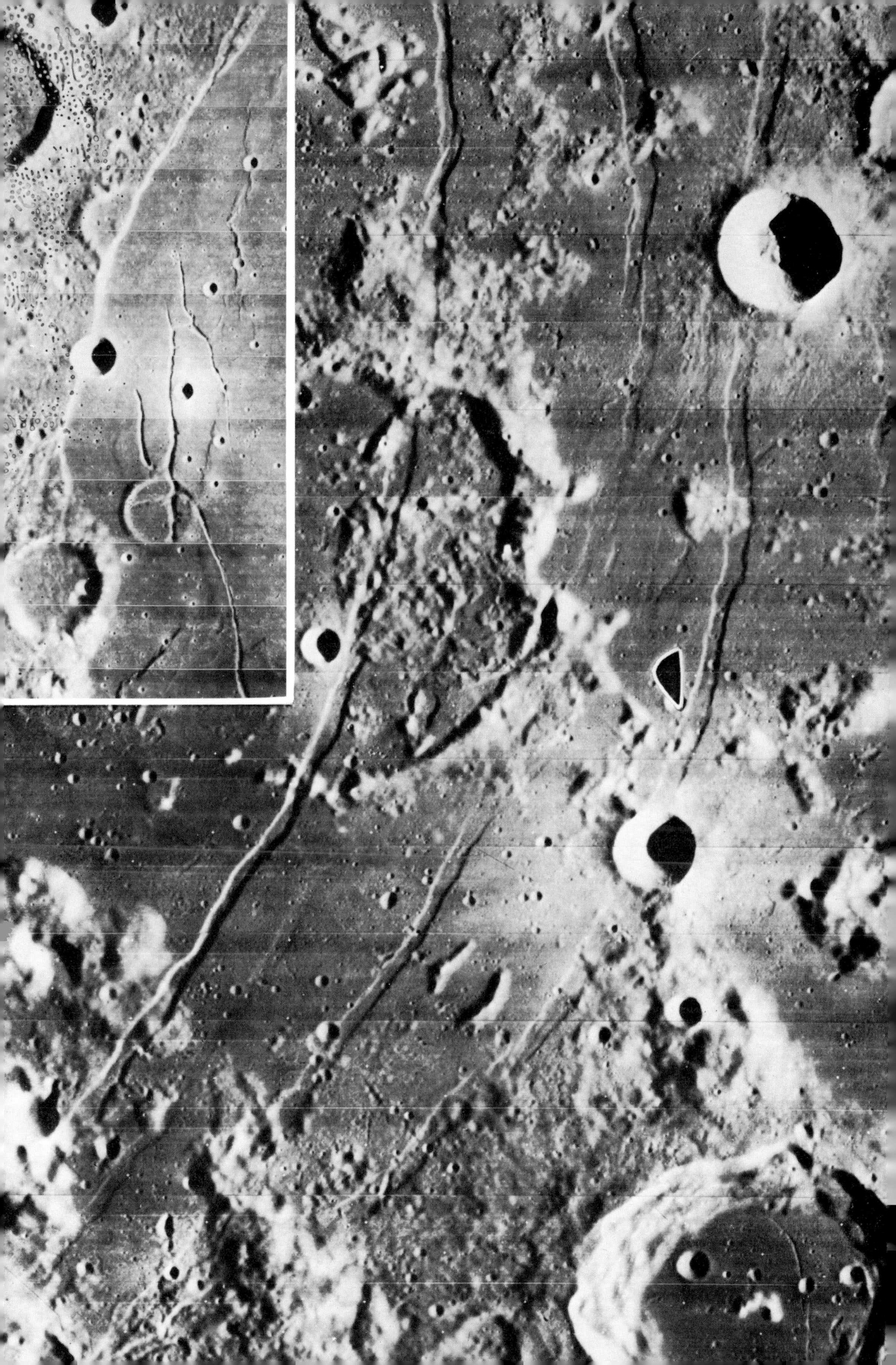

Mond Die Becken der Mondrückseite

Als Luna 3 im Oktober 1959 die ersten Aufnahmen von der Rückseite des Mondes machte, war dies bis dahin die spektakulärste Leistung in der modernen Erforschung des Mondes. Die Qualität der Bilder ist zwar schlecht im Vergleich zu denen späterer Missionen und es war schwierig, die Details darauf zu erkennen; so stellte sich ein weißes Gebilde, das optimistisch „Sowjetisches Gebirge" getauft wurde, später als ein Kraterstrahl heraus. Auffällig war aber eine Besonderheit der Mondrückseite, die sie grundsätzlich von der Vorderseite unterscheidet, nämlich das fast vollständige Fehlen der vertrauten dunklen Maria-Gebiete. Es gibt zwar große kreisförmige Bekken auf der Rückseite, aber kein so großes wie Imbrium oder Orientale; zwei davon werden auf der gegenüberliegenden Seite gezeigt, oben Mendelejew, 340 km im Durchmesser mit Spuren eines inneren Rings, und unten Gagarin (260 km), und beide haben nicht die dunkle Mare-Füllung der Becken der Vorderseite. Warum fand nun fast alle vulkanische Aktivität auf der der Erde gegenüber liegenden Seite des Mondes statt? Hinweise zur Beantwortung dieser Frage wurden in anderen asymmetrischen Eigenschaften des Mondes gefunden. Eines der Instrumente an Bord von Apollo war ein sehr genauer Höhenmesser, der mit Hilfe eines Laserstrahls Höhen auf weniger als einen Meter genau messen konnte. Die Messungen zeigten, daß der Mond leicht eiförmig ist, wobei der längste Durchmesser 2 km länger ist als der kürzeste und gegen die Erde gerichtet ist. Außerdem wurde gefunden, daß das Massenzentrum des Mondes sich nicht in seinem geometrischen Zentrum befindet sondern 2 km in Richtung Erde versetzt ist. Daraus folgt, daß die Mondkruste auf der der Erde zugewandten Seite dünner ist, und das allein kann schon die Ursache für die größere Fläche der Maria sein. Der Grund für die asymmetrische Gestalt und Massenverteilung kann sein, daß der Mond einmal der Erde viel näher war und Gezeitenkräfte diese Asymmetrie erzeugten. Auf jeden Fall bewirkt sie, daß der Mond ständig der Erde dasselbe Gesicht zuwendet, denn die Erde zieht den Wulst stärker an als den übrigen Mond.

Viele Überlegungen wurden darüber angestellt, wie das Magma erzeugt wurde, das nach seinem Austritt auf die Oberfläche die Mare-Laven bildete. Auf der Erde ist die Lithosphäre dünn und besteht aus einzelnen Platten, die sich gegeneinander verschieben. Vulkane entstehen entlang der Mittelozeanischen Rücken, von denen sich Platten nach beiden Seiten wegbewegen, und die Lavaeruptionen erzeugen neue Kruste, die sich über die Erdoberfläche ausbreitet. Vulkane können auch ausbrechen, wo sich eine Platte gegen eine andere bewegt und sich darunterschiebt; die Reibungswärme unterhalb der Oberfläche schmilzt das absteigende Gestein und erzeugt Magma, das schließlich als Lava ausgeworfen wird. Auf dem Mond ist die Lithosphäre sehr dick und stabil, wie wir gesehen haben, sodaß derzeit Plattentektonik nicht wirksam sein kann, und es gibt keine Anzeichen dafür, daß sie es in der Vergangenheit war. Es ist wahrscheinlich, daß der fortschreitende Zerfall der radioaktiven Elemente die Wärmequelle für eine Temperaturerhöhung bis zum Schmelzpunkt des Gesteins innerhalb des Mondes war. Die Schmelze wurde durch Schwachstellen in der Kruste – wie den großen, bei beckenbildenden Einschlägen erzeugten Brüchen – an die Oberfläche gebracht.

Mond Die Hochländer

Der größte Teil der Mondoberfläche wird von den eng mit Kratern bedeckten Hochländern eingenommen. Diese wurden durch ein unausgesetztes Bombardement gebildet, bei dem immer wieder die älteren Krater von neuen überdeckt und schließlich wieder zerstört wurden. Im gegenüberliegenden Bild eines Hochlands auf der Rückseite des Mondes sind alle Phasen des Zerfalls von Kratern zu sehen, angefangen von frischen Kratern mit scharf definierten Rändern über Krater mit abgeschliffenen Rändern und vielen sie bedeckenden Kratern bis zu den ältesten Kratern, von denen nur noch Fragmente des Randes im Gewirr der jüngeren Einschläge sichtbar blieben. Auf S. 16 wurde gesagt, daß die Hochländer älter sind als die Maria, aber die Gesteinsproben zeigten, daß der Altersunterschied zwischen beiden nicht sehr groß ist – die ältesten Maria sind ungefähr 3,9 Milliarden alt, das Alter des Mondes ist 4,6 Milliarden Jahre; die Hochländer waren also 700 Millionen Jahre oder um weniger als 20% länger dem Bombardement ausgesetzt als die Maria. Aber ein kurzer Blick auf das Bild gegenüber und auf das Mare von S. 39 zeigt, daß die Hochländer weitaus mehr als 20% mehr große Krater haben als die Maria – die Zahl ist mehrere hundert Prozent. Es scheint also, daß das Bombardement vor der Bildung der Maria viel heftiger war als nachher.

Um herauszufinden wieso, müssen wir die verschiedenen Theorien der Mondentstehung betrachten. Die Theorien bilden drei Hauptgruppen: (a) Mond und Erde entstanden zusammen als Doppelplanet, (b) der Mond spaltete sich von der Erde ab, (c) die Schwerkraft der Erde hat den Mond aus einem anderen Teil des Sonnensystems eingefangen.

Es gibt zur Zeit keine allgemein anerkannte Theorie, denn es blieb wenig Konkretes für die Aufklärung eines Ereignisses übrig, das vor 4,6 Milliarden Jahren stattfand. Die meisten modernen Theorien gehen davon aus, daß der Mond in irgendeiner Periode von kleineren Körpern bombardiert wurde und daß die Hochländer das Ergebnis der letzten Phase dieses Bombardements sind. Wenn der Mond die Sonne 700 Millionenmal umkreist hat, wird er mit allen Körpern im Sonnensystem zusammengestoßen sein, deren Bahnen sich der seinen genug näherten. Die Häufigkeit der Einschläge muß daher in der frühen Geschichte des Mondes sehr rasch abgenommen haben, später aber nur noch sehr langsam.

Der Bildausschnitt gegenüber zeigt ein eigenartiges ebenes Gebiet in den Hochländern um den Krater Cayley. Solche helle, ebene Gebiete heißen *Cayley-Ebenen* und werden an vielen anderen Stellen in den Hochländern gefunden. Ihr Ursprung wird später diskutiert (S. 64).

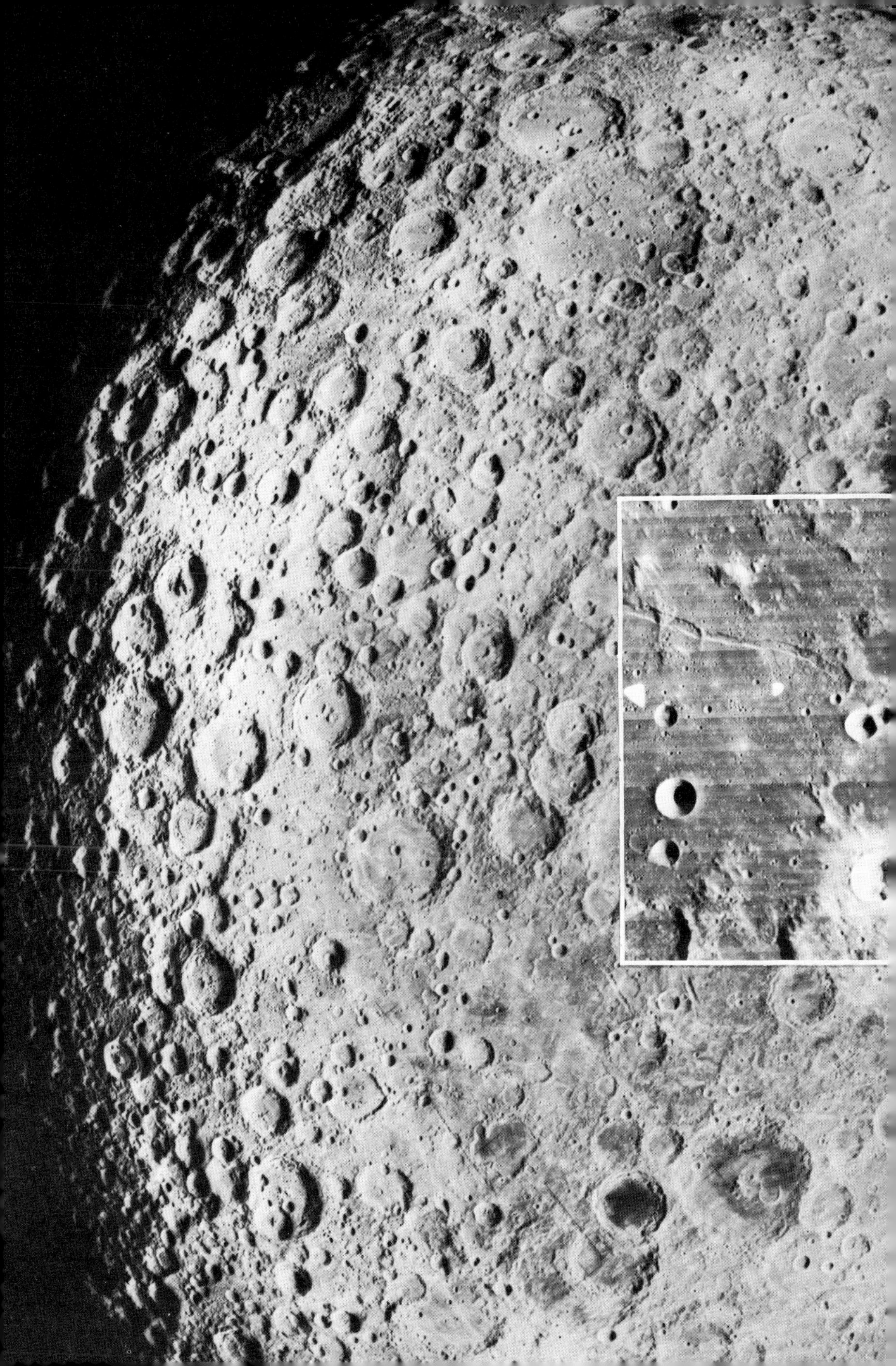

Mond Datierung der Hochländer

Die Hochländer haben ein hohes Alter, aber alle Zeugnisse über den frühen Zustand des Mondes wurden durch das intensive Bombardement seiner Oberfläche systematisch zerstört. Dieses hat das Gestein zertrümmert, es über große Entfernungen über die Oberfläche geschleudert, seine Struktur und sein Aussehen vollständig verändert, es erhitzt und in einigen Fällen geschmolzen. Die plötzliche Veränderung eines Gesteins durch kurzzeitigen hohen Druck und hohe Temperatur wird *Stoßwellenmetamorphose* genannt. Alle auf den Hochländern aufgesammelten Steine waren durch Stoßwellenmetamorphose umgewandelte Breccien. Stoßwellenmetamorphose führt zu einer Verfälschung des gemessenen Gesteinsalters. Das Alter von Gesteinen wird aus dem Maß des Zerfalls radioaktiver Elemente bestimmt, aber eine Katastrophe wie ein Einschlag-Ereignis kann viele dieser „Altersuhren" zurückstellen, sodaß bei der Analyse des Gesteins das Alter des Einschlags statt des Alters des Ursprungs des Gesteins gefunden wird. So liefern viele Hochlandgesteine Alter um 3,9 Milliarden Jahre, ungefähr das Alter des Imbrium-Einschlags. Es gibt aber ein paar ältere Gesteine von 4,2 Milliarden Jahren und eine Probe ergab 4,6 Milliarden Jahre, das Alter des Mondes selbst.

Es gibt viele Hinweise auf vulkanische Tätigkeit in den Hochländern; die meiste wird an den Grenzen zu den Maria gefunden und scheint mit Mare-Vulkanismus verbunden zu sein. Gute Beispiele dieses Typs von Aktivität sind die Krater mit rissigem Boden wie der Krater Alphonsus mit einem Durchmesser von 115 km (oberes Bild), die sich um die Ränder der Mare-Gebiete konzentrieren. Aus der Morphologie dieser Krater ist zu erkennen, daß sie durch Einschlag erzeugt wurden, aber die Breite und Tiefe der Risse auf ihrem Boden unterscheidet sie von gewöhnlichen Einschlagkratern. In einigen von ihnen ist der Boden angehoben und bildet ein Plateau innerhalb der Kraterwände und in vielen Fällen ist der Krater teilweise mit dunklem Mare-Material überflutet. Alle diese Eigenschaften können durch das Eindringen oder die Eruption von Lava erklärt werden; die Spalten unterhalb des Einschlagkraters dienen dem Magma als Eruptionsgänge wie bei den großen Mare-Becken. Ein Teil der Lava eruptierte, der andere bildete Lagergänge und andere Intrusionen unter dem Kraterboden, wodurch er angehoben wurde und die Risse entstanden, die diesen Kratertyp charakterisieren. Im Alphonsus ist noch eine andere Art von Vulkanismus in der Form kleiner aber auffälliger dunkler Gebiete mit unscharfen Rändern vorhanden, die kleine Krater, hauptsächlich am Rand des Bodens von Alphonsus, umgeben. Vergrößerungen von zwei dieser dunklen, von einem Hof umgebenen Krater von ungefähr 2 km Durchmesser werden in der Abbildung unten gezeigt. Diese Krater sind offenbar vulkanisch: sie liegen auf Spalten, sie sind nicht kreisförmig und sie sind von dunklem Material umgeben, das keine Strahlen bildet. Es gibt keinen Hinweis darauf, daß aus diesen Kratern Lava ausbrach; es sind also rein *pyroklastische* Vulkane, das heißt sie entstanden durch explosive Eruption von Asche, vulkanischer Breccie u.s.w.

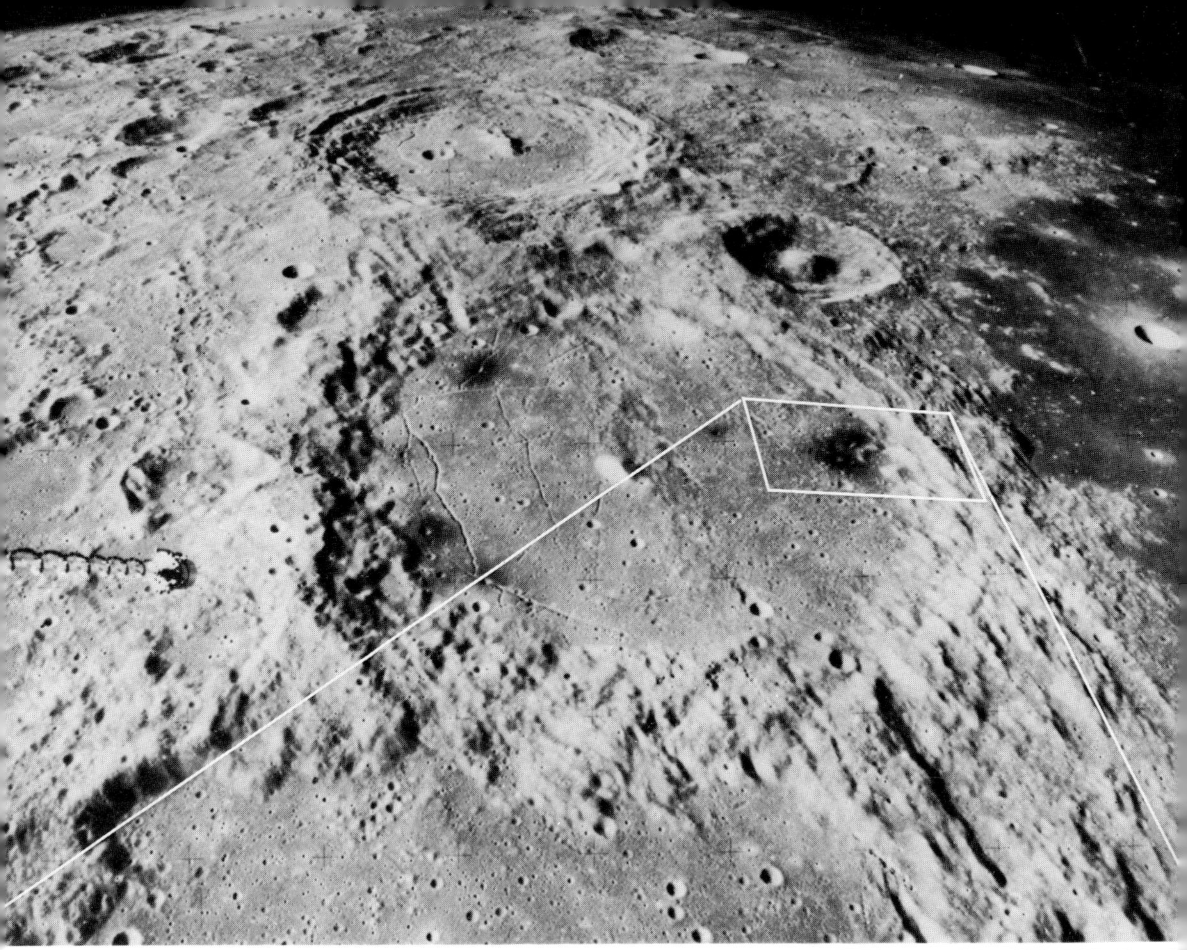

Mond Gewundene Rillen in Hochlandgebieten

Weitere vulkanische Gebilde in Hochlandgebieten sind Gewundene Rillen, die gewöhnlich an den Grenzen der Maria auftreten und wahrscheinlich mit Mare-Vulkanismus zusammenhängen. Zwei Beispiele werden gegenüber gezeigt: die obere befindet sich beim Mare Frigoris, die untere fließt in das Mare Imbrium in der Nähe des Kraters Plato. In beiden Fällen zeigt das Bild ein Gebiet von 110 km Länge. Diese Rillen sind rätselhaft, denn sie laufen durch Hochländer, die, wie wir gesehen haben, nicht aus Lava bestehen; die Rillen können also nicht Lava-Kanäle oder Lava-Tunnels sein wie sie auf S. 48 beschrieben sind. Anderseits sind sie aber den Gewundenen Rillen der Maria so ähnlich, daß ein ganz anderer Ursprung unwahrscheinlich ist. Es wurde daher vorgeschlagen, daß die Rillen in den Hochländern durch Erosion gebildet wurden, nicht durch Wasser wie bei Flußbetten sondern durch fließende Lava. Geringe Viskosität und hohe Eruptionsgeschwindigkeit würden bedeuten, daß in den Hochländern austretende Lava sehr rasch bergabwärts fließt, wobei sie den Weg des geringsten Widerstandes zwischen den Hindernissen im Gelände nimmt, bis sie eines der Maria oder eine andere Depression erreicht und dort einen Lavasee bildet. Bei andauernder Eruption und genügend hohen Temperaturen wird der heiße Lavastrom sein Bett aufschmelzen und sich in das Hochland-Gestein einschneiden. Das könnte bei den beiden gezeigten Rillen geschehen sein.

Als weitere Anzeichen von Vulkanismus in den Hochländern wurden die auf S. 61 abgebildeten *Cayley-Ebenen* angesehen, die einige Forscher als *Aschenströme* interpretierten. Das Interesse an diesem möglichen, weitverbreiteten Vulkanismus war so groß, daß für Apollo 16 eine Cayley-Ebene als Landeplatz ausgewählt wurde. Keines der zurückgebrachten Gesteine war jedoch primär vulkanischen Ursprungs, was die Möglichkeit von Aschenströmen ausschloß. Der Ursprung dieser flachen Hochlandebenen ist noch immer ein Rätsel. Eine Hypothese ist, daß sie glattes Auswurfmaterial vom Orientale-Einschlag sind, aber es gibt wohl zu viele Cayley-Ebenen über den Mond verteilt, als daß sie durch ein einziges Einschlag-Ereignis erklärt werden könnten. Nach einer anderen Hypothese ist die Bildung von Sekundärkratern verantwortlich, denn Sekundäreinschläge werden in Erhebungen Erdrutsche auslösen, die die Täler mit glatten Ablagerungen auffüllen. Das Rätsel wird noch dadurch größer, daß ähnliche Ablagerungen auch auf dem Planeten Merkur weit verbreitet sind.

Zusammenfassend ist festzustellen, daß die Hochländer den größten Teil des Mondes bedecken und aus Eruptivgestein bestehen, das durch Einschläge modifiziert wurde, daß die größten geologischen Gebiete der Hochländer, ja des ganzen Mondes die großen Becken sind, und daß Meteoriten-Einschlag der dominierende Prozeß bei der Formung der Mondoberfläche war.

Merkur Erste Begegnung

Merkur ist, soweit bis heute bekannt, der sonnennächste Planet; er umkreist die Sonne in einem mittleren Abstand von 57,9 Millionen Kilometer und sein größter Winkelabstand von ihr ist 28 Grad. Es ist daher wegen seiner Sonnennähe schwierig, ihn mit erdgebundenen Fernrohren zu studieren und so ist er der am wenigsten erforschte der terrestrischen Planeten, obwohl man von seiner Existenz seit Tausenden von Jahren weiß. Dennoch wurden einige wichtige Beobachtungen von der Erde aus gemacht. Fernrohrbeobachtungen zeigten zum Beispiel, daß Merkur klein ist – sein Durchmesser von 4.880 km ist nur etwa ein Drittel des Erddurchmessers – aber eine hohe Dichte von 5,45 g/cm^3 hat. Diese ist viel höher als beim Mond oder Mars und näher an der Dichte der Erde, woraus folgt, daß Merkur einen ähnlich hohen Anteil an Eisen enthält.

Die Beobachtungen von der Erde aus geben jedoch keine Auskunft darüber, ob das Eisen in einer steinigen Silikatphase gleichmäßig verteilt ist oder ob Merkur in einen Eisenkern und einen Gesteinsmantel getrennt ist wie die Erde. Mindestens die obersten paar Zentimeter oder Meter haben wohl ähnliche Eigenschaften wie die Silikatgesteine auf dem Mond, die durch Meteoriteneinschläge Regolith bildeten. Das ist ziemlich sicher, denn die Reflexion von sichtbarem Licht und von Radiowellen, von der Sonne an der Merkuroberfläche und die thermische Emission der Oberfläche im Infraroten entspricht jener des Mondes, wenn er sich in der Merkurumlaufbahn befinden würde. Aus diesen polarimetrischen und photometrischen Ähnlichkeiten, folgt auch das Fehlen einer Atmosphäre um den Planeten. Die Intensität des meteoritischen Bombardements, das den Regolith erzeugt hat, konnte nicht bestimmt werden, da die erreichte Auflösung mit einem Teleskop bestenfalls 300 km beträgt und man nur schwache helle und dunkle Flecken erkennen kann (S. 71). Durch die Bestimmung der Ortsveränderungen dieser Flekken, fanden die Astronomen, daß der Merkur sich genau dreimal um seine Achse dreht, während er die Sonne zweimal umkreist; damit ist ein Tag auf dem Merkur gleich zwei Merkurjahren. Das Merkurjahr dauert 87,9 Erdentage. Von der Erde aus sieht man, daß die eine Hemisphäre mehr Kontraste zeigt als die andere; Mariner 10 machte Beobachtungen von Teilen der beiden scheinbar verschiedenen Gebiete. Mariner 10 wurde am 3. November 1973 gestartet und photographierte Erde und Mond unmittelbar nach dem Start und die Venus bei seinem Vorbeiflug zum Merkur. Die erste Begegnung mit dem Planeten fand auf der dunklen Seite in der Äquatorgegend mit einer größten Annäherung von 700 km statt. Das Photomosaik gegenüber ist aus Bildern zusammengesetzt, die während des ersten Vorbeiflugs knapp vor dem Passieren der dunklen Seite erhalten wurden.

Dieses Bild eines Teiles der „weicheren" Hemisphäre des Planeten zusammen mit dem der kontrastreicheren Halbkugel auf der nächsten Seite zeigten, daß Krater die beherrschende Geländeform sind wie am Mond.

Merkur Die Oberfläche

Als Mariner 10 auf der anderen Seite des Planeten wieder ins Sonnenlicht kam, machte er weitere Aufnahmen, von denen einige zu dem gegenüberliegenden Photomosaik zusammengesetzt wurden. Die Kratergrößen variieren von der Grenze der photographischen Auflösung (100 m) bis zum größten Becken, *Caloris,* mit einem Durchmesser von 1300 km. Die während der Begegnung sonnenbeschienene Hälfte von Caloris ist auf dem Bild gegenüber noch zu sehen, die andere Hälfte befindet sich jenseits des Terminators (der Grenze zwischen der hellen und dunklen Halbkugel des Planeten).

Das Becken ist von einer Aureole relativ glatten Geländes umgeben. Geologen der Mariner-10-Mission, wie Robert Strom und Newell Trask betrachten dieses als eine besondere geologische Einheit und nannten sie *Glatte Ebenen.* Man glaubt, daß diese Einheit durch die Eruption von großen Mengen von Lava entstanden ist, nachdem die meisten Krater, einschließlich Caloris, gebildet worden waren.

Jenseits der Glatten Ebenen befindet sich kraterbedecktes Gelände. Die Krater sind aus einer frühen Oberfläche ausgehöhlt, die zwischen den Kratern zu sehen ist und daher *Zwischenkraterebene* genannt wird.

Aus diesen Beobachtungen und den Ähnlichkeiten mit dem Mond, wurde vom Mariner-10-Wissenschaftler-Team geschlossen, daß beim Merkur die Differenzierung schon sehr früh stattgefunden hat und zur Bildung einer Silikatkruste und eines Eisen-Nickel-Kerns geführt hat. Der stärkste Hinweis dafür war ein völlig unerwarteter Befund: Merkur hat ein eigenes Magnetfeld. Dieses wurde durch Plasmaexperimente, Experimente mit geladenen Teilchen und dem Magnetometer entdeckt. Es konnte aber noch nicht entschieden werden, ob das Magnetfeld durch einen jetzt noch ablaufenden Prozess erzeugt wird oder ob es der Überrest eines alten Feldes ist.

Das aus Beobachtungen von der Erde aus vermutete Fehlen einer Atmosphäre, wurde durch die Bedeckung von Mariner 10 durch Merkur bei seinem ersten Vorbeiflug bestätigt. Die Radiosignale von der Raumsonde wurden von Merkur so abgehalten, wie es von einem Planeten ohne Atmosphäre zu erwarten war. Das Fehlen einer Atmosphäre wurde auch durch spektrometrische Beobachtungen im Ultraviolett bestätigt, bei denen aber winzige Mengen von Helium entdeckt wurden. Es wurden keine Geländeformen beobachtet, die auf atmosphärische Erosion hinweisen würden und man kam zu dem Schluß, daß Merkur die Atmosphäre, die er vielleicht gehabt hat, bereits sehr früh in seiner Geschichte verloren hat. Mit Hilfe der Bedeckungen konnten die Wissenschaftler aufgrund himmelsmechanischer Beobachtungen auch feststellen, daß Merkur eine perfektere Kugel ist als die Erde und der Mond. Diese Kugelform stützt die Annahme, daß die auf der sonnenbeschienenen Seite beobachteten Formationen für den ganzen Planeten repräsentativ sind. Beim Mond haben wir gesehen, daß die ganz verschieden strukturierte, erdzugewandte Seite einen auffälligen Wulst hat.

Caloris

Merkur Die südliche Halbkugel

Die zweite Begegnung von Mariner 10 mit Merkur fand sechs Monate nach der ersten im September 1974 statt; der Vorbeiflug erfolgte über den Südpol in einer Entfernung von 50 000 km. Dabei aufgenommene Bilder bilden das gegenüberliegende Mosaik. Da Merkur die Sonne zweimal umkreist hatte, während die Raumsonde sie einmal umkreiste, war wieder dieselbe Hemisphäre des Planeten von der Sonne beschienen; dasselbe gilt für den dritten und letzten Vorbeiflug über die nördliche Halbkugel in einem kürzesten Abstand von nur 370 km im März 1975. Dies hatte den Vorteil verschiedener Kameraeinstellungen bei den drei Passagen, wodurch eine fast vollständige Erfassung der einen Hemisphäre sichergestellt war. Außerdem konnten durch Vergleich der Schattenlänge von Gebilden, die bei mehr als einer Passage mit hoher Auflösung photographiert worden waren, die früheren Bestimmungen der Rotationsgeschwindigkeit von Merkur bestätigt werden.

Die Grundlage dieses Kapitels werden von den Mariner 10 Aufnahmen gebildet. Da die Beobachter von der Erde aus selbst mit den schärfsten Augen und den besten Teleskopen nur Karten mit ein paar Klecksen – wenn auch mit schönen klassischen Namen – herstellen konnten, zeigen die Photographien auf den folgenden Seiten deutlich, welch großen Fortschritt Mariner 10 brachte. Eine der letzten Karten wurde von John Murray 1972 hergestellt und wird unten in der Abbildung gezeigt. Das große dunkle Gebilde im Zentrum liegt auf der kontrastreicheren Hälfte des Merkur und entspricht dem auf der vorhergehenden Seite gezeigten Caloris-Becken. (Im Vergleich zum Bild ist in der Karte oben und unten entsprechend der damaligen Konvention der Astronomen vertauscht.)

Das Abbildungssystem lieferte so viel Information, daß nicht alles in einem Bild untergebracht werden konnte. Es wurden daher besondere Entwicklungstechniken und -verfahren angewandt, um die gewünschten, besonderen Informationen darzustellen. Einige davon werden später besprochen. Aus Aufnahmen von Gebieten, die sich beim ersten und zweiten Vorbeiflug überlappten, konnten Stereobilder gemacht werden.

Eine ungewöhnliche Entdeckung auf den Mariner-10-Photographien waren lange, gewundene Böschungen, die als die Oberflächenmanifestation von flachwinkeligen Aufschiebungen interpretiert werden. Eines der größten, nach Kapitän Scott's Schiff *Discovery Rupes* genannt, ist auf dem Mosaik gegenüber unter den Pfeilen zu sehen. In diesem Bild der südlichen Halbkugel sind helle, von vielen Kratern ausgehende Strahlen sichtbar. Diese Krater gehören zur jüngsten geologischen Periode von Merkur und stellen die einzigen wesentlichen Ereignisse dar, die in den Milliarden von Jahren seit der Bildung der Glatten Ebenen auf dem Planeten stattfanden.

Etwas, was die von Bruce Murray geführten Wissenschaftler vergeblich suchten, war ein *Merkurmond;* sie kamen zu dem Schluß, daß ein eventuell existierender Mond weniger als 5 km Durchmesser haben müßte.

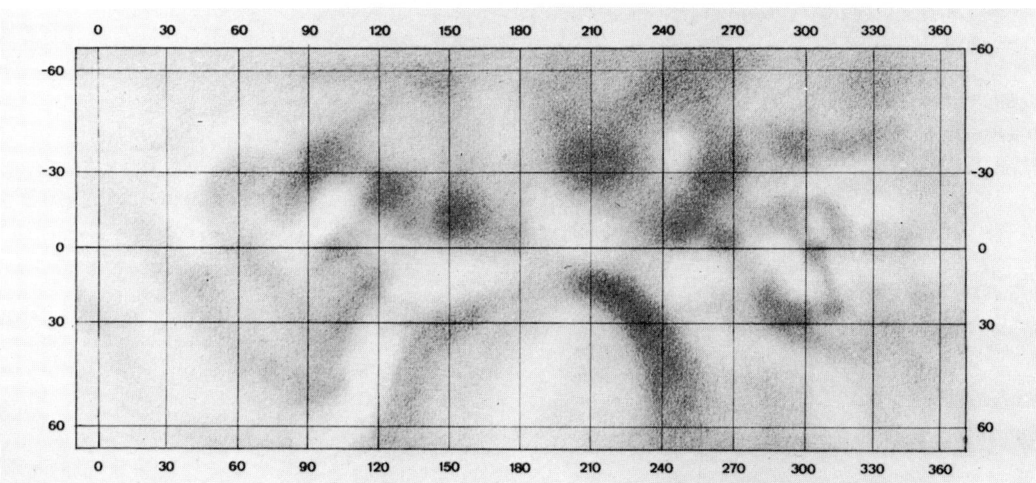
0 30 60 90 120 150 180 210 240 270 300 330 360
-60
-30
0
30
60

Merkur Kleine Einschlagkrater

Die nicht unerwartete Entdeckung, daß die Oberfläche des Merkur von Kratern übersät ist, bestätigte, daß der Einschlagprozess in der Geschichte der festen planetaren Körper des Sonnensystems eine bedeutende Rolle spielte. Die Merkurkrater haben alle morphologischen Elemente ihrer lunaren Entsprechungen. Ein Charakteristikum sehr frischer Krater sowohl auf dem Mond als auf dem Merkur, ist das von ihnen ausgehende helle Strahlensystem; ein Beispiel wird in dem Bild oben rechts gezeigt. Die Merkurkrater zeigen auch eine allmähliche Veränderung der Morphologie mit der Größe. So sind die kleinsten Krater, von mikroskopischer Größe bis zu ungefähr 8 km Durchmesser (Krater A im linken unteren Bild) schüsselförmig. Etwas größere Krater wie Krater B unten links (ungefähr 10 km Durchmesser) können kleine ebene Böden haben. Noch größere Krater haben Zentralberge wie der Krater in der Mitte unten. Der ungewöhnliche Krater im Bild rechts unten, hat innen einen kleinen bankartigen Ring. Dieser kann durch Aushöhlung des Kraters in zwei Gesteinsschichten verschiedener Festigkeit entstanden sein. Der Krater befindet sich innerhalb Glatter Ebenen und die Bank markiert wohl das Niveau, wo die Kraterbildung von dem darüberliegenden Regolith auf eine harte vulkanische Schicht übergriff.

In den großen Kratern beginnen sich neben den zentralen Gipfeln auch Terrassen zu bilden (siehe S. 26). Sie sind in dem Krater *(b)* im linken oberen Bild (Durchmesser etwa 20 km) eben zu erkennen. Eine hügelige Decke aus Auswurfmasse befindet sich um den Krater herum und weiter draußen sind eben winzige Sekundär-Einschlagkrater sichtbar. Der Umstand, daß diese kleinen Krater noch nicht durch nachfolgende Einschläge zerstört wurden, ist ein guter Beweis dafür, daß der Krater vergleichsweise jung ist. Dieses Bild illustriert die Alterssequenz der Krater, die ähnlich der auf dem Mond ist. Die jüngsten Krater sind die kleinen, frischen, schüsselförmigen Krater wie *(a)*. Der nächstälteste Krater in diesem Bild ist *(b)*, in dessen Auswurfdekke Krater *(a)* ein Loch machte. Krater *(c)* erscheint undeutlicher als *(b)*, hat keine Sekundärkrater, obwohl er gleich groß ist, und ist daher noch älter. Die Terrassen innerhalb von *(c)* beginnen ineinander überzugehen. Dieser Prozess ist in dem sehr alten Krater *(d)* praktisch abgeschlossen, während der älteste Krater *(e)* nur noch als strukturlose, annähernd kreisförmige Depression erscheint. Analog zu den Mondkratern, müßte Krater *(e)* daher mehr als 4 Milliarden Jahre alt sein.

Der kleine Krater *(a)* heißt Hun Kal, was das Mayawort für Zwanzig ist, weil der zwanzigste Meridian definitionsgemäß durch sein Zentrum geht (die Mayas benutzten ein Zahlensystem mit der Basis Zwanzig).

e
b
a
d

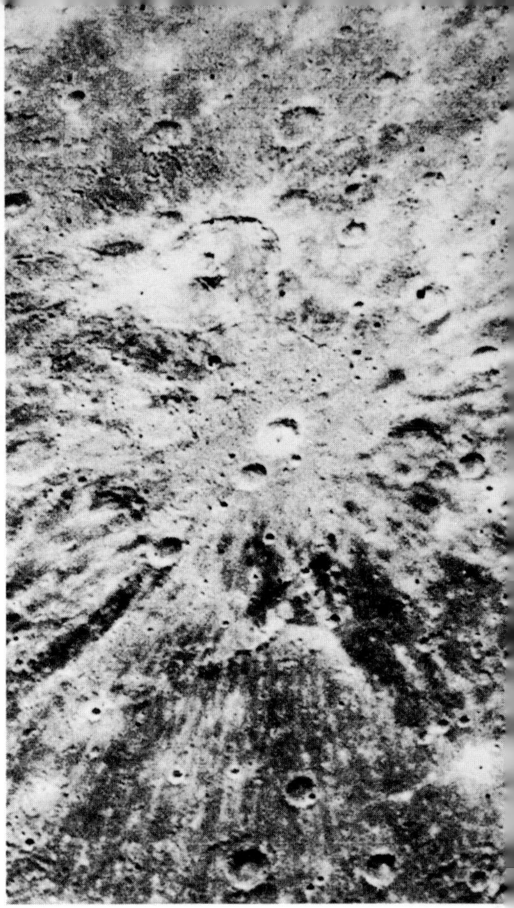

A
B

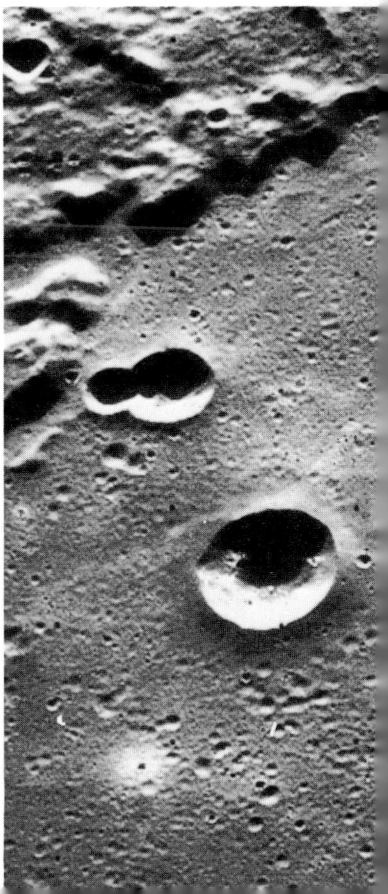

Merkur Große Einschlagkrater

Der große Krater Brahms in der Abbildung oben hat etwa 95 km Durchmesser und zeigt all die gut belegten Eigenschaften eines „frischen“ Einschlags. Die Sekundärkrater sind deutlicher als bei dem kleinen Krater *(b)* auf der vorangehenden Seite, weil sie größer sind und in einer glatteren, ebeneren Oberfläche, den Glatten Ebenen (siehe S. 68), erzeugt wurden. Die Sekundärkrater sind bis nahe an den Kraterrand zu sehen. Dies ist charakteristisch für die Merkurkrater und ist nach Ansicht der Geologen wie Don Gault eine Folge der starken Gravitation, die die Reichweite der Auswürfe verkleinert, sodaß die hügelige Auswurfmasse näher an den Krater zu liegen kommt als es auf dem Mond der Fall wäre. Das hat zwei Konsequenzen: erstens werden die Sekundärkrater eine stärkere Erosionswirkung haben als ihre lunaren Gegenstücke, weil sie dichter liegen; zweitens werden sich die hügeligen Auswurfdecken seltener überlappen und das Gelände darunter zudecken.

Innerhalb des Kraters befindet sich eine stark terrassierte Kraterwand, die in einen hügeligen Boden übergeht. Dieses hügelige Material ist ähnlich dem in vielen Mondkratern gefundenen und wird interpretiert als eine Mischung aus Gestein, das durch den Einschlag geschmolzen oder zertrümmert wurde und sich während und nach der Krateraushöhlung am Boden angesammelt hat. Der Zwillingsgipfel im Zentrum des Kraters, ist ein Beispiel für die komplexere Gipfelmorphologie, die in größeren Kratern gefunden wird. Ein anderes Beispiel ist rechts unten zu sehen. Dieser Krater hat einen Halbring, der den zentralen Gipfel einschließt. Es gibt mehrere Beispiele dieser Art von Gebilden in Kratern von ungefähr 100 km Durchmesser auf dem Merkur, jedoch wenige auf dem Mond.

Einige große Einschlagstrukturen auf dem Merkur, zeigen weitere ungewöhnliche Gebilde wie bei den auf der vorhergehenden Seite besprochenen kleineren Kratern. Zum Beispiel haben manche einen dunklen Hof und dunkle und helle Marken im Innern wie die beiden im Bild unten links – die 100-km-Krater Balzac (oben) und Tyagaraja (unten). Bruce Hapke, der sich auf Farbbeobachtungen bei der Mariner-10-Mission spezialisierte, stellte fest, daß die dunklen Gebiete meist rötlicher erscheinen als ihre Umgebung, während die hellen Flecken blauer sind. Die Rotfärbung des Materials wird auf abweichende Zusammensetzung einer von der Umgebung verschiedenen (vermutlich vulkanischen) Schicht interpretiert, die durch den Krater ausgehöhlt wurde; das rote Material im Kraterinnern wird auf späteren Zufluß vulkanischen Materials zurückgeführt. Die hellen bläulichen Flecken wurden entweder als Krustenmaterial interpretiert, das durch Stoßwellenmetamorphose stark verändert wurde, oder als Gebiete, die durch Fumarolenaktivität – das heißt durch die Oberfläche durchdringende vulkanische Gase – verändert wurden. Ungewöhnlich gefärbte Krater an anderen Stellen zeigen als weitere Eigentümlichkeit „angehobene Böden“, die in Mondkratern vulkanische Aktivität anzeigen.

Merkur Atypische Einschlagkrater

Es gibt auf dem Merkur mehrere Kratertypen mit steilen Böschungen. Die obere rechte Aufnahme zeigt einen Krater von 35 km Durchmesser, der im Rand eines größeren (100 km) Kraters erzeugt wurde. Annähernd konzentrisch zum kleineren Krater auf seiner linken Seite, befindet sich eine nach außen zeigende, mehrere hundert Meter hohe Böschung, die eine Zunge unebenen Geländes auf dem glatteren Boden des großen Kraters begrenzt. Die Zunge enthält Furchen konzentrisch zum Rand des kleineren Kraters und scheint aus abgerutschtem Gesteinsschutt zu bestehen. Sie wurde offenbar gebildet, als durch die Wucht des Einschlags des kleinen Kraters Breccienmaterial des Randes des älteren Kraters zum Boden hinabgestoßen wurde. Große Schutthänge sind am Mars wohlbekannt, wo sie wegen der Anwesenheit einer Atmosphäre und vielleicht Permafrost leichter entstehen. Es ist fast sicher, daß zu der Zeit, als sie auf dem Merkur erzeugt wurden, diese Bedingungen nicht bestanden, was vielleicht erklärt, warum sie auf dem Merkur so selten sind. Ein anderes mögliches Beispiel wird in der oberen linken Aufnahme gezeigt (Pfeile!); die Unregelmäßigkeiten dieser Böschung und das Fehlen der konzentrischen Furchen weisen allerdings daraufhin, daß sie eventuell eine Verwerfungsböschung ist, die sich zufällig an dieser Stelle gebildet hat.

Das Bild links unten zeigt eine andere bei Kratern auftretende Art von Böschung (Pfeile!). In diesem Fall ist die einwärts zeigende Böschung niedrig (vielleicht 100 m hoch), annähernd konzentrisch zum Rand und befindet sich ungefähr auf halber Strecke zum Zentralberg. Die Böschung trennt Glatte Ebenen im Zentrum von hügeligem Gelände gegen die Wand zu. Man kann zur Erklärung annehmen, daß Magma in Brüchen hochstieg, die durch den Einschlag entstanden sind, und als Lava aus Schloten am Kraterboden austrat, sodaß um den Zentralberg ebenes Gelände gebildet wurde. Einmal an Ort und Stelle, kann das Gewicht des vulkanischen Materials den Kraterboden etwas gesenkt haben, sodaß am Rand der Glatten Ebenen eine kleine Böschung zurückblieb.

Auch für die im rechten unteren Bild gezeigten Gebilde ist jede Erklärung bloße Spekulation. Mehrere alte Kraterränder ragen über die sie umgebenden Glatten Ebenen hinaus und sind von gekrümmten Böschungen begrenzt (Pfeile!). Die Ränder sind mit Hügel bildendem Material, wahrscheinlich Auswürfe vom Caloris-Einschlag, bedeckt. Diese Strukturen wurden bisher nur auf Susei Planitia, 1000 km nördlich von Caloris gefunden. Welche Prozesse auch immer diese Strukturen gebildet haben, so ist wahrscheinlich, daß bei der tektonischen Umformung der Glatten Ebenen Verwerfungsböschungen vorwiegend an den Inhomogenitäten der geologischen Grenzen zwischen Krater und Glatten Ebenen entstanden sind.

Merkur Gerade Kraterwände

Die Struktur des Geländes, in dem ein Krater gebildet wird, kann für seine endgültige Gestalt ausschlaggebend sein. Hitomaro (oben), Durchmesser etwa 100 km, ist dafür ein gutes Beispiel. Hier bewirkten ein Spannungsmuster oder eine Reihe von vertikalen Verwerfungen im Einschlagbereich, daß im Rand des erzeugten Kraters Böschungen entstanden.

Zentralberge gibt es nur in der Westhälfte von Hitomaro. Dies ist möglicherweise ein Beispiel für eine durch Inhomogenitäten im Einschlaggebiet hervorgerufene Asymmetrie, denn der Krater wurde am Rand eines viel größeren Beckens gebildet. Unter der Westhälfte des Kraters lag der Beckenrand und da wurde eine Gruppe von normalen Zentralgipfeln erzeugt. Die Osthälfte jedoch, unter der sich der Beckenboden befand, lag auf tieferem Niveau und bildete keine Gipfel, zumindest keine, die groß genug waren, um über die später am Boden von Hitomaro entstandenen Glatten Ebenen hinauszuragen. Weitere plausible Beispiele für „induzierte" Asymmetrien sind auch anderswo auf dem Merkur zu sehen.

Die Glatten Ebenen innerhalb von Hitomaro erscheinen zu glatt, als daß sie durch den Einschlag geschmolzene Breccie sein könnten, insbesondere wenn man sie mit dem hügeligen Material im Krater Brahms auf S. 75 vergleicht. Man kann sich für sie kaum etwas anderes als vulkanischen Ursprung vorstellen, obwohl die kleinen, auf den Terrassen sitzenden Flecken durch den Einschlag geschmolzenes Material sein können. Die Ebenen enthalten eine Anzahl randloser Mulden (*r*, vergleiche mit dem kleinen Krater *c*), die auf dem Mond oft vulkanische Ablagerungen anzeigen (siehe S. 44). Die kleine Böschung *(s)* entlang der Basis der Kraterwand ist wahrscheinlich der Oberteil einer verschütteten Terrasse.

100 km südlich von Hitomaro befindet sich der Krater Mahler (M im unteren, rechten Bild). Dieser 100-km-Krater hat ein Ost-Nordost gerichtetes gerades Wandstück; das ist dieselbe Richtung wie die des Rands von Hitomaro (in der Aufnahme ist Norden rechts). Eine andere Wand zeigt in Richtung West-Nordwest. Dieses Netzmuster scheint auf dem ganzen Planeten vorhanden zu sein, und es gibt viele andere Krater mit geraden Wandsegmenten. Manche bilden fast vollkommene Sechsecke anstatt der für Einschlagkrater erwarteten Kreisform. Solche Hinweise auf tektonische Muster sind natürlich für die Aufklärung der geologischen Geschichte des Planeten sehr wertvoll.

Das Bild links unten zeigt zwei Krater mit geraden Wandsegmenten verschiedenen Ursprungs. Die Form des größeren Kraters kann weitgehend durch die darunter liegenden Inhomogenitäten zwischen dem alten Beckenrandmaterial (R) und Glatten Ebenen (S) bestimmt sein. Der kleinere Krater hat eine ungewöhnliche Form, die durch eine darunterliegende Verwerfung bedingt ist (die auch die kleine Böschung (F) erzeugte, die quer über die Glatte Ebene verläuft). Dies ist eine flachwinkelige Aufschiebung, die durch Kompression der Kruste des Planeten entstand. Sie ist weit entfernt von anderen Aufschiebungen im Gegensatz zu den engstehenden vertikalen Verwerfungen im Rand von Hitomaro.

s
r
r
c

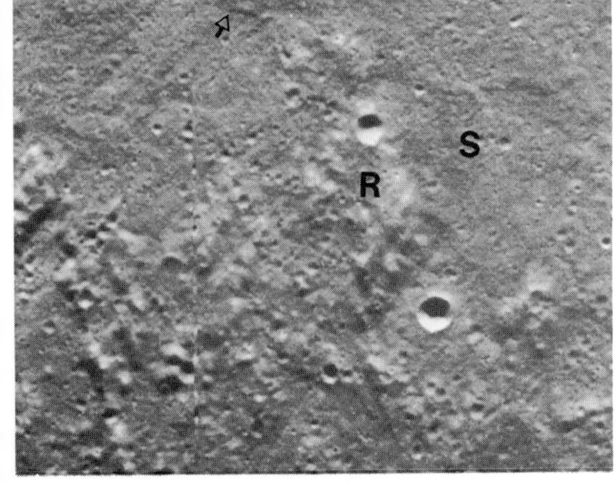
R
S
F
S
R

M

Merkur Caloris

Die größte Einschlagstruktur auf dem Merkur ist das 1300 km große Becken Caloris, das zur Hälfte im gegenüberliegenden Photomosaik zu sehen ist. Der lateinische Name bedeutet Wärme und wurde dem Bekken gegeben, weil es sich im Perihelion nahe dem subsolaren Punkt befindet (Perihelion ist der sonnennächste Punkt der Planetenbahn). Das Mosaik ist aus allen verfügbaren Mariner-10-Bildern dieses Gebiets zusammengesetzt; einige Teilbilder zeigen mehr Details als andere, weil sie aufgenommen wurden, während Mariner näher am Planeten war.

In gewissem Sinn ist es ungünstig, daß bei allen drei Begegnungen von Mariner mit Merkur Caloris halb im Schatten war. Es hat aber den Vorteil, daß die Hälfte, die wir sehen, unter sehr schrägem Lichteinfall beleuchtet wurde und dadurch die feinen Details des Beckens gut herauskommen. Die Interpretation der Natur der Becken wurde durch die bei der Untersuchung der großen Becken am Mond wie Imbrium und Orientale gemachten Erfahrungen wesentlich erleichtert. Es gibt neben großen Ähnlichkeiten zwischen Caloris und Imbrium auch Verschiedenheiten, die möglicherweise auf die viel stärkere Oberflächengravitation am Merkur oder auf Unterschiede in den Strukturen der Kruste zurückzuführen sind.

Das Becken ist von einer den Mond-Apenninen um Imbrium (siehe S. 55) ähnlichen Gebirgskette umgeben. Sie erhebt sich 2–3 km über den Boden des Beckens und zeigt, unähnlich den Rändern kleiner Krater und Becken, eine stark zerklüftete und klumpige Oberfläche, abgesehen davon, daß sich an einer Stelle eine auffällige Spalte (G) befindet. Während einige der Felsblöcke offensichtlich nahezu an ihrem Ursprungsort liegen, scheinen viele andere gestürzte Platten vom Rand der Aushöhlung zu sein, und noch andere sind völlig versetzte Blökke, die während des Einschlags herausgeschleudert wurden. Man beachte den Block (B), der etwas vom Rand versetzt erscheint.

Der Boden von Caloris gleicht nichts von dem, was wir bisher kennengelernt haben. Offenbar wurde das Becken teilweise mit Material gefüllt, das Ebenen bildete, aber dieses Material wurde dann in den äußeren Teilen in ein Muster von konzentrischen und radialen Rücken aufgebrochen und bildete gegen das Zentrum des Beckens ein Netzwerk riesiger Sprünge. Der Caloris-Einschlag fand auf einer schon kraterbedeckten Oberfläche statt. Wir sehen zum Beispiel den großen Krater Van Eyck (V), dessen Rand deutlich von Auswürfen von Caloris bedeckt ist, obwohl der Kraterboden durch spätere vulkanische Aktivität zu Glatten Ebenen umgewandelt wurde. Wahrscheinlich war Caloris das letzte große Einschlagbecken auf dem Merkur; offenbar fanden aber kleinere Einschläge weiterhin statt, denn kleine Krater sind dem Rand und dem Boden des Caloris-Beckens überlagert.

V
B
G

Merkur Prä-Caloris-, Syn-Caloris- und Post-Caloris-Formationen

Die Aufnahmen gegenüber zeigen Gesteinsformationen dreier verschiedener Altersstufen. Da sind Gebilde, die *vor* Caloris (Prä-Caloris) existierten, Flächen, die *während* des Caloris-Einschlags (Syn-Caloris) erzeugt wurden, und Material das *hinterher* (Post-Caloris) abgelagert wurde.

Das obere Bild zeigt den Rand von Caloris, die Caloris Montes. Dieser besteht im wesentlichen aus Gestein, das vor dem Einschlag existierte. Alle früher vorhandenen Gebilde wurden natürlich während der Katastrophe zerstört und so wird dieses Gebirge geologisch der Caloris-Gruppe zugerechnet. Innerhalb des Gebirgsrings füllen die Ebenen das Becken. Nach ihrem allgemein glatten, ebenen Aussehen und der relativen Seltenheit überlagerter Krater zu urteilen, haben sie praktisch dasselbe Alter wie die Glatten Ebenen außerhalb des Beckens, wie zum Beispiel die Ebene in dem unteren Bild. Alle Krater auf der inneren Ebene sind dieser überlagert, es gibt keine darunterliegenden Krater, die durch die Oberfläche durchdrängen. Das zeigt, daß zwischen der Bildung des Calorisbeckens und der Ebenen in ihm nicht genügend Zeit für Meteoriteneinschläge war. Der Einschlag ging ziemlich sicher tief genug, um Material vom heißen Mantel heraufzubringen; wie groß sein Beitrag zur endgültigen Einheit ist, ist aber unklar.

Die interessantesten Erscheinungen auf diesen Ebenen sind die zahlreichen Rücken und Spalten, die die Oberfläche durchkreuzen. Die Rücken zeigen einige Ähnlichkeiten mit denen der lunaren Maria und sie mögen in gleicher Weise durch die Kompression einer Lavaoberfläche erzeugt worden sein. Die Spalten durchschneiden die Rücken und sind daher nachher entstanden. Sie haben steile Flanken und ebene Böden und sehen wie Grabenstrukturen aus, die durch Abkühlung und Kontraktion des Materials im Becken gebildet wurden. Aber ihre Ausmaße sind viel größer als alles, was auf anderen Planeten zu sehen ist. Es wurde daher vermutet, daß isostatische Bewegungen der Ebenen Spannungen erzeugten, die zu polygonalen (vieleckigen) Brüchen führten.

Das untere Bild zeigt den Rand eines Beckens, Van Eyck, das vor Caloris existierte, aber weit genug entfernt war, um die Katastrophe zu überstehen. Der Rand und das umgebende Gelände enthält vorwiegend linear angeordnete Strukturen. Die Lineamente markieren große Vertiefungen, die durch Auswürfe aus Caloris entstanden sind; anderseits bestehen möglicherweise einige der linearen Rücken aus Auswurfmaterial, das zur gleichen Zeit abgesetzt wurde. Innerhalb des Beckens und in allen tiefliegenden Gebieten herum befinden sich Glatte Ebenen, die wahrscheinlich aus Lava gebildet wurden, die kurz nach der Entstehung von Caloris ausgetreten ist.

Ein interessantes Gebilde innerhalb der Glatten Ebenen ist eine Böschung, die dem Rand von Van Eyck gegenüberliegt und diesem auf mindestens einem Viertel des Umfangs folgt. Eine weitere kleine Böschung in der Mitte des Beckens verläuft parallel zur ersten; beide scheinen durch die darunter liegenden Schichten beeinflußt zu sein.

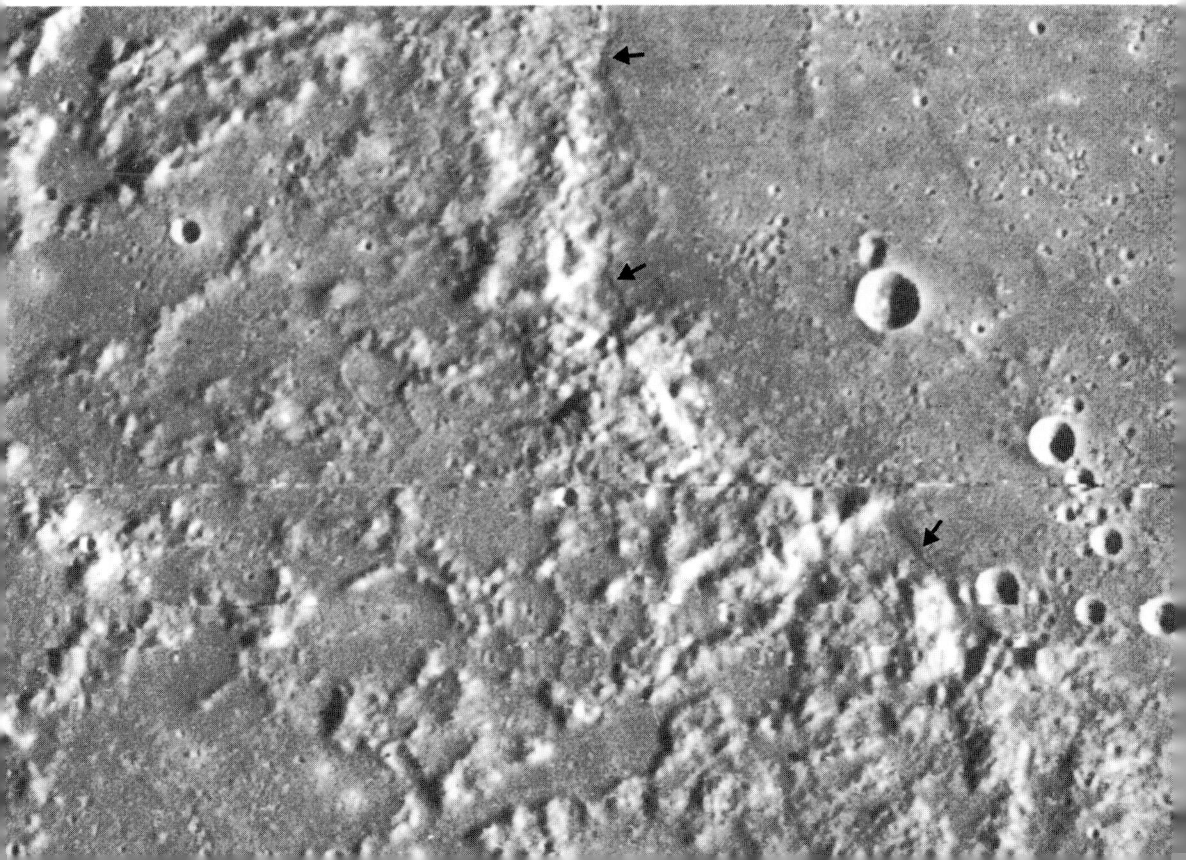

Merkur Caloris-Auswürfe

Die Aufnahme links oben zeigt ein hochaufgelöstes Bild der Glatten Ebenen. Diese erscheinen aber in diesem Maßstab nicht mehr so glatt wegen der vielen kleinen Krater, deren kleinster in diesem Bild etwa 100 m im Durchmesser ist. Im Bild oben rechts ist zu sehen, wie Glatte Ebenen eine Bucht in einer hügeligen Einheit bilden; letztere heißt *Hügelgelände;* unter diesem befinden sich alte Prä-Caloris-Krater, deren kreisförmiger Umriß gelegentlich sichtbar ist. Die Grenze zwischen Glatten Ebenen und Hügelgelände liegt zwischen 600 und 800 km vom Rand der Caloris entfernt; man glaubt, daß das Hügelgelände die äußersten Ablagerungen von Caloris-Auswürfen sind. Zwischen dieser Einheit und dem Beckenrand liegt eine andere Caloris-Auswurf-Einheit, die einen großen Teil des Gürtels von Ebenen um Caloris einnimmt. Dieser besteht aus Ebenen mit vielen kleinen Erhebungen, die Höhen von einigen zehn bis tausend Metern haben und steiler sind als die des Hügelgeländes; sie liegen in einigen Gebieten sehr eng nebeneinander, in anderen dagegen weit auseinander. Diese Einheit, *Hügelige Ebenen,* (Bild Mitte) enthält große Brocken von Auswurfmaterial aus Caloris, die Hügel bilden, die über die ebenere Umgebung hinauszuragen scheinen. Die Hügeligen Ebenen umgeben die Außenseite des Spalts im Beckenrand, und die vielen kleinen Böschungen, die sich in diesem Gebiet finden, wurden als Fließfronten des durch den Spalt im Beckenrand fließenden, noch halbgeschmolzenen Materials gedeutet. So wie die Glatten Ebenen, mit denen sie eng zusammenhängen und von denen sie schwer zu unterscheiden sind, füllen sie Prä-Caloris-Krater.

Wieviel Material von Caloris ausgeworfen wurde und wieviel davon Einschlag-Schmelzen oder Einschlag-Breccie war, ist unklar; es müssen aber riesige Mengen gewesen sein, von denen einiges rund um den Planeten geschleudert wurde und einiges an den Weltraum verloren ging. Dem Becken am nächsten abgelagert ist aber das Material, das zwischen und auf den Gebirgen des Beckenrandes liegt (Bild unten). Die glatte Oberfläche deutet an, daß dies das flüssigste Auswurfmaterial war; die wellige Oberfläche und die topographisch hohe Lage unterscheiden es aber von den sonst ähnlichen Glatten Ebenen vulkanischen Ursprungs.

(Das mittlere und das untere Bild haben langes und schmales Format. Sie wurden bei der dritten Begegnung mit Merkur erhalten; infolge eines Fehlers in den Empfangsgeräten auf der Erde konnte nur ein Drittel der verfügbaren Daten aufgenommen werden.)

Eine Auswurf-Einheit, die man eigentlich erwarten würde, nämlich große Sekundärkrater, werden in Caloris nicht beobachtet. Wieso das so ist, ist unklar; vielleicht wurden sie von Caloris-Auswürfen oder den Glatten Ebenen bedeckt. Einige mögliche Caloris-Sekundärkrater werden im Bild rechts oben auf S. 87 gezeigt (Pfeil S).

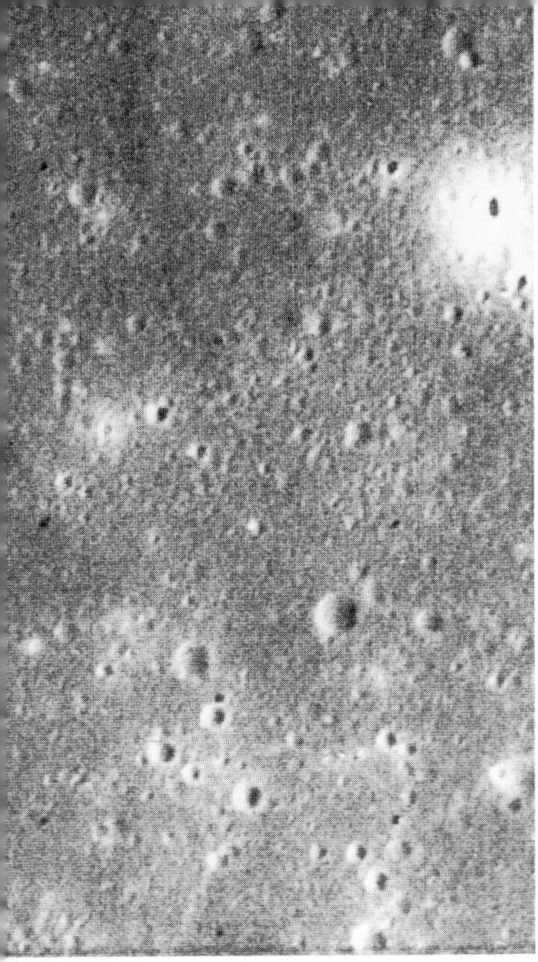
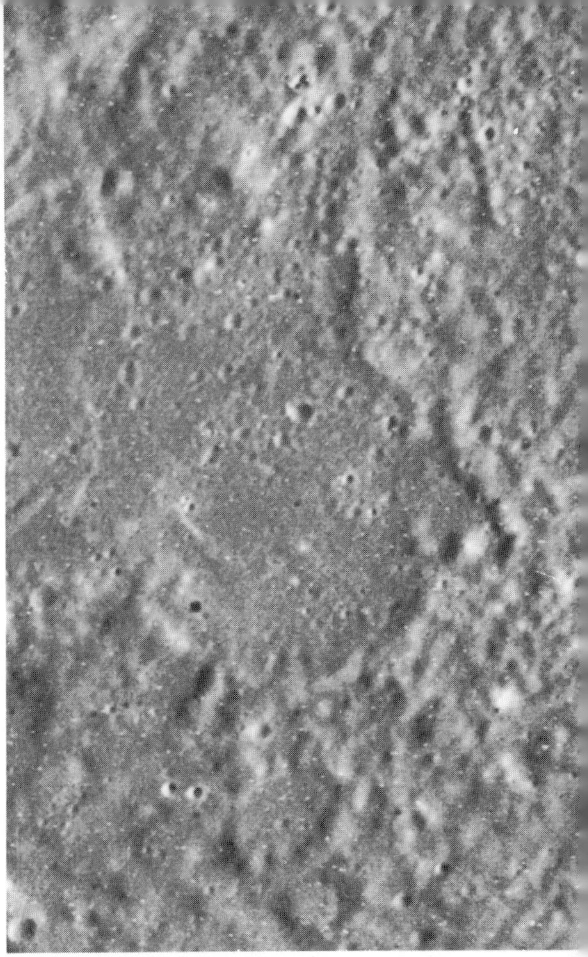

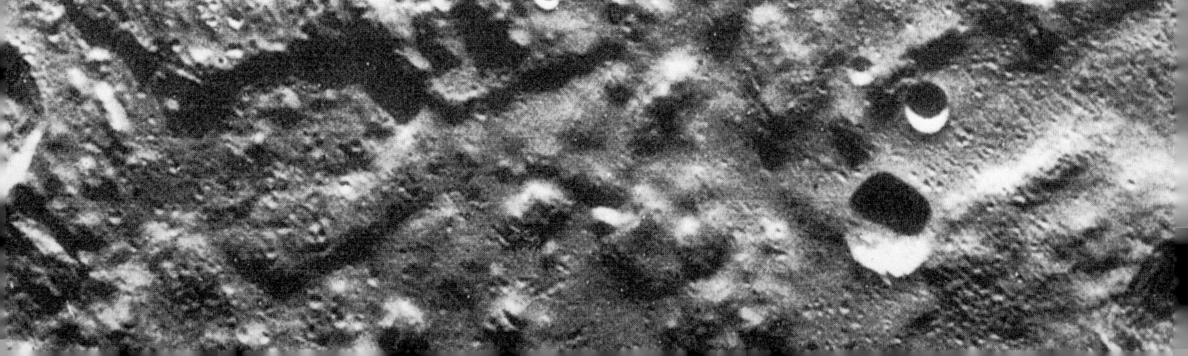

Merkur Große Becken

Das Becken mit dem Namen Beethoven mit 600 km Durchmesser (das oben links teilweise zu sehen ist) gilt allgemein als das zweitgrößte auf der photographierten Hemisphäre. Es scheint älter zu sein als Caloris, aber ein Vergleich ist wegen der Unterschiede im Maßstab, den Beleuchtungsverhältnissen und der Auflösung der Aufnahmen beider Strukturen sehr schwierig. Diese Faktoren machen es auch schwierig, zu sagen, wie alt die Ebenen sind, die das Becken füllen. Sie sind ziemlich eben und an einigen Stellen glatt genug, um Glatte Ebenen genannt zu werden, an anderen Stellen sehen sie aber rauher aus. Der dunkle Hof um den Krater, nahe dem Zentrum des Beckens ist vielleicht ein Hinweis darauf, daß der Krater eine Schicht anderer Zusammensetzung unterhalb der Oberfläche der Ebene aufgeworfen hat.

Es wird allgemein angenommen, daß eine solche Schichtung, falls sie existiert, vulkanische Aktivität anzeigen muß, da ein anderes Ablagerungsagens, wie etwa Wind und Wasser, fehlt. Der längliche Krater (c), innerhalb des Beckens, wurde wahrscheinlich durch einen schräg einfallenden Meteoriten erzeugt. Um den Rand der Ebenen liegt eine nach außen zeigende Böschung.

Ein anderes der größeren Merkur-Becken heißt Tolstoi (Durchmesser 440 km, oben rechts). Dieses Becken ist noch älter als Beethoven, so alt, daß der Rand kaum noch zu erkennen ist. Das Zentrum des Beckens ist von Glatten Ebenen bedeckt (man beachte die randlose Grube p) und um sie herum liegt ein dunkler Ring von Zwischen-Krater-Ebenen, der sich über den Rand erstreckt. Der dunkle Ring ist blauer als die ihn umgebenden Gebiete, die Glatten Ebenen sind rötlicher. Diese Farbvariationen können ein Anzeichen für frühere vulkanische Aktivität sein, denn ein ähnlicher Zusammenhang wurde in und um einige lunare Maria gefunden. Einige Gebilde (S) nördlich des Beckens wurden als sekundäre Ketten von Caloris gedeutet.

Raphael (Durchmesser 350 km, unten links) ist in mancher Hinsicht Beethoven ähnlich – ziemlich abgetragener Rand, und der Boden bedeckt von einer Ebenen-Einheit mit einem kleinen Krater (c), der farbvariationen zeigt.

Die interessantesten Dinge bei Raphael sind aber die Lineamente (Pfeile!) quer durch Boden und Rand. Sie sehen wie die Spuren vertikaler Verwerfungen aus, die auf dem Merkur selten sind.

Dostojewski (390 km Durchmesser, unten rechts) ist ein weiteres mit Ebenen gefülltes Becken, die aber nicht so glatt sind, als daß sie als Glatte Ebenen bezeichnet werden könnten. Diese Ebenen haben wie bei Beethoven eine nach außen zeigende Böschung (Pfeile!) um den Rand herum. Solche Böschungen können Bewegungen in der Kruste oder vielleicht auch ein Anheben der Oberfläche durch die Intrusion von vulkanischem Material unter ihr anzeigen. Wie bei Beethoven sind auch radial angeordnete Auswurfvertiefungen sichtbar. Anders als die kleinen Becken (siehe umseitig) zeigen die großen keine zentralen Erhebungen, was auf ihre Größe oder auf das Volumen ihrer vulkanischen Füllung zurückzuführen sein dürfte.

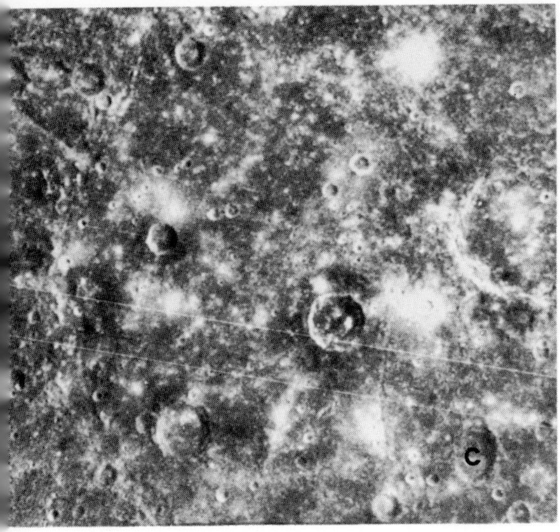
c

s
p

c

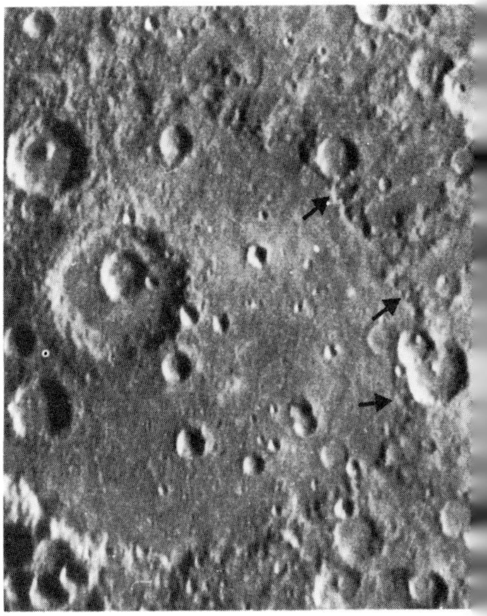

Merkur Becken mit Ringgebirgen

Der Übergang von Krater zu Becken erfolgt auf dem Merkur bei etwa 150 km Durchmesser; bei dieser Größe sind die Zentralberge der Krater zu einem Ringgebirge konzentrisch zum Rand expandiert. Mehrere dieser Becken werden in den gegenüberliegenden Aufnahmen gezeigt.

Oben links ist Tschechow (200 km Durchmesser), ein typisches Beispiel für ein Bekken mit mehreren Ringen. Weder eine hügelige Auswurfdecke noch Sekundärkrater-Ketten sind sichtbar, und der Rand ist ziemlich abgetragen. Dies und die große Zahl von überlagerten Kratern zeigen, daß das Becken sehr alt ist. Mehrere Dinge sind in Tschechow bemerkenswert; zum Beispiel, innerhalb des inneren Ringes sind Glatte Ebenen, aber zwischen Ring und Rand befinden sich Zwischenkrater-Ebenen. Ein Teil des Walls ist linear (L), während der andere von einem kleinen Verwerfungsdamm (Pfeil!) gestört ist.

Das Bild oben rechts ist ein schräger Blick auf die zwei Becken Strindberg (190 km) und Ahmad Baba (130 km), deren relative Jugend durch ihr allgemein frisches Aussehen und durch die gut erhaltenen Sekundärkrater-Ketten belegt ist. Sogar diese enthalten aber Glatte Ebenen, was zeigt, daß sie ein paar Milliarden Jahre alt sind.

Das Bild mitte rechts ist ein schräger Blick auf das Becken Wang Meng (170 km) unter einem sehr hohen Lichteinfallswinkel. Dieses Becken zeigt dunkle Flecken entlang des inneren Rings, die dem dunklen Überzug um manche lunaren Becken ähneln. Solches Material wurde am Apollo-17-Landeplatz gesammelt und man nimmt an, daß es von pyroklastischen Eruptionen oder Feuerfontänen von Mare-Basalt herrührt.

Bach (225 km, Mitte links) ist ein Becken mit Ring mit einer ungewöhnlichen ovalen Erweiterung. Das bedeutet wahrscheinlich, daß es durch einen sehr schrägen Einfall erzeugt wurde. Die Sekundärkrater sind ganz frisch im Gegensatz zum Becken Ma Chih-Yuan (links unten); dieses hat wie Bach Glatte Ebenen im Zentrum, aber seine Auswurffläche ist stark abgetragen, was ihn dem Alter nach dem Krater Tschechow ähnlich macht. Anders jedoch als bei Tschechow ist der Boden nicht tief und scheint irgendwie angehoben worden zu sein, vielleicht durch die Intrusion tieferen vulkanischen Materials.

Schubert (180 km Durchmesser, rechts unten) anderseits ist offenbar sehr tief und hat eine sehr tiefe Füllung von Glatten Ebenen. Sie bedecken sogar den inneren Ring, von dem nur ein oder zwei Spitzen die Oberfläche durchdringen. Man beachte die linearen Gebilde in der Wand (d), die als Dämme interpretiert wurden, und auch den Krater (c) bei Schubert, der helle und dunkle Farbflecken hat.

Das Bild von Schubert war ursprünglich eine schräg aufgenommene rechtwinkelige Photographie, wie die von Wang Meng auf der Seite oben. Diese wurde aber von einem Computer zu einem orthographischen, also senkrecht von oben gesehenen Bild verarbeitet.

L

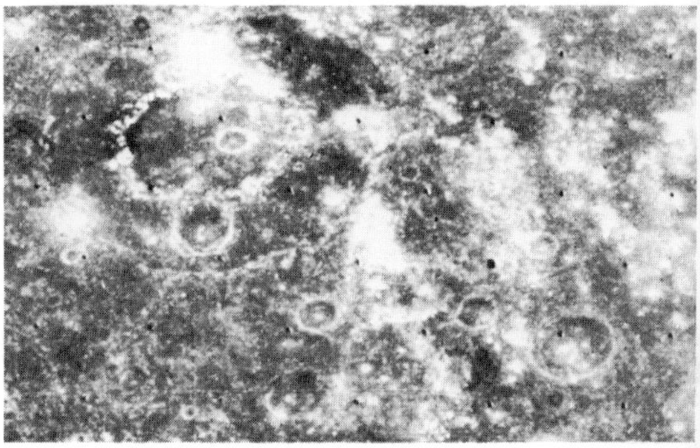

d
c

Merkur Die Zwischenkrater-Ebenen

Die Zwischenkrater-Ebenen-Einheit ist die auf dem Merkur am weitesten verbreitete geologisch-geomorphologische Einheit. Wie der Name sagt, findet sich diese Einheit zwischen großen Kratern; kleinere Krater, kleiner als 20 km, sind in die Einheit eingeschlossen, weil sie zu klein waren, um auf den ursprünglichen geologischen Karten zu erscheinen. Man glaubt, daß die Zwischenkrater-Ebenen *vor* den meisten Kratern existierten, weil die Auswürfe von den Kratern in ihnen Sekundärkrater gebildet haben; auch hat die starke Gravitation von Merkur die Auswurfdecken auf die nähere Umgebung der Krater beschränkt, so daß ein Großteil der früheren Oberfläche unbedeckt blieb. Die Zwischenkrater-Ebenen stellen daher eine Phase in der Geschichte des Planeten dar, in der praktisch alle früheren Meteoriteneinschläge ausgelöscht waren. Das wurde wahrscheinlich durch sehr verbreiteten Vulkanismus bewirkt, das heißt, die Zwischenkrater-Ebenen sind vulkanischen Ursprungs, obwohl es möglich ist, daß sie durch umfassendes Schmelzen der Kruste – zur Zeit der Differenzierung in Kern und Kruste – entstanden sind.

Das so entstandene Gelände sieht aus wie im oberen Bild. Die meisten hier sichtbaren kleinen Krater sind Sekundärkrater. Diese sind oft elliptisch, und relativ seicht und manche bilden Krater-Ketten. Durch all diese Eigenschaften unterscheiden sie sich von kleinen Primärkratern, die kreisförmig, konturierter und tiefer sind (außer sie sind sehr alt). Die große Ausdehnung der breiten zutageliegenden Ebenen wie in diesem Bild (Länge 250 km) zeigt, daß die Zwischenkrater-Ebenen nicht bloß abgetragene Auswurfdecken der benachbarten Krater und Becken sind.

Während eine Hälfte der photographierten Hemisphäre von den Glatten Ebenen in und rund um Caloris beherrscht wird, zeigt die andere eine ziemlich gleichmäßige Verbreitung der Zwischenkrater-Ebenen. Es gibt Hinweise dafür, daß der Rest des Planeten genau so aussieht wie die bekannte Hemisphäre (siehe S. 68). Das würde die Beobachtungen von der Erde aus erklären, daß die eine Hälfte von Merkur – jene mit Caloris – kontrastreicher, die andere „weicher“ erscheint.

Ein Beispiel der Zwischenkrater-Ebenen auf der „weichen“ Hemisphäre wird in der unteren Aufnahme gezeigt. Das Gelände ist – ganz typisch – ziemlich eben, aber von vielen kleinen Sekundärkratern bedeckt. In diesem Gebiet befindet sich ein „Geisterkrater“ (A), der bis zum Niveau der umgebenden Zwischenkrater-Ebenen aufgefüllt ist, aber von weniger kraterbedecktem und daher jüngerem Material als die Umgebung; es ist aber nicht glatt genug für Glatte Ebenen-Gelände. Dieses Material hat außerdem genau dieselbe Farbe wie die umgebenden Zwischenkrater-Ebenen, während die Glatten Ebenen allgemein wenigstens eine leichte Farbabweichung zeigen. Der dem gefüllten Krater benachbarte Krater B ist ganz ohne eine solche Füllung. Offenbar haben nicht alle Zwischenkrater-Ebenen dasselbe Alter. Solche Beobachtungen werden gewöhnlich als starkes Argument für einen vulkanischen Ursprung dieser Ebenen angesehen.

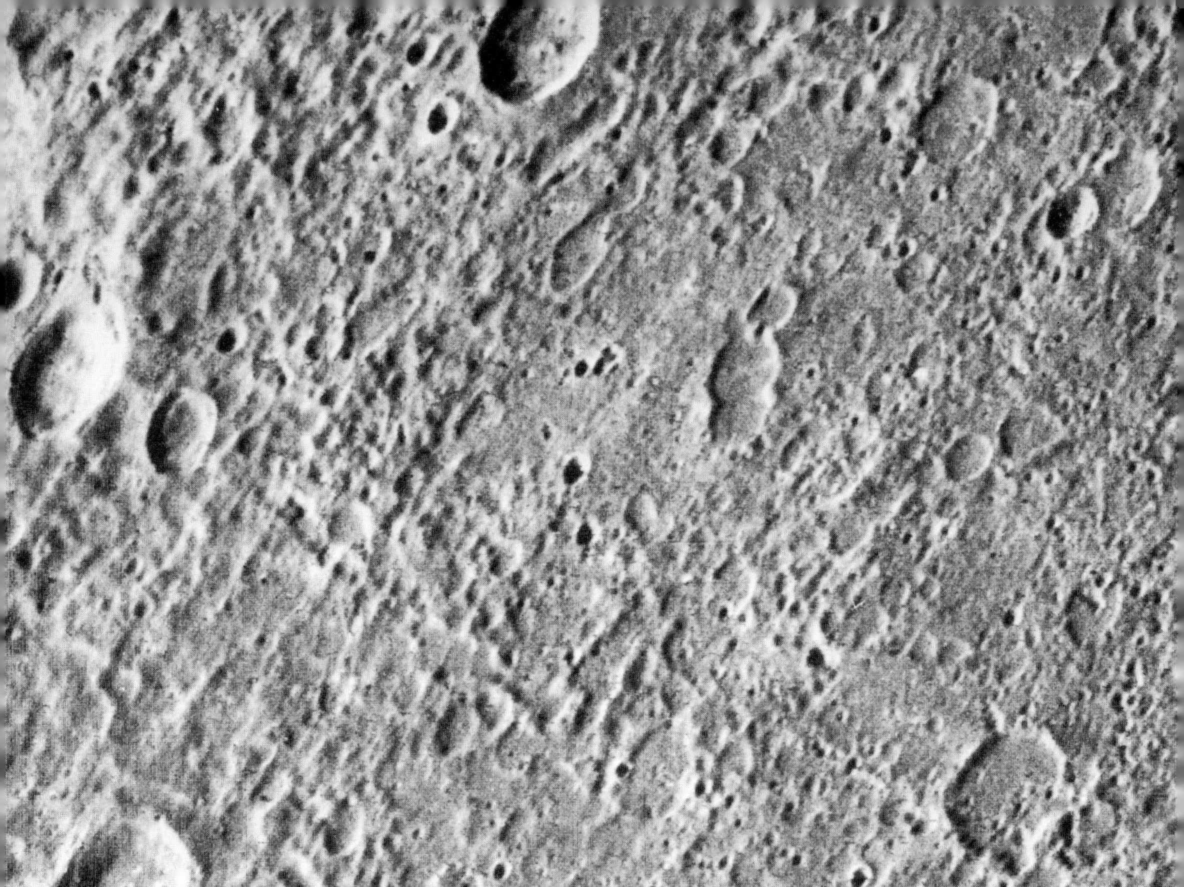

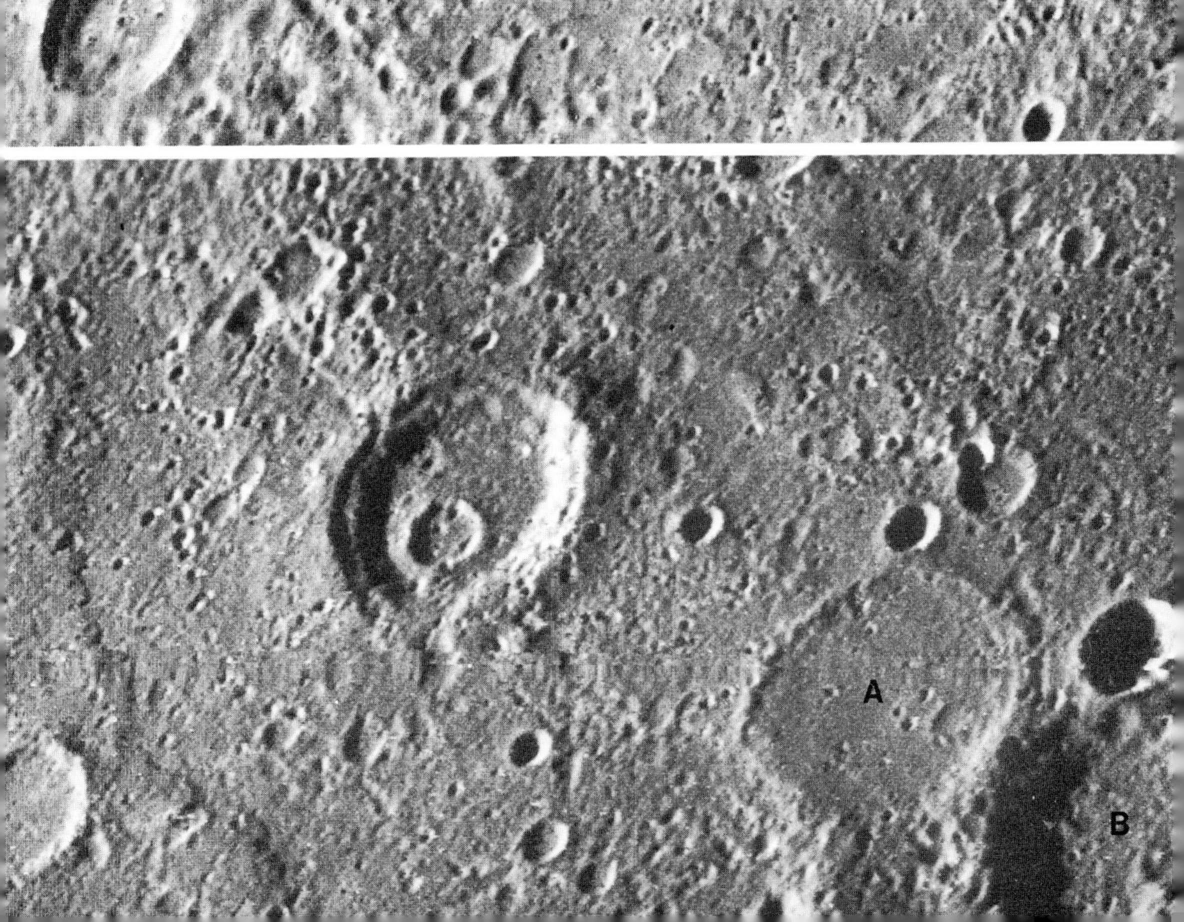
A
B

Merkur Die früheste Merkuroberfläche

Unterhalb der Krater und Becken der Hochländer des Mondes befinden sich weitere Krater und Becken – schweres Bombardement in der frühen Geschichte des Sonnensystems hat die ursprüngliche Kruste weitgehend zerstört. Unterhalb der Krater und Becken des Merkur befinden sich aber die Zwischenkrater-Ebenen. Es stellt sich die Frage, ob diese Einheit die ursprüngliche Merkurkruste repräsentiert oder ob sie die ursprüngliche, mit sich überlappenden Kratern gesättigte Kruste (wie die des Mondes) überlagert. Wenn sie die Originalkruste darstellt, kann diese durch Akkumulation relativ leichter Silikatkristalle (wie Feldspat) auf der Oberfläche eines geschmolzenen oder teilweise geschmolzenen Planeten gebildet worden sein.

Zur gleichen Zeit wird metallisches Eisen und Nickel abgesunken sein und einen Kern gebildet haben. Ein solcher Differenzierungsprozeß wurde für die Entstehung der anorthitischen (hauptsächlich Feldspat) lunaren Hochländer vorgeschlagen und kann in der frühen Geschichte der Erde von Bedeutung gewesen sein. Dieser Prozeß wird auf dem Merkur länger gedauert haben als auf dem Mond, denn allgemein gilt, je größer ein Planet ist, um so länger hält er seine Wärme zurück. Dies würde erklären, wieso die Zwischenkrater-Ebenen, wenn sie die ursprüngliche Kruste des Merkur darstellen, weniger Krater enthalten als die lunaren Hochländer, denn die meisten Meteoriten schlugen ein, ehe die Kruste gebildet wurde.

Es kann natürlich auch sein, daß die Originalkruste plastischer war, so daß große Krater nicht erhalten blieben. Es gibt auch einige Hinweise auf einen vulkanischen Ursprung der Zwischenkrater-Ebenen. In diesem Fall müßten sie allerdings sehr dick sein, denn sie sind sehr eben und enthalten kaum Anzeichen auf darunter liegende Krater. Das mittlere Bild gegenüber zeigt, daß nicht alle Zwischenkrater-Ebenen zur gleichen Zeit gebildet wurden, denn man sieht einen sehr alten Krater (Pfeile markieren den Rand), der Ebenen enthält, die sich von denen außerhalb seines Randes nicht unterscheiden. Offenbar wurde die ganze Folge von Bildungen – äußere Ebenen, großer Kratereinschlag, innere Ebenen – durch Sekundäreinschläge und kleinere Primäreinschläge so stark erodiert, daß eine praktisch homogene Oberfläche erzeugt wurde. Die ausgedehnte geländebildende Phase, die eine solche Folge von Überlagerungen anzeigt, weist auf einen vulkanischen Ursprung der Ebenen hin.

Der Höcker (C) im oberen Bild wurde als vulkanisches Gebilde oder als Erhebung eines unterhalb der Zwischenkrater-Ebenen befindlichen unebenen Reliefs gedeutet. In beiden Fällen wäre er ein Beleg für einen vulkanischen Ursprung dieser Ebenen. Auch an anderen Stellen der Merkuroberfläche werden solche hervorstehenden Höcker gefunden (zum Beispiel (k) im Bild rechts unten), was möglicherweise bedeutet, daß sich unterhalb der Zwischenkrater-Ebenen tatsächlich eine unebene Kruste befindet. Einige niedrige, domförmige Gebilde sind ebenfalls vulkanischen Ursprungs.

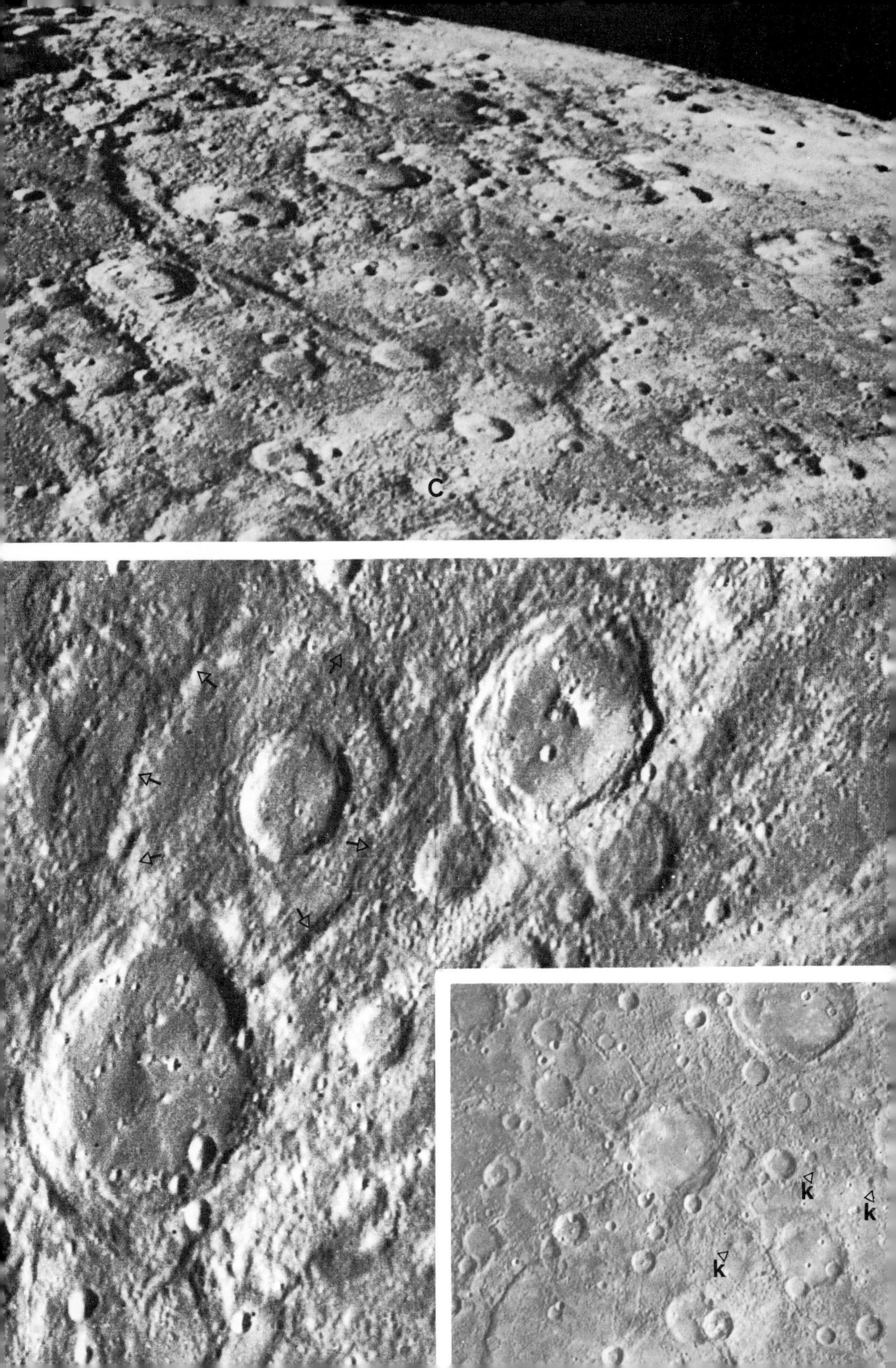
C
k
k
k

Merkur Glatte Ebenen

Das vielleicht stärkste Argument gegen die Hypothese eines vulkanischen Ursprungs der Glatten Ebenen ist das Fehlen eindeutiger vulkanischer Gebilde. Es gibt bestimmt keine großen Vulkane wie auf dem Mars, zumindest nicht auf der photographierten Hemisphäre. Das Problem ist, daß es zu wenig hochaufgelöste Bilder gibt, um die kleinen, begrenzten vulkanischen Gebilde wie die auf dem Mond vorhandenen Dome oder Lavafronten herauszusuchen. Es sind aber größere Gebilde zu sehen, die mit vulkanischer Tätigkeit verträglich sind. Zu den interessantesten Gebilden in diesem Zusammenhang gehören die auf Glatten Ebenen sehr häufigen, großen, randlosen Gruben, wie etwa jene in Caloris (rechts unten). Solche Gebilde werden auch auf dem Mond gefunden und dort vulkanischem Ursprung zugeschrieben (siehe S. 44). Obwohl die Gruben auf dem Merkur im allgemeinen größer sind als die lunaren, ist es wahrscheinlich, daß sie durch Einsinken oder Einbrechen der Oberfläche entstanden sind, was sehr wahrscheinlich mit vulkanischer Tätigkeit zusammenhängt.

Eine andere Hypothese erklärt die Seltenheit von erhabenen vulkanischen Gebilden damit, daß die meisten Lavaströme aus Intrusionsgängen kämen. Mehrere Beispiele solcher möglicher Gänge werden unten links gezeigt (Pfeile), wie sie den Rand eines großen Beckens kreuzen. Sie werden nicht abgelenkt, wenn sie die höchsten Erhebungen des Randes überqueren, was auf eine vertikale Struktur hinweist.

Die stratigraphische Beziehung zwischen den Zwischenkrater-Ebenen und den Glatten Ebenen wird in dem linken oberen Bild deutlich, wo die ältere, unebenere Einheit (I) unter das glattere, jüngere Gelände (S) untertaucht. Gelegentlich sieht man, wie der Rand eines zugedeckten Kraters durch die darüberliegenden Glatten Ebenen durchkommt. Diese Glatten Ebenen befinden sich in der Nähe des Nordpols des Planeten.

Anders als auf dem Mond, wo es dunkle Maria und hellere Hochländer gibt, bestehen weder zwischen Glatten Ebenen und Zwischenkrater-Ebenen, noch zwischen diesen und dem kraterbedeckten Gelände große Farbunterschiede, außer wenn letztere frisch und mit Strahlen versehen sind. Manchmal erscheinen Glatte Ebenen heller als ihre Umgebung, da kleine Krater hellere Auswürfe an ihren Oberflächen zu erzeugen scheinen.

Ein Beispiel dafür wird in der Aufnahme oben rechts gezeigt, wo eine deutliche Grenze (Pfeile!) zwischen den Glatten Ebenen im Norden und den Zwischenkrater-Ebenen im Süden zu sehen ist. Wir sehen auch einen gekrümmten Streifen zerklüfteten Geländes (S), das der Überrest eines alten Beckenrandes von vielleicht 800 km Durchmesser sein könnte.

Diese letzte Aufnahme wurde von NASA-Experten so verarbeitet, daß die topographischen Details maximal verstärkt wurden. Man spricht von einem Modulationsübertragungsfunktions-Bild.

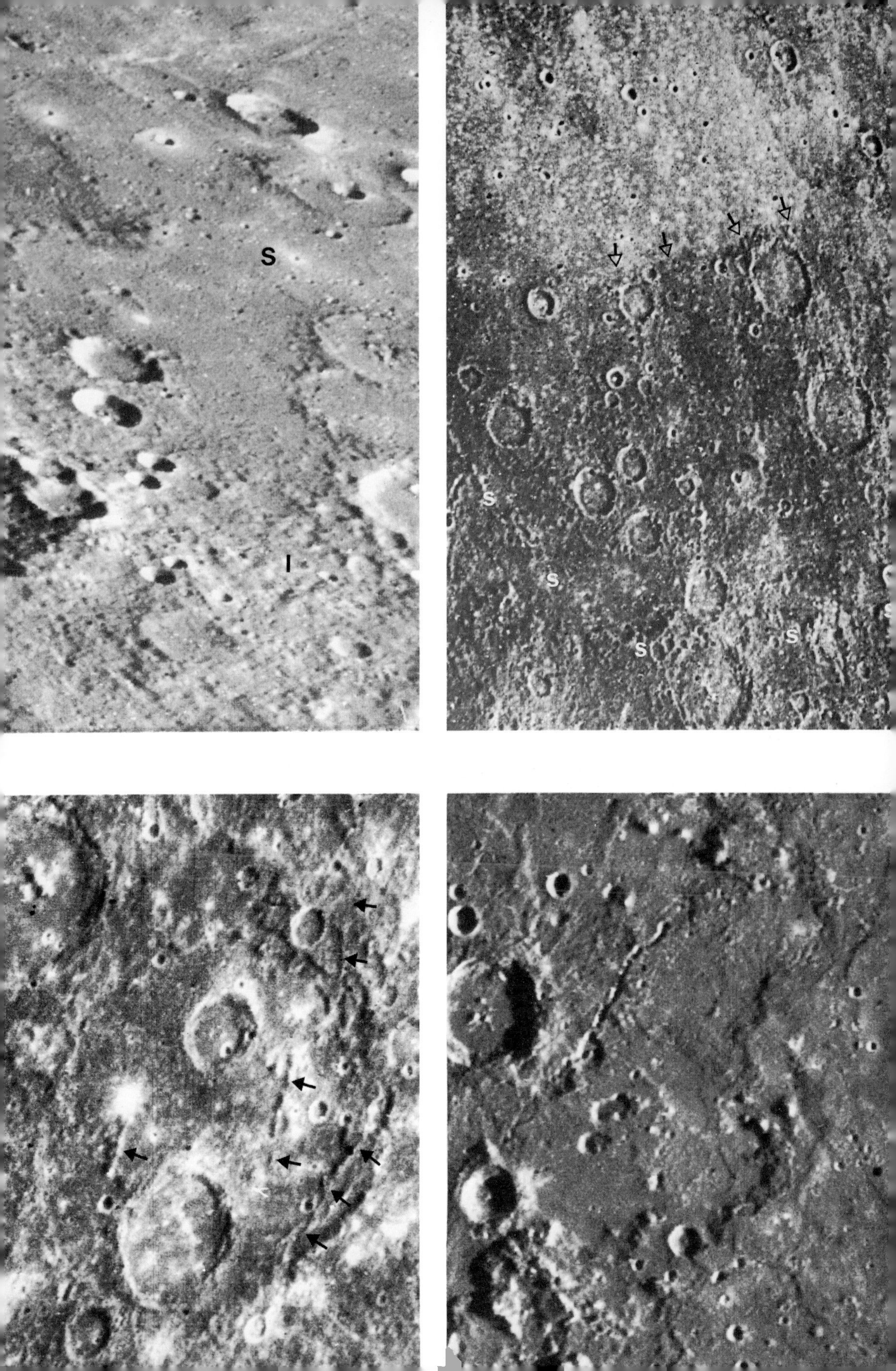
S
I
S
S
S
S

Merkur Tektonik

So wie auf Mond und Mars gibt es auch auf dem Merkur keine überzeugenden Beweise dafür, daß in irgendeiner Phase seiner Geschichte Vorgänge, die mit der Hypothese der Plattentektonik vereinbar wären, stattgefunden hätten. Man glaubt, daß dies darauf zurückzuführen ist, daß diese drei Planeten kleiner als die Erde sind und daher rascher abkühlten, und vielleicht auch, daß ihre Krusten zu dick sind, als daß Plattentektonik möglich wäre.

Stattdessen wurden auf dem Merkur, als der Kern oder die Kruste abzukühlen und zu kontrahieren begannen, durch Kompression unzählige flachwinklige Aufschiebungen erzeugt, die nun auf der Oberfläche als lange, gewundene Böschungen erscheinen. Die meisten Böschungen erscheinen auf den ersten Blick zufällig verteilt, aber einige Wissenschaftler behaupten, in der Population der Böschungen deutliche Trends zu sehen. Eine der größten dieser Böschungen ist ganz rechts zu sehen. Sie hat den Namen *Discovery Rupes* (siehe S. 70), ist Hunderte von Kilometern lang und an der höchsten Stelle vielleicht 3 km hoch. Es ist unklar, wieviele dieser Gebilde vor und nach Caloris entstanden sind, aber dieses eine wenigstens scheint ein Post-Caloris-Gebilde zu sein, denn es durchschneidet Glatte Ebenen in zwei Kratern, von denen der größere etwa 60 km Durchmesser hat. Die Böschung hat an einigen Stellen ein terrassenförmiges Aussehen, was zeigt, daß sie aus mehreren Verwerfungsstufen besteht. Im Krater befindet sich eine kleinere Böschung gegenüber Discovery Rupes. Der Krater hat einen kreisförmigen Umriß; es wurde abgeschätzt, daß eine Bewegung von mehreren Kilometern auf einer solchen Verwerfung erforderlich ist, ehe die Kreisform eines Kraters beeinflußt wird. Trotzdem sind andere Krater zu sehen, die merklich von Böschungen beeinflußt wurden, eine wichtige Tatsache für die Feststellung ihrer Natur.

Mehrere Böschungen sind in der linken oberen Aufnahme zu sehen. Eine in der oberen rechten Ecke des Bildes scheint dunklere (d) und hellere (l) Ebenen innerhalb des durchquerten Kraters zu trennen. Böschungen wie (a) auf der linken Seite des Bildes wurden als Lavafronten angesehen, aber dafür müßte die Viskosität extrem groß sein. Auf keinen Fall sehen sie zungenförmigen Fließfronten sehr ähnlich und sie können oft über den Kraterrand hinaus verfolgt werden, was auf einen tektonischen Ursprung hinweist. Man sieht, wie diese spezielle Böschung eine Kraterwand durchquert, sich über die Glatten Ebenen zur Kratermitte fortsetzt, dort den Zentralberg umgeht und dann über die entgegengesetzte Wand in die Zwischenkrater-Ebenen hineinläuft (b); sie überquert das Gelände, das mit höherer Auflösung im mittleren Bild zu sehen ist, auf eine Weise, die auf eine fast vertikale Verwerfung hindeutet. Das Bild unten links zeigt einen recht ungewöhnlichen Rücken, der wie die meisten Böschungen ebenfalls durch Schrumpfen der Kruste entstand.

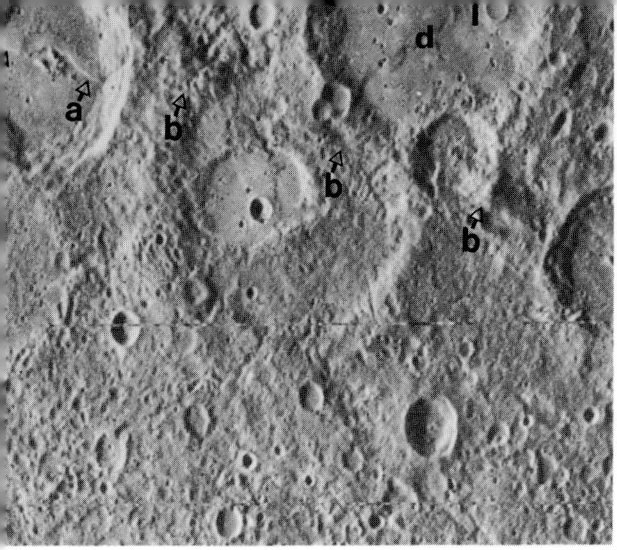
a
b
b
b
d
l

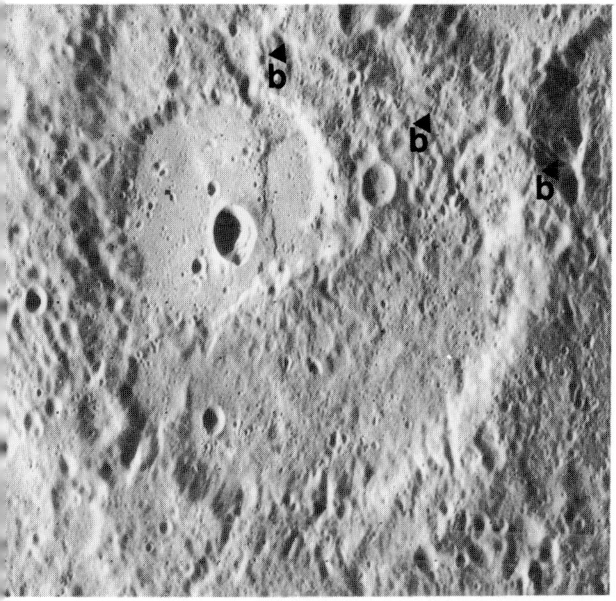
b
b
b

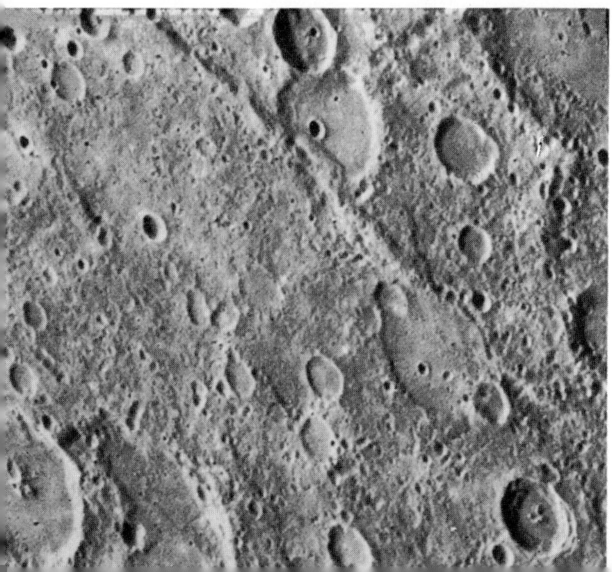

Merkur Gebiete mit Lineamenten

Neben gekrümmten und gewundenen Verwerfungsböschungen gibt es auch viele geradlinig verlaufende Böschungen, die an Verwerfungen erinnern. In einigen Fällen treten sie in – im allgemeinen – alten Gebieten auf, dem sogenannten „Lineated Terrain“ (Gebiete mit Lineamenten). Ein Beispiel einer solchen Einheit wird in dem oberen Bild der gegenüberliegenden Seite gezeigt. Die Lineamente verlaufen in diesem Gebiet überwiegend ungefähr von Südwest nach Nordost, durchschneiden sehr alte Zwischenkrater-Ebenen und kraterbedecktes Gelände und erscheinen selbst ziemlich erodiert. In einigen Fällen sieht es so aus, als ob zwei Lineamente einen Graben (G) begrenzen würden; wenn das der Fall ist, muß sich der Graben lange vor den durch seitlichen Schub entstandenen Aufschiebungsböschungen gebildet haben. Die Lineamente in diesem Bild sind an manchen Stellen radial zum Becken Tolstoi, von dem eine Ecke (gestrichelte Linie) links unten zu sehen ist. In einem Gebiet um die Caloris-Antipode – dem Teil des Planeten, der Caloris genau gegenüberliegt – durchschneiden gerade Furchen ein hügeliges Gebiet (Aufnahme links unten); nichts dergleichen wurde bisher anderswo auf diesem oder einem anderen Planeten gefunden. Die Lineamente in diesem „Hilly and Lineated Terrain“ genannten Gebiet (im Fachjargon als „Weird Terrain“ bezeichnet) verlaufen Ostnordost und Westnordwest (Norden ist in beiden Bildern rechts). Das ist genau die Richtung der geraden Kraterwall-Segmente von S. 79, und man nimmt für ihre Entstehung dieselbe Ursache an, das heißt, man glaubt, daß sie als ein Spannungsmuster in der Kruste entstanden sind, das sich möglicherweise in Form einer Verwerfungszone manifestierte, die als Reaktion auf die Verzögerung der Rotation des Planeten unter der Gezeitenwirkung der Sonne gebildet wurden. Dieses Spannungsmuster existiert wahrscheinlich in einem Großteil der Kruste von Merkur, wo es die Bildung von allem beeinflußt hat von Kratern bis zu späten Verwerfungen, wahrscheinlich einschließlich der „intrusive Dikes“ (Magmaschlotfüllungen). Es wurde vermutet, daß das Ostnordost-Westnordwest-Muster in diesem Gebiet besonders deutlich ist, weil die Verwerfungen durch gewaltige seismische Wellen reaktiviert wurden, die vom Caloris-Einschlag kommend durch den Planeten gebündelt wurden.

Die Wirkung des Caloris-Einschlags muß katastrophal gewesen sein, ohne Zweifel vergleichbar mit dem Imbrium-Einschlag auf dem Mond, der bei einer etwas größeren Intensität den Mond in Stücke geschlagen hätte. Ebenso hätte der Marsmond Phobos einem viel größeren Einschlag als dem, bei dem *Stickney* erzeugt wurde, nicht widerstanden.

Rechts unten ist ein höher aufgelöstes Bild eines Teils des oben besprochenen Gebietes. Offenbar haben die Lineamente den kleinen Krater C (Durchmesser 35 km) beeinflußt, aber nicht die Glatten Ebenen in ihm. Die Lineamente wurden also *nach* dem kleinen Krater, aber *vor* Caloris gebildet, vorausgesetzt alle Glatten Ebenen sind Post-Caloris-Gebilde.

G

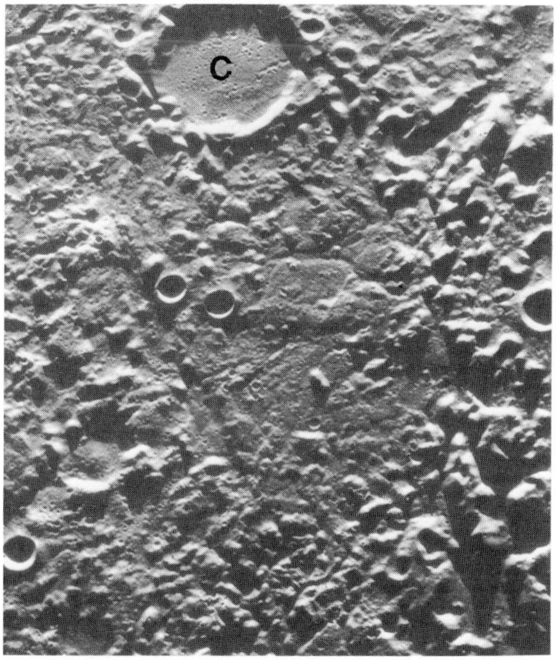
C

Merkur Das Südpolgebiet

Es ist relativ einfach, Interpretationen und Spekulationen über spezielle Erscheinungen und Gebiete unter Verwendung der besten Beispiele zu präsentieren, die bereits ausführlich von Experten diskutiert worden sind. Es ist etwas anderes, unser Wissen von der geologischen Geschichte des Merkur auf ein Gebiet wie das gegenüber gezeigte anzuwenden, in dem alles zusammengemischt ist. Dieses Bild ist ein aus mehreren Aufnahmen ungefähr gleicher Auflösung zusammengesetztes Photomosaik, das eine Fläche von ungefähr 2500 km mal 1400 km in der Nähe des Südpols (SP) des Merkur bedeckt.

Die Haupteinheit, und zugleich die älteste, umfaßt die Zwischenkrater-Ebenen. Überlagert sind viele Krater und Becken, die die Oberfläche der Zwischenkrater-Ebenen sehr rauh gemacht haben, außer im zentralen Teil des Gebietes: hier scheinen weitaus weniger große Einschläge vorhanden zu sein, was erklärt, warum die Oberfläche weniger uneben ist; oder vielleicht sind die Ebenen in diesem Gebiet etwas jünger und haben alle großen Krater und Becken überdeckt. Wie es für den Merkur typisch ist, gehen die unebenen Zwischenkrater-Ebenen und die glattere Einheit unmerklich ineinander über, was geologische Kartierung und Interpretation erschwert. Einige Zeit nachdem die meisten großen Becken und alle Zwischenkrater-Ebenen entstanden waren, begann die Kruste zu „verschrumpeln“ und bildete Rücken und Böschungen, die sich im glatteren Teil des Gebiets häufen; dieses „Verschrumpeln“ ist wohl durch das Abkühlen und Kontrahieren von Planetenkern oder -kruste verursacht worden.

Um diese Zeit wurde Caloris gebildet – ein wichtiges Ereignis, denn es war von kurzer Dauer, sodaß die geologische Geschichte des Merkur in zwei Perioden: Prä-Caloris und Post-Caloris eingeteilt werden kann, und das sogar auf der dem Einschlag gegenüberliegenden Seite des Planeten!

Dann begann die Bildung der Glatten Ebenen und endete – soweit sich das feststellen läßt – nach relativ kurzer Zeit. Seither, seit wahrscheinlich nicht weniger als drei Milliarden Jahren, waren die einzigen wesentlichen Ereignisse auf der Oberfläche im allgemeinen kleine Einschläge (wie I rechts unten). Die jüngsten davon haben ausgedehnte Strahlensysteme erzeugt (oben rechts im Bild).

Es wurde festgestellt, daß die Glatten Ebenen etwas dunkler und röter, die frischen Krater und ihre Strahlen etwas blauer sind als das umgebende Gelände.

Eine mit diesen Farb- und Albedoverhältnissen verträgliche Interpretation ist, daß die Glatten Ebenen des Merkur den titan- und eisenreichen Maria des Mondes entsprechen und daß die Kruste des Merkur selbst im allgemeinen arm an Titan, metallischem Eisen und Eisenoxiden ist, das heißt mehr den lunaren Hochländern als den Maria gleicht.

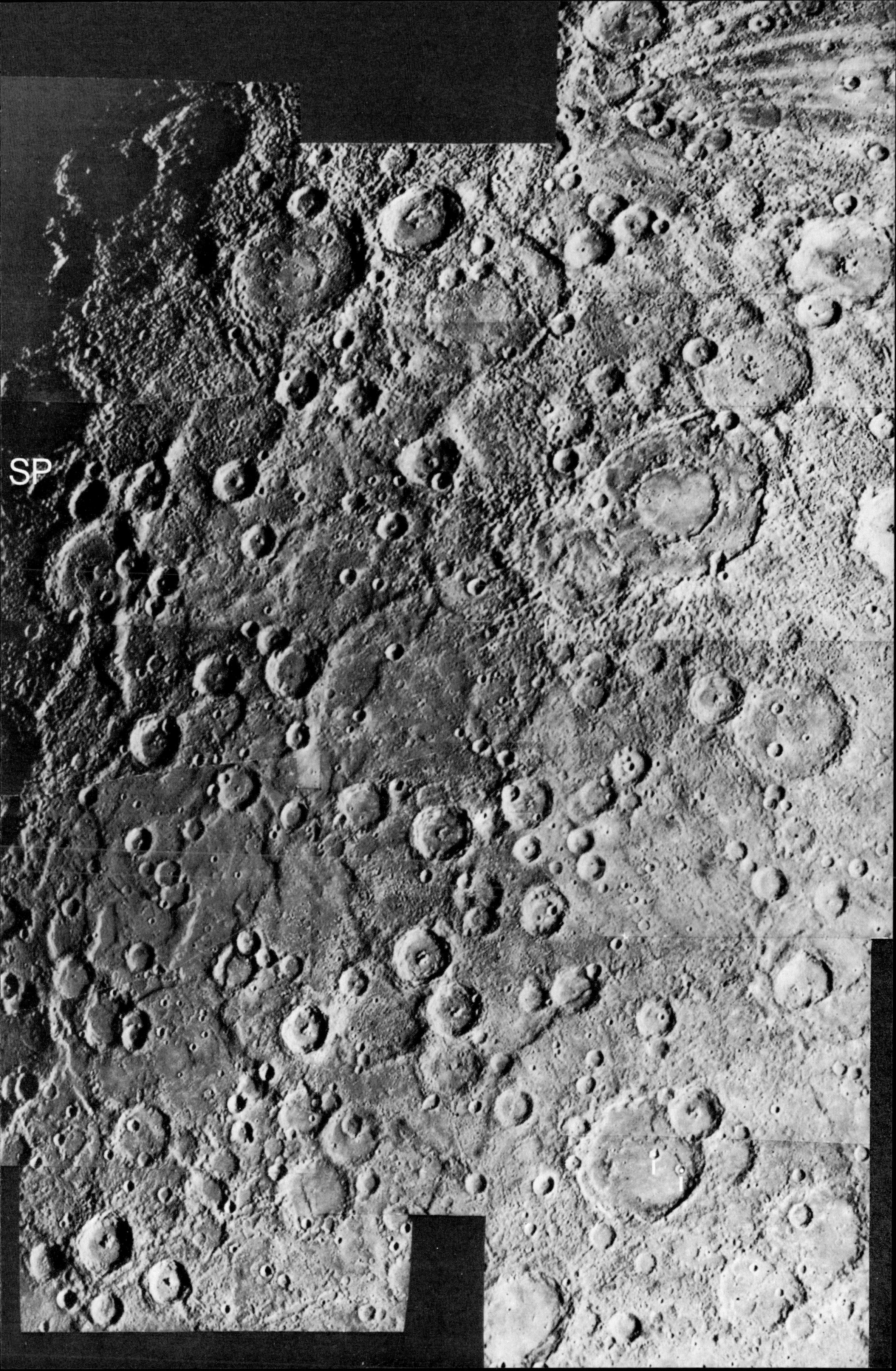
SP

Mars Das astronomische Bild

Mars, der wegen seiner Farbe oft der *Rote Planet* genannt wird, ist etwa halb so groß wie die Erde, seine Umlaufbahn liegt außerhalb der Erdbahn. Das bereits 1608 erfundene Teleskop war erst 1659 so weit verbessert, daß nach damit angestellten Beobachtungen Zeichnungen der Marsoberfläche gemacht werden konnten, die helle und dunkle Gebiete zeigten. Die dunklen Gebiete wurden im 19. Jh. kartiert und benannt. Man beobachtete Veränderungen in ihren Farben und fand Eiskappen an den Polen. Mars hat wie die Erde eine geneigte Rotationsachse, was während des Umlaufs um die Sonne zu jahreszeitlichen Änderungen der Tageslänge und damit der Größe der Eiskappen führt.

Bereits 1784 glaubte der Astronom William Herschel, daß der Mars eine „ansehnliche Atmosphäre" habe, aber erst 1947 fand Gerard Kuiper in Texas, daß die Marsatmosphäre im wesentlichen aus Kohlendioxyd besteht. Die meisten Beobachtungen von der Erde aus ergaben einen unwahrscheinlich hohen Atmosphärendruck; erst beim Vorbeiflug der Marinersonden wurde festgestellt, daß die Marsatmosphäre mit nur 1/100 des irdischen Atmosphärendrucks doch sehr dünn ist.

Astronomische Beobachtungen zeigten auch, daß die Marsatmosphäre verschiedene Typen von Wolken enthält: weiße Wolken aus winzigen Wasserkristallen oder -tröpfchen und gelbe Wolken aus feinen Staubteilchen, die durch starke Winde von der Oberfläche aufgewirbelt werden.

Wenn vom Mars gesprochen wird, denken viele Menschen an *Kanäle.* Kanäle auf dem Mars wurden erstmals von dem italienischen Astronomen Schiaparelli diskutiert, der, wie andere vor ihm, auf der Marsoberfläche dünne, dunkle Linien zu sehen glaubte. Die Idee, daß diese Linien Kanäle sein könnten, wurde von dem Astronomen Percival Lowell aufgegriffen, der in Flagstaff, Arizona, ein Teleskop baute, um diese Erscheinung weiter zu studieren. Er war schließlich davon überzeugt, daß die Kanäle Beweise für intelligente Wesen seien, und entwarf ein phantastisches Bild einer Mars-Zivilisation, die das Land mit Kanälen von den Eiskappen her bewässert. Viele Astronomen bezweifelten die Existenz von Kanälen und erklärten sie als optische Täuschungen. Die Beobachtungen mit Raumsonden haben bestätigt, daß die Kanäle *nicht* existieren. Lowells Idee war trotzdem ein wichtiger Beitrag zu unserer Wissenschaft, weil sie nämlich den Gedanken an Leben auf dem Mars nährte. Dieser kulminierte in der Viking-Mission, die ausdrücklich zur Suche nach Leben konzipiert war, aber bisher anscheinend erfolglos war.

Das Bild gegenüber zeigt eine 1969 von Mariner 7 gemachte Aufnahme. Sie ist wesentlich besser als die von irdischen Teleskopen und zeigt die dunklen Stellen und eine auffällige Polkappe.

Mars Die ersten Missionen

Im Hinblick auf die landläufige, durch Lowells Ideen beeinflußte Vorstellung vom Mars als fast erdähnlichen Planeten und die Ansicht von vielen Wissenschaftlern, daß der Mars eine große Wüste sei, wie die Staubstürme zeigten, war es eine große Überraschung, als die ersten Marsmissionen, jene 1965 von Mariner 4 und 1969 von Mariner 6 und 7 zeigten, daß die Oberfläche mit Einschlagkratern bedeckt ist. Wenn auf dem Mars eine Erosion wirksam wäre, die eher der auf der Erde als der auf dem Mond vergleichbar ist, dann wäre die einschlagbedeckte Oberfläche längst verschwunden. Tatsächlich hatten einige Wissenschaftler Einschlagkrater vorausgesagt, unter anderen der große Vertreter der Einschlagtheorie, Ernst Öpik von Armagh in Nordirland. Ein Beispiel einer Mariner-7-Aufnahme der kraterbedeckten Marsoberfläche findet sich gegenüber (oben). Der größte Krater im Bild hat einen Durchmesser von etwa 240 km. Aus solchen Bildern wurde geschlossen, daß der Mars, so wie der Großteil des Mondes, eine „fossile“ Oberfläche hat, die gebildet wurde, als die Planeten von großen meteoritischen und asteroid-großen Körpern bombardiert wurden. Im allgemeinen sind die Krater stärker abgetragen als auf dem Mond, was auf langsame Erosion durch Wind zurückzuführen ist.

Bei diesen Missionen wurde jedoch eine neue Art von Relief festgestellt, das „chaotisch“ genannt wurde. Ein Beispiel davon wird rechts oben gegeben und zeigt ausgedehnte Gebiete eingebrochenen Geländes. Man glaubte, daß chaotisches Relief den Beginn interner Aktivität des Planeten darstellt, und manche Wissenschaftler gingen sogar so weit, zu vermuten, daß Mars gerade eben den Punkt erreicht hat, wo er für die Erzeugung innerer Aktivität heiß genug ist. Die ersten Missionen zum Mars erforschten seine Südhalbkugel, sodaß man erst, als Mariner 9 den Planeten umkreiste, feststellte, daß die Nordhalbkugel im Gegensatz zur dicht mit Kratern bedeckten Südhalbkugel relativ weniger Krater aufweist. Da die Sonde den Mars während eines Staubsturms erreichte, war die Oberfläche für mehrere Wochen nicht sichtbar. Die unteren beiden Bilder zeigen eine der ersten Erscheinungen, die nach dem Ende des Sturms beobachtet wurden. Wir sehen den großen Vulkanberg Olympus Mons, der sich über 20 km über die Umgebung erhebt, bei einem Durchmesser von 600 km. Das linke Bild zeigt den ganzen Vulkan, das rechte Bild Details seines Lavafeldes.

Dieser Vulkan war die erste von vielen relativ jungen auf dem Mars beobachteten Strukturen, zu denen große Verwerfungssysteme, relativ glatte Ebenen und ausgedehnte, windgeformte Ablagerungen gehören; letztere bilden die teleskopisch beobachteten dunklen Gebiete. Mariner 9 sah auch gewundene Kanäle, offenbar Zeugnisse von fließendem Wasser zu einer Zeit, als die Marsatmosphäre von der heutigen verschieden gewesen sein dürfte.

Mars Mariner 9

Mariner 9 sollte eine von zwei Sonden sein, die den Mars umkreisen; unglücklicherweise hatte Mariner 8 einen Fehlstart und so mußte Mariner 9 die Arbeit von beiden machen. Es ist den Technikern und Wissenschaftlern zu danken, daß diese Sonde ein volles Jahr arbeitete; dank einer stark geneigten Umlaufbahn, konnte die Sonde praktisch die ganze Oberfläche des Mars aufnehmen. Insgesamt wurden soviel Daten gesammelt, daß eine den ganzen Mars überdeckende topographische Karte angefertigt und ein Rahmen für die Geologie des Mars geschaffen werden konnte. Auf der äquatorialen topographischen Karte (siehe gegenüber), die vom US Geological Survey zusammengestellt wurde, können die geologisch wichtigen Erscheinungen des Mars betrachtet werden.

Die südliche, kraterreiche Hemisphäre ist deutlich zu sehen. Die Grenze zur relativ kraterarmen nördlichen Hemisphäre bildet einen etwas schräg zum Äquator verlaufenden Großkreis. Die Dichte der Krater variiert im Süden von Ort zu Ort, und zeigt an, daß in manchen Teilen auch die Südhalbkugel durch spätere Aktivität modifiziert wurde, wobei einige Krater verschüttet wurden. Zwei Einschlagbecken sind besonders auffällig: Argyre mit etwa 1000 km Durchmesser und Hellas, das noch größer ist. Die die Kratergegenden der Südhalbkugel verändernden Faktoren waren Wind, Zuschüttung durch Ablagerungen, wahrscheinlich Erosion durch Wasser und vulkanische Aktivität, die große Gebiete insbesondere im Bereich des Hellas-Beckens bedeckt hat.

Die Verschiedenheit von Nord- und Südhalbkugel gilt auch für ihre Gesamtform: in der Südhalbkugel gibt es einen Wulst, der einige Kilometer höher liegt als die Ebenen im Norden.

Es war das relativ glatte Gelände der Nordhalbkugel, das die Planer der Viking-Mission von 1976 besonders interessierte. Ziel der Mission war es, zwei Orbiter in Umlaufbahnen und zwei Landegeräte auf die Oberfläche zu bringen. Die Landegeräte waren mit speziellen Instrumenten ausgerüstet, um in erster Linie nach Spuren von Leben auf dem Mars zu suchen, ferner um den Boden zu analysieren, das Gelände um den Landeplatz zu photographieren und meteorologische Messungen zu machen. Als Viking Mitte 1976 den Mars erreichte, zeigten die von den Orbitern gemachten Aufnahmen, daß die Oberfläche der Nordhalbkugel rauher war als man aufgrund der Beobachtungen von Mariner 9 erwartet hatte. Die scheinbar „glatten" Ebenen hatten viele kleine Einschlagkrater, waren von kleinen Kanälen durchschnitten und es gab viele Unregelmäßigkeiten wie etwa kleine Erhebungen, die für die Landegeräte ein mögliches Risiko darstellten. Nach langen Überlegungen durch die Viking-Projekt-Mitglieder wurden zwei Landeplätze gewählt: einer im Chryse-Becken, eine Einbuchtung in den südlichen Kraterebenen südlich von Acidalia Planitia, der andere weiter nördlich im Utopia Planitia. Diese beiden Landegeräte lieferten eine enorme Menge von Informationen über den Zustand der Oberfläche, während die Orbiter aus den Umlaufbahnen Bilder der Oberfläche und der Wolken aufnahmen; andere Experimente betrafen Infrarot-Spektroskopie. Der größte Teil des Abschnitts über Mars in diesem Buch ist mit den hochwertigen Viking-Aufnahmen illustriert.

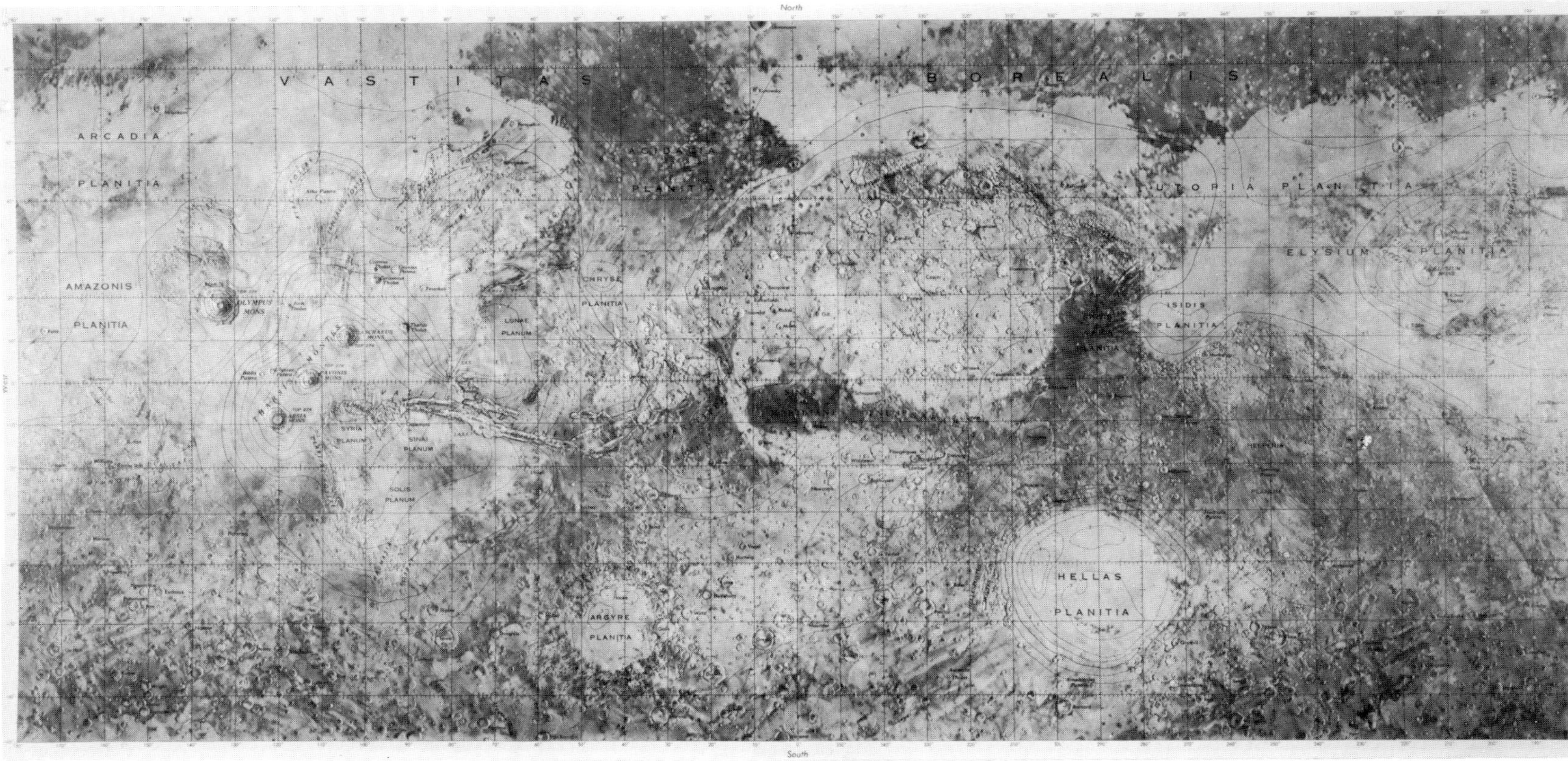
North
VASTITAS BOREALIS
ARCADIA PLANITIA
ACIDALIA PLANITIA
UTOPIA PLANITIA
ELYSIUM PLANITIA
AMAZONIS PLANITIA
OLYMPUS MONS
CHRYSE PLANITIA
LUNAE PLANUM
ISIDIS PLANITIA
SYRIA PLANUM
SINAI PLANUM
SOLIS PLANUM
HELLAS PLANITIA
ARGYRE PLANITIA
West
East
South

Mars Eine neue Art von Einschlagkratern

Einige wenige der Marskrater auf den Mariner-9-Bildern sind „frisch“ (rezent): die großen Krater mit Durchmessern von mehr als einigen zehn Kilometern sind fast alle erodiert, so daß die Erscheinungen auf der Auswurfdecke zerstört sind. Die Auflösung der Mariner-9-Bilder war nicht hinreichend, um Details der kleineren Krater zu identifizieren. Die ersten Aufnahmen des ersten Viking-Orbiters zeigten deutlich, daß es nicht nur viele kleine Krater gibt, sondern daß diese relativ frisch sind. Sie bildeten ein Risiko für die Landegeräte, da möglicherweise eine große Zahl von ausgeworfenen scharfkantigen Blöcken um sie herumlagen; bei weniger frischen Kratern würden Blöcke und Felsbrocken durch Erosionsschutt und Ablagerungen bedeckt sein.

Wie wir beim Merkur gesehen haben, beeinflußt die Schwerkraft die Verteilung der Auswürfe um den Krater erheblich. Am Merkur mit einer 2,3 mal größeren Schwerkraft als auf dem Mond liegen die Auswürfe näher am Krater. Zufällig ist die Oberflächengravitation auf dem Mars fast dieselbe wie auf dem Merkur, und viele Wissenschaftler vermuteten, daß die ursprüngliche Gestalt der Marskrater dieselbe gewesen ist, wie die auf dem Merkur. Die von der Viking Mission gemachten Aufnahmen – wie die auf der Seite gegenüber – zeigten, daß dies nicht der Fall ist. Zwar ist das Innere dieser Einschlagkrater ähnlich dem der Krater auf Merkur und Mond, aber die Auswurfdecken außerhalb sind verschieden. Die äußere Grenze der kontinuierlichen Auswurfmasse wird durch einen niedrigen, fast kontinuierlichen Rücken markiert, der zu dem Namen Auswurf-Wallkrater geführt hat.

Innerhalb dieses niedrigen Rückens ist die Auswurfmasse offenbar dünn und mit Hügeln, Rücken und Streifen versehen. Außerhalb des Walls gibt es hügel- und dünenähnliche Formen in den Auswürfen, sowie an manchen Stellen ein paar verstreute sekundäre Einschlagkrater.

Die Aufnahme rechts unten zeigt einen Krater, bei dem die Auswürfe nicht nur eine Wallfront haben, sondern die Form mehrerer sich überlappender Flüsse. Diese Krater zeigen deutlich, daß die nahe am Krater niedergegangene Auswurfmasse anschließend nach außen floß und zwar weiter als sie bei der Gravitation von Mars rein ballistisch hätte kommen können. Es ist beachtenswert, daß diese Auswurfschichten durch den erhabenen Rand des benachbarten Kraters anscheinend behindert wurden. Der Primärkrater entstand neben einem älteren, kleinen Krater, der als Hindernis wirkte, durch das die Strömung abgelenkt wurde.

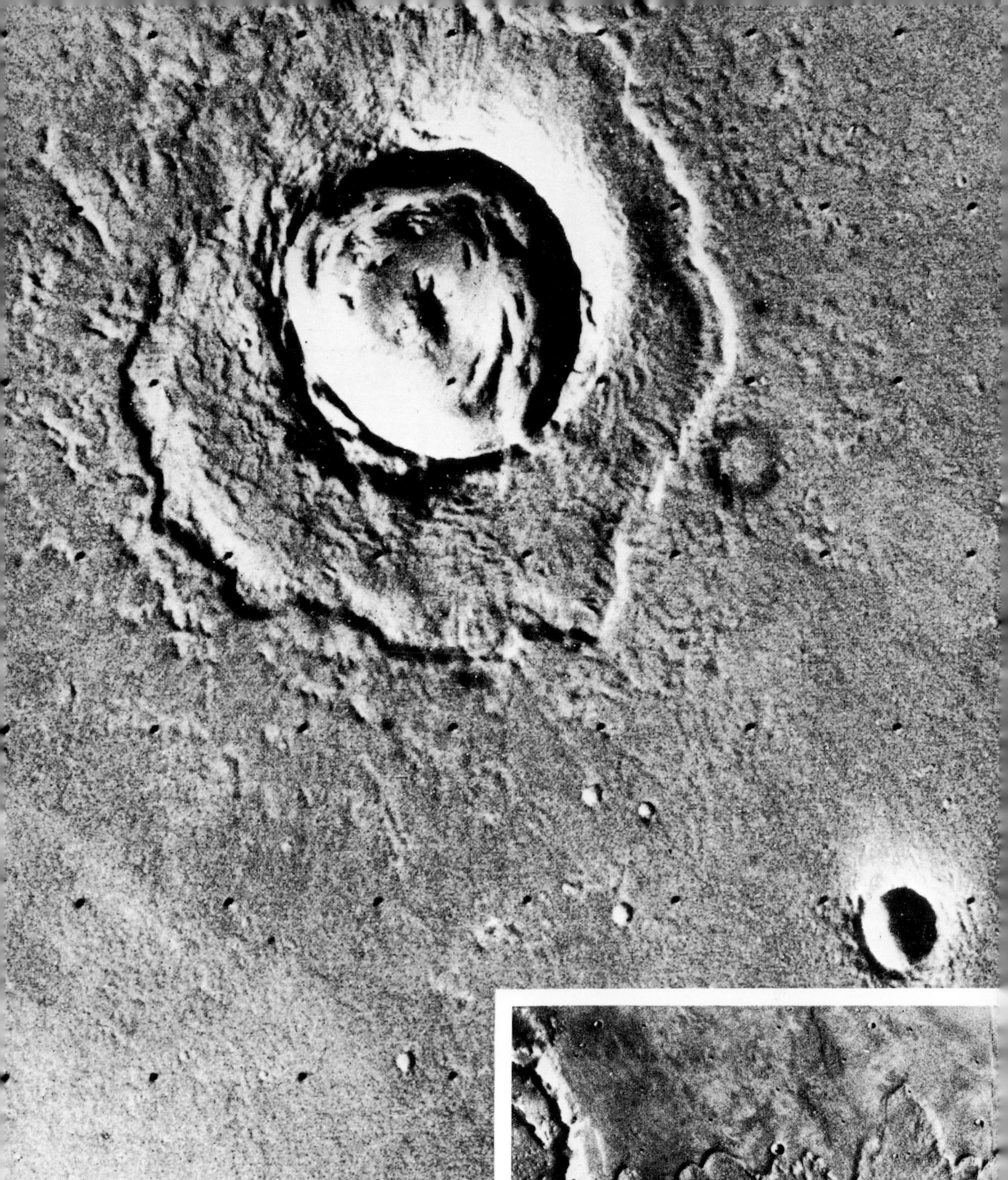
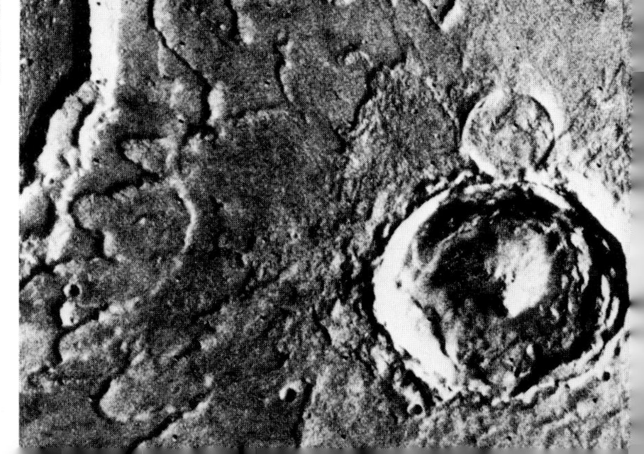

Mars Arandas

Die beiden Viking-Bilder gegenüber zeigen Arandas, einen Krater von 28 km Durchmesser, der in den nördlichen Ebenen in Acidalium Planitia liegt, nahe der Grenze zur kraterreichen Südhalbkugel. Das Innere ist wie das vieler anderer Krater dieser Größe auf Mond und Merkur strukturiert; es zeigt oben eine Böschung aus Grundgestein, darunter eine Schutthalde. In der Mitte ist ein ausgeprägter Zentralberg aus Grundgestein, der während der letzten Phase des Einschlags durch den Kraterboden emporgetrieben wurde.

Unmittelbar außerhalb befindet sich ein steiler Rand aus Grundgestein, das an der Kante des ausgehöhlten Kraters nach oben und außen gedrückt wurde. Um Arandas liegen wie bei vielen anderen Marskratern zwei Lagen kontinuierlicher Auswürfe: eine innere Lage, die in dem Hauptbild gegenüber zu sehen ist, und eine äußere Lage, die oben rechts gezeigt wird. Anscheinend flossen oder glitten zwei verschiedene Schichten von Auswurfmasse vom Krater nach außen. Auf der inneren Lage sehen wir deutlich radiale Streifungen, die für gewisse Arten von Erdrutschen auf der Erde typisch sind und durch differentielle Bewegungen innerhalb des gleitenden Materials entstehen, die Scherungszonen parallel zur Bewegung erzeugen. Die Kante der inneren Lage ist lappig und es gibt Rücken parallel zur Kante, die als Fließrücken in einem zähen Material gedeutet werden können. Aller Augenschein weist also auf ein radiales Gleiten der Auswurfmasse auf der Oberfläche nach ihrer Ablagerung hin. Links auf dem Hauptbild, nahe der Kante der inneren Lage, befindet sich ein kleiner Krater, der vor Arandas da war. Bei genauem Hinsehen erkennen wir Rücken, die auf der aufwärts strömenden Oberfläche der Auswurfmasse gebildet wurden; der kleine Krater wirkte anscheinend als Hindernis auf die Vorwärtsbewegung des Materials. Da die Auswurfmasse den Krater nicht gefüllt hat, können wir schließen, daß bei ihrer Ablagerung die Dicke geringer war als die Höhe des Kraterrandes; sie wurde also als dichte Schicht und nicht als eine fein verteilte Wolke abgelagert, die später zur Ruhe kam. Dies stimmt mit unseren Vorstellungen von einem Erdrutschmechanismus überein. Die äußere Lage zeigt ähnliche Erscheinungen, wenn auch der Rand der Auswurfmasse deutlich ausgelappt ist. Auch das spricht für eine Auswärtsbewegung der Auswurfmasse.

Wieso sind diese Krater so verschieden von den Mond- und Merkurkratern?

Ein Unterschied auf Mars ist das Vorhandensein einer Atmosphäre und wahrscheinlich auch von Permafrost, die beide das Vorwärtsgleiten von Auswurfmasse fördern können. Wenn diese auf der Oberfläche aufschlägt, hat sie noch eine Vorwärtskomponente der Bewegung, die auf folgende Weise aufrecht erhalten werden könnte: Wenn die Auswürfe mit hoher Geschwindigkeit auftreten, wird der Permafrost-Boden (Permafrost = Dauerfrost) verdampft und gleichzeitig das Gas darunter durch den rasch niederstürzenden Gesteinsregen eingefangen. Das Gas versucht durch die Auswurfmasse nach oben zu entweichen, bringt diese in einen flüssigen Zustand und unterstützt dadurch seine Vorwärtsbewegung.

Mars Weitere Einschlagkraterformen

Die meisten kleinen Krater auf dem Mars sind zwar vom Auswurf-Wallkrater-Typ, aber einige sind auffallend anders. Gegenüber im Hauptbild sehen wir einen Krater von 18 km Durchmesser, der am Rande von Kasei Vallis an der Westseite des Chryse-Beckens liegt. Viking hat gezeigt, daß es da eine kleine Zahl von Kratern gibt sowie auch anderswo auf dem Mars. Das überraschende ist, daß sie nicht die Auswurf-Wallkrater-Struktur haben, sondern stattdessen eine deutliche geschlossene Auswurfdecke mit radialer Streifung. Unmittelbar außerhalb des Kraters gibt es einige gelappte Strukturen, die an die bei den Auswurf-Wallkrater erinnern, aber insgesamt ist das Aussehen der Auswurfdecke ganz verschieden. Die inneren gelappten Formen auf der Auswurfmasse sind etwa 20 m dick und haben kein so starkes radiales Muster aufgeprägt. Sie haben ein Dachziegelmuster und wurden fast sicher durch Auswurflawinen oder -flüsse vom Kraterrand her gebildet; in ähnlicher Weise treten Flüsse an den Rändern lunarer Krater z. B. bei Tycho auf.

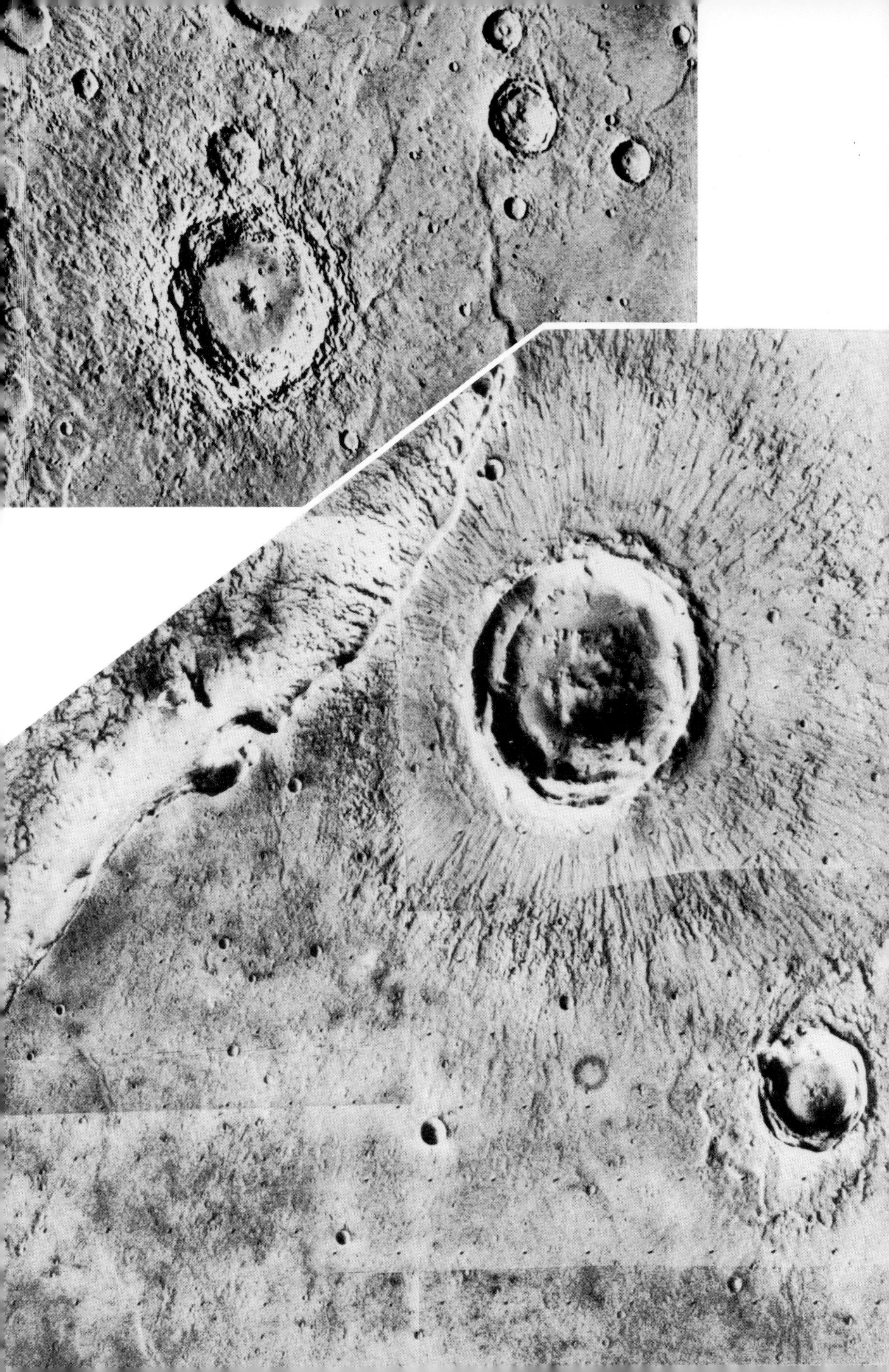

Mars Abtragung der Marskrater

Bei den Untersuchungen am Mond hat man gefunden, daß das relative Alter planetarer Oberflächen durch einen Vergleich der Stärke der Abtragung der ältesten Krater in diesen Gebieten bestimmt werden kann. Oberflächen, die stärker abgetragene Krater enthalten, gelten als älter, weil man annimmt, daß sie dem Erosionsprozeß länger ausgesetzt gewesen sind. Für den Mars ist das aber keine besonders zuverlässige Methode. Auf Mond und Merkur sind nämlich die Einschläge der hauptsächlichste Erosionsprozeß, der über den ganzen Planeten zu irgendeiner Zeit relativ gleichmäßig wirkt. Auf dem Mars gibt es eine Anzahl verschiedener, möglicher Erosionsprozesse, die auf verschiedenen Teilen des Planeten in verschiedener Stärke stattfinden können. Zum Beispiel kann Winderosion in manchen Gebieten stärker sein als in anderen, oder Wassererosion wird lokale Gebiete in der Nachbarschaft von Flußbetten stärker betreffen, als anderswo. Um die Chronologie der Erosion eines Einschlagskraters auf dem Mars zu verstehen, muß man die ursprüngliche Form des Kraters und der umgebenden Auswurfmasse kennen. Wenn die Anfangsform der Marskrater verschieden ist von der auf Mond und Merkur, können wir nicht annehmen, daß ihre Abtragung denselben Verlauf nimmt.

Das Bild oben links zeigt einen kleinen Krater, der zu einem gewissen Grad erodiert ist. Krater dieser Art waren von den Mariner-9-Bildern her bekannt, und man nahm damals an, daß sie ursprünglich wie Mond- oder Merkurkrater ausgesehen hätten. Der breite Gürtel von Auswurfmasse um den Krater wurde nicht als Ergebnis der Auswurfablagerung sondern der differentiellen Erosion angesehen: die auf den Auswurfdecken liegenden Blöcke sollten die Oberfläche in Kraternähe gegen Erosion schützen, also sollte dort weniger Erosion stattfinden als anderswo. Das Material um den Krater wurde daher als Auswurfmasse und Grundgestein angesehen, das nach der Erosion übrig blieb und daher nicht als Indiz für die ursprüngliche Ausdehnung der Auswurfmasse gelten konnte. Diese Vorstellung war nur deswegen akzeptabel, weil man glaubte, die Marskrater wären denen auf anderen planetarischen Körpern ähnlich. An den besser aufgelösten Viking-Bildern wurde nun klar, daß die gegenwärtige Form des abgebildeten Kraters trotz Erosion nicht weit von seiner ursprünglichen Form entfernt ist: wir können die innere und äußere Lage der Auswurfmasse sehen, an denen wenig Erosion stattgefunden hat, dies hauptsächlich an den Rändern der äußeren Lage. Solche Krater sind daher relativ jung!

Die größeren Krater auf dem Mars (Hauptbild) sind meistens älter und von der geschlossenen Auswurfmasse ist sehr wenig verblieben. Gewöhnlich ist nur ein zertrümmerter Kraterrand übrig, der (bei den frischeren Kratern) noch die innere Terrassierung bewahrt hat. Der große Krater links im Hauptbild ist deutlich erodiert, man kann eben noch die ursprüngliche Struktur der Auswurfdecke erkennen und die inneren Terrassen sind noch teilweise erhalten. Bei noch älteren Kratern sind die Ränder immer stärker zerschlagen und sind von mehr Kratern als in diesem Bild überlagert.

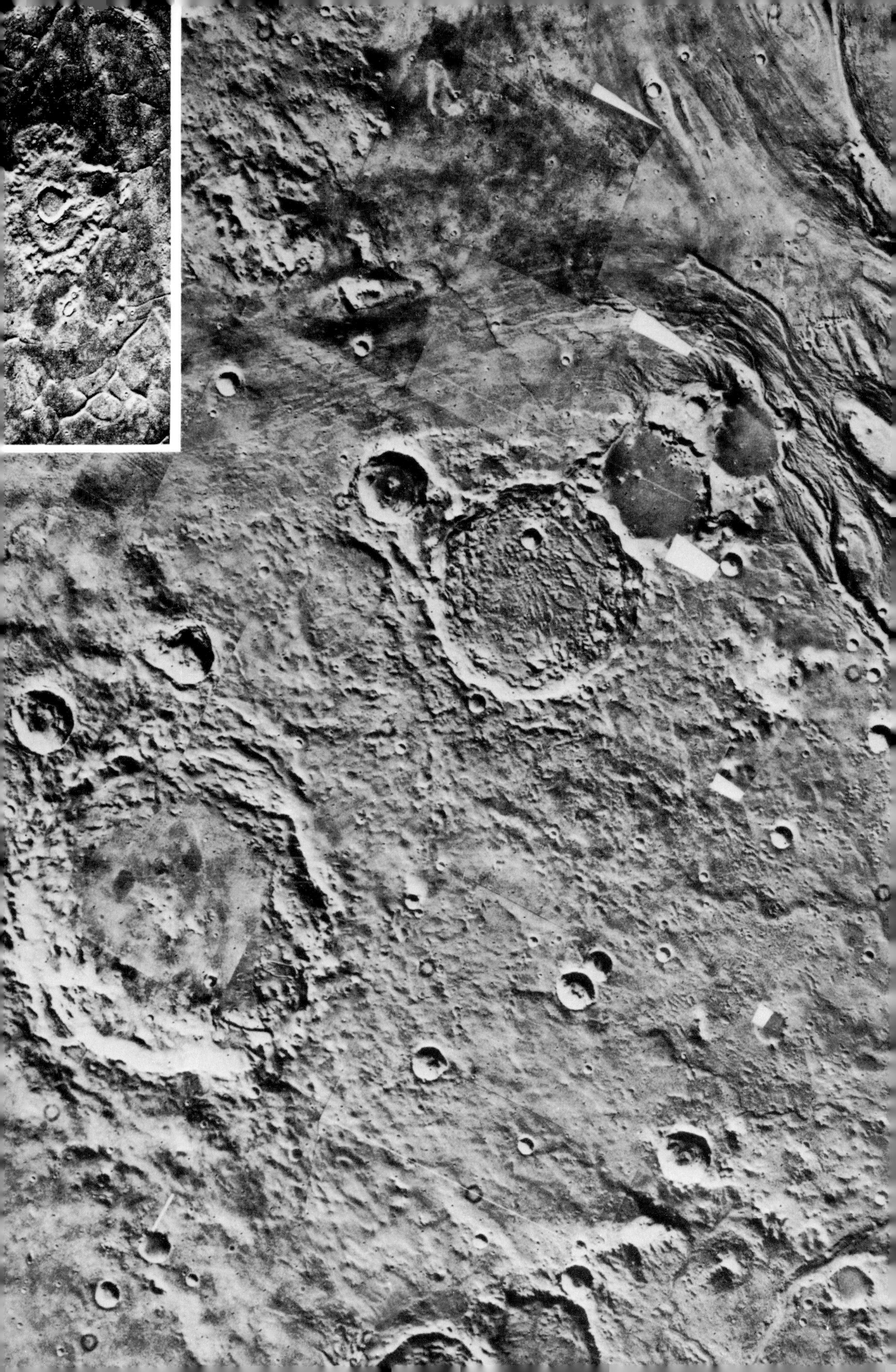

Mars Hellas-Becken

Wie bei Mond und Merkur befinden sich auf der Oberfläche des Mars riesige Depressionen oder Becken mit mehrfachen Ringsystemen, die wahrscheinlich durch Einschläge erzeugt wurden. Mehr als zwanzig wurden bisher identifiziert. Das größte Becken auf dem Mars, ja das größte bekannte im Sonnensystem, ist das gegenüber abgebildete Hellas-Becken. Diese Depression von 1600 km Durchmesser und 5 km Tiefe ist von einem stark erodierten und teilweise verschütteten Gebirgsrand und Spuren von vier, mehr konzentrisch angeordneten Ringen umgeben. Es hat ein komplexes Relief im Innern, genannt Hellas Planitia, das 2 – 4 km unter dem Referenzniveau vom Mars liegt. Der Rand eines viel kleineren Beckens ist. durch Pfeile markiert. Aus der großen Zahl überlagerter Krater folgt, daß dieses kleine Becken wesentlich älter ist als das Innere von Hellas.
Hellas ist im Fernrohr von der Erde aus gut zu erkennen und erscheint oft als eines der helleren Gebiete der Oberfläche; manchmal wurde es irrtümlicherweise für die südliche Polkappe gehalten. Die beobachtete Helligkeit kann durch Wolken oder gar Reif verursacht sein. Mit dem Fernrohr wurde auch beobachtet, daß große Staubstürme bei Hellas beginnen.
Von den ersten, bei der Mariner-9-Mission aufgenommenen Bildern hatte man den Eindruck, daß Hellas ein fast strukturloses Inneres hat. Das war aber bloß die Folge andauernder Staubstürme, die den Boden darunter verhüllten. Eine beträchtliche Komplexität des Geländes wurde später und während der Viking-Mission festgestellt, als es weniger Staubstürme in diesem Gebiet gab. Höcker, Böschungen und Furchen sind deutlich zu sehen. Teile des Innern, zum Beispiel bei (R) sind von vulkanischen Ebenen und Rücken ähnlich den lunaren Maria bedeckt. Große Teile des Beckenbodens sehen abgeschliffen und poliert aus, was – neben den charakteristischen Staubstürmen – auf beträchtliche frühere, aber auch jetzige Windaktivität hinweist. Hellas verhält sich wie ein riesiges Staubbecken.
Becken haben nicht nur ein auffälliges Aussehen, sie haben auch einen beherrschenden Einfluß auf die Struktur der planetaren Kruste. Zwei große Vulkane, Amphitrites Patera und Hadriaca Patera, entstanden anscheinend auf zu Hellas konzentrischen Brüchen. (Ein Teil von Amphitrites Patera ist bei (A) zu sehen.) Ihre Laven haben die südlichen und nordöstlichen Ränder des Beckens durchbrochen und verschüttet.
Die ältesten erhaltenen Gebilde im Hellasgebiet sind, wie so häufig auf dem Mars, kleine und mittelgroße Einschlagkrater. Das Hellas-Becken ist älter als die späte Phase des planetaren Bombardements, das diese Krater erzeugte. Nachfolgende Kraterbildung und wahrscheinlich beträchtliche Wasser- und Windaktivität haben viel vom ursprünglichen Beckenprofil abgetragen. Die vulkanischen Episoden, die Amphitrites Patera und Hadriaca Patera erzeugten, kamen viel später.
Diesen folgten nur noch lokale Flußaktivität (man beachte die Kanäle bei (C) zum Beispiel) und die fortgesetzte Wirkung der Windaktivität.

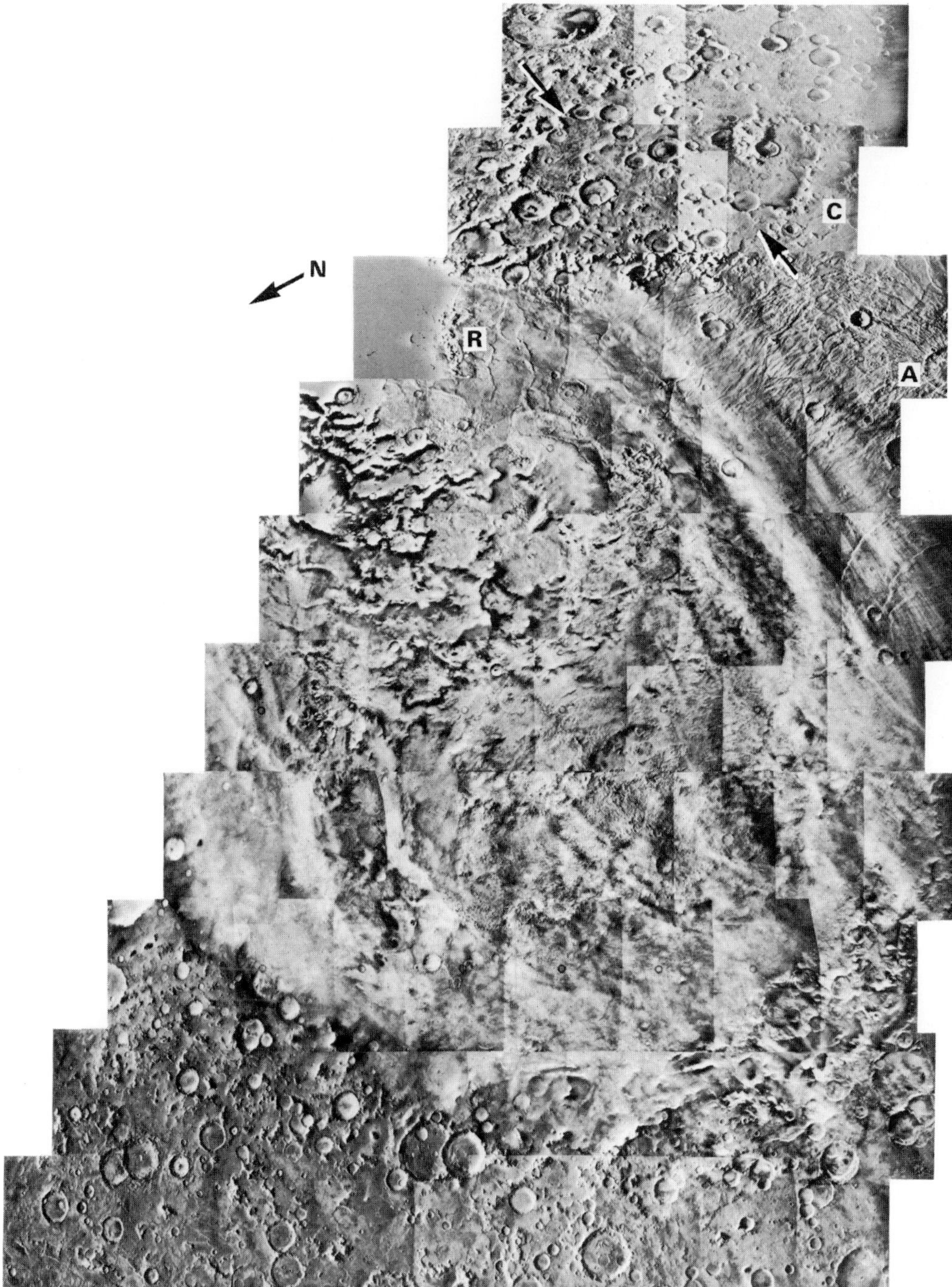
N
R
C
A

Mars Das Argyre-Becken

Das Argyre-Becken sieht mit seinem zerklüfteten und weniger kraterbedeckten Rand viel jünger aus als Hellas. Das Bild gegenüber zeigt einen schrägen Blick auf den Ostrand und das Innere des Beckens. Es enthält auch das kleine Becken Galle (G). Über dem Horizont sind mehrere Dunstschichten in der Atmosphäre deutlich zu sehen. Argyre besteht aus einer inneren Ebene von etwa 900 km Durchmesser, die von einem breiten Gebirgsring umgeben ist. Mehrere andere Ringe sind zu erkennen, von denen die äußersten allerdings nur als niedrige Böschungen nordwestlich des Beckenzentrums erhalten sind.

Die äußeren Gebiete des Beckens enthalten zahlreiche radiale Täler und gekrümmte Rinnen ähnlich denen des lunaren Imbrium-Beckens (das von gleicher Größe ist). Anderseits wurden, anders als bei Imbrium, keine Auswurfablagerungen oder Sekundärkrater um Argyre herum gefunden. Es ist auffällig, wie die dunklen Ebenen, die zwischen den Kratern der Südhalbkugel liegen, um das Becken abrupt aufhören. Wenn diese Ebeneinheit alt ist, ist die Anordnung leicht zu erklären: der das Bekken erzeugende Einschlag hat sie zerstört. Wenn die Zwischenkrater-Ebenen aber jünger als das Becken sind, müssen andauernde vertikale Bewegungen um das Bekken oder verstärkte Erosion im Gebiet des Beckenrandes angenommen werden, um ihre Abwesenheit vom Beckeninneren zu erklären. An einigen Stellen scheinen Zwischenkrater-Ebenen die den Rand von Argyre bildenden Gebirge zu überlagern und es gibt nur wenige Anzeichen dafür, daß sie selbst unter Argyre-Auswürfen begraben wären. Diese Beobachtungen sprechen dafür, daß die Ebenen jünger sind als das Becken.

Wenn man nahe zum Kraterrand schaut, kann man die Trassen der Beckenringe gerade eben erkennen. Innerhalb des inneren Ringes befindet sich einiges Ebenenmaterial des Beckeninnern. Die irreguläre Depression bei (O) kann eine vom Wind ausgeblasene Grube sein, was zeigt, daß das betroffene Material nur wenig verfestigt ist. Die gewundenen Rücken bei (R) können Lavatunnels, Dämme oder Kompressionserscheinungen in Flüssen sein. Die glatten Ebenen bei (S) zwischen den Ringen können analog zu den lunaren Becken als vulkanische Schmelzflüsse erklärt werden, die zwischen Beckenbrüchen abgesetzt wurden.

G
O
R
S

Mars Das Isidis-Becken

Das Isidis-Becken ist das am stärksten modifizierte der drei großen Marsbecken. Der Rand von 1400 km Durchmesser ist teilweise von Ebenen-Material begraben. Isidis ist außerdem das von Viking am schlechtesten abgebildete große Becken. Das Hauptbild gegenüber wurde einer Reliefkarte entnommen, die aus Mariner-9-Bildern angefertigt wurde.

Der Ring im Süden ist gut erhalten und es gibt ein Anzeichen einer hügeligen Einheit, die abgetragene Beckenauswürfe darstellen kann. Im Norden und Osten ist der Rand offenbar entlang von Verwerfungen zusammengefallen und von jungen Ebenen des Vastitas Borealis tief verschüttet worden. Der Rand ist auch im Westen unter den mäßig mit Kratern bedeckten Ebenen von Syrtis Major begraben.

Im Nordwesten blieben Reste des Randes in Form kleiner Hügel zurück. Dieses Gebiet wird aber vom Nili Fossae, einem zum Becken konzentrischen, gekrümmten Graben beherrscht. Das untere Bild zeigt einen Teil dieses Gebiets mit mäßiger Auflösung. Gräben dieser Art treten da auf, wo die regionalen südwest-nordost gerichteten Brüche des Gebiets durch das konzentrische System von Isidis betont wurden. Ihre Böden erscheinen häufig von vulkanischem Material überflutet, das vielleicht aus den Grabenbrüchen selbst stammt. Noch andere vulkanische Erscheinungen sind in diesem Gebiet vorhanden, unter anderem unregelmäßige Kegel und eine Anzahl kleiner Flüsse (das Gebilde bei F kann ein solcher Fluß sein).

Die inneren Ebenen von Isidis wurden besonders schlecht abgebildet; es gibt nur eine Sequenz von Bildern mäßiger Auflösung, aus der das obere Bild entnommen wurde.

Die ungewöhnlichen, mit Rücken bedeckten Ebenen bei (R) besetzen ein etwa kreisförmiges Gebiet im Zentrum von Isidis Planitia. Sie scheinen eine relativ kurz zurückliegende Episode von Vulkanismus darzustellen, in der Material durch Brüche im Beckenboden ausgestoßen wurde. Einige der Rücken können Lavatunnels sein, viele andere sind wahrscheinlich Kompressionserscheinungen.

Es wurde vermutet, daß Syrtis Major Planitia, die Ebenen unmittelbar um Westen von Isidis, ein weiteres früheres Becken gleicher Dimension anzeigt. Jedoch wurden weder Auswürfe noch Überreste vom Rand identifiziert. Eine andere Erklärung der Syrtis Major Depression zieht Vorstellungen einer globalen Tektonik heran. Syria Major befindet sich exakt auf der dem großen Krustenwulst der Syria-Erhebung gegenüberliegenden Seite des Planeten. Der Kollaps von Syrtis Major und die nachfolgende vulkanische Überflutung könnte durch das Zurückweichen von Material während der Aufwölbung von Syria verursacht worden sein.

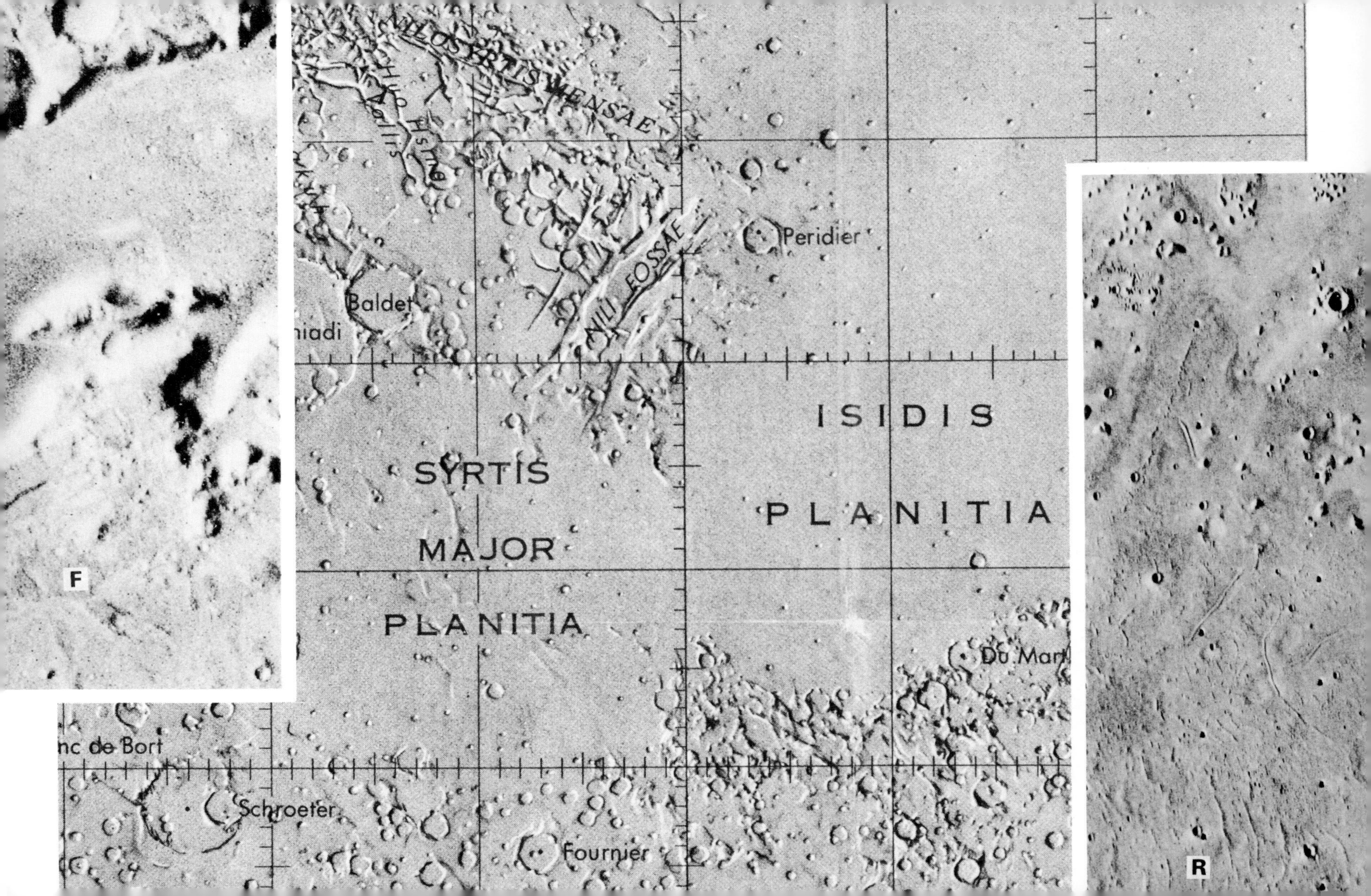
NILOSYRTIS MENSAE
Hsing
Valles
Peridier
NILI FOSSAE
Baldet
ISIDIS
PLANITIA
SYRTIS
MAJOR
PLANITIA
Du Mart
Schroeter
Fournier
F
R

Mars Weitere Einschlagbecken

Die Zahl der Becken pro Flächeneinheit ist auf dem Mars nur ein Zehntel von der auf dem Mond. Das läßt sich einfach durch die höhere Oberflächenaktivität des Mars nach der Beckenbildung erklären. Innerhalb der nördlichen Ebenen, die die halbe Planetenoberfläche einnehmen, ist nur ein Becken sichtbar (Lyot), viele nördliche Becken sind zweifellos verschüttet.

Wenn man die Kurven der Häufigkeitsverteilung der Beckendurchmesser von Mars und Mond mit den entsprechenden Kurven für die kleinen Krater in kraterreichen Gegenden der beiden Planeten vergleicht, findet man, daß sie nicht ineinander übergehen. Die Becken beider Planeten können zwar von derselben Population von Einschlagkörpern erzeugt worden sein, die aber verschieden ist von der, die die meisten Krater erzeugt hat. Diese Annahme wird durch die anscheinend recht kurze Periode der Beckenbildung gestützt.

Ringbecken haben auf dem Mars etwas größere Druchmesser als auf dem Mond (120 km gegen 150 km im Mittel). Die Ursache für die kleineren Becken auf Mars und Merkur ist die größere Schwerkraft. Die relativ größere Häufigkeit der größeren Becken auf dem Mars ist leicht durch stärkere Erosion und häufigere Verschüttung der kleineren Krater zu erklären.

Die auffälligste Erscheinung der Becken, ihre Ringe, haben am Mond und am Mars die gleiche Lage in Bezug auf den Beckenrand. Am Mars werden zwei verschiedene Ringtypen gefunden. Die erste – die zum Beispiel bei Kepler, Lowell und Lyot vorkommt – ist den Ringen lunarer Becken ähnlich, ausgesprochen gebirgig mit ähnlichen inneren und äußeren Flanken. Der zweite Typ scheint auf die älteren Becken beschränkt zu sein und ist wahrscheinlich aus der anderen Form durch Absinken entlang kreisförmiger Brüche entstanden.

Das obere Bild zeigt einen Teil des frischen Beckens Lowell. Dieses hat zwei gezackte Ringe und eine deutliche Auswurfdecke. Die Auswurfdecke zeigt einige Details, die in lunaren Becken vorkommen, zum Beispiel ein radiales Tal, von dem ein Teil bei (R) zu sehen ist. Es fand eine kräftige Erosion statt, und vermutlich eingeschnittene Flußkanäle sind an anderen Stellen am Rand sichtbar. Das im mittleren Bild gezeigte Kepler-Becken ist viel schlechter erhalten. Große Teile des Randes sind abgerutscht (beachte den Block bei B) und das Innere ist von mehreren Ebenen-Einheiten überflutet. Das Becken im unteren Bild ist noch undeutlicher, die Ringe stehen in ihrem Aussehen zwischen Gebirge und Stufenböschungen.

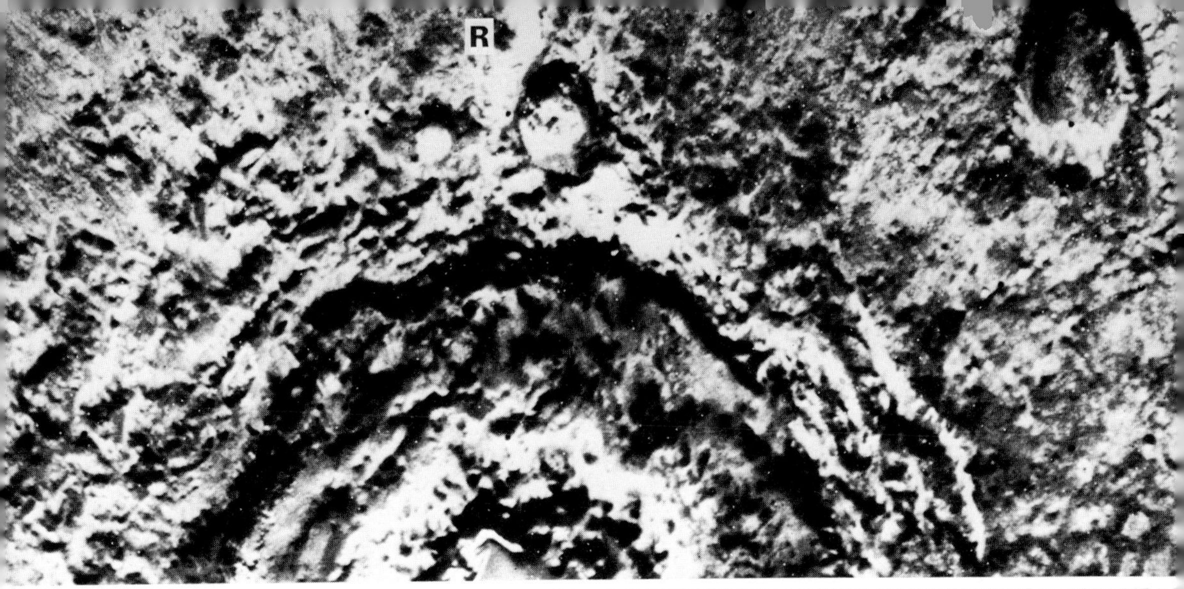
R

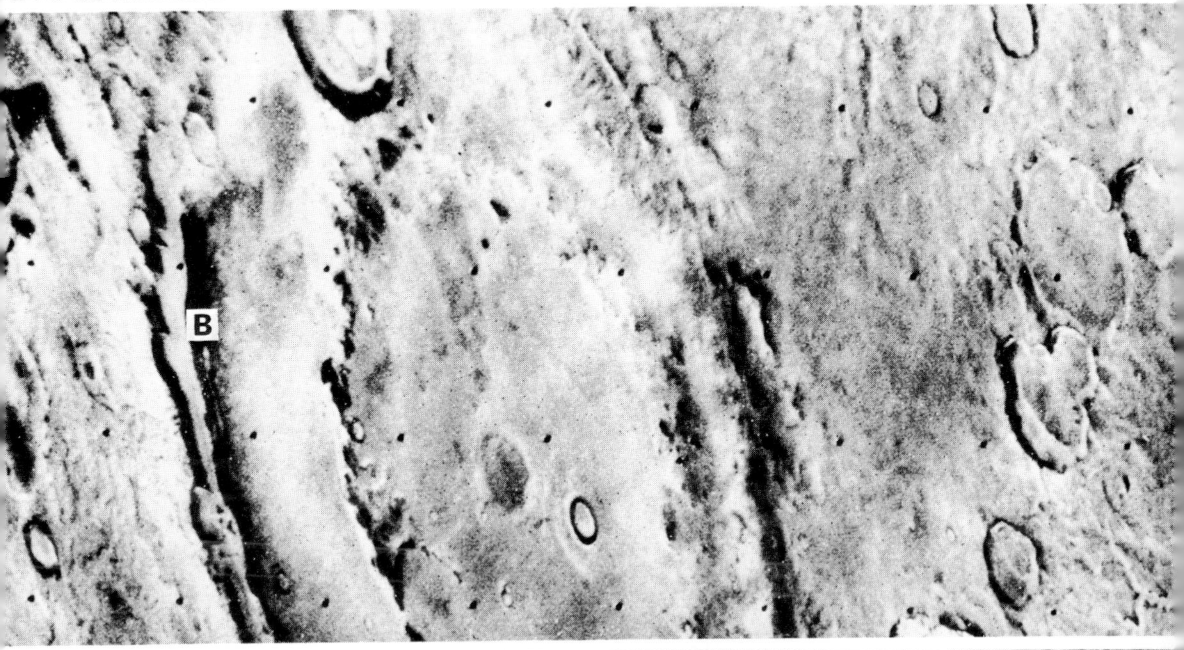
B

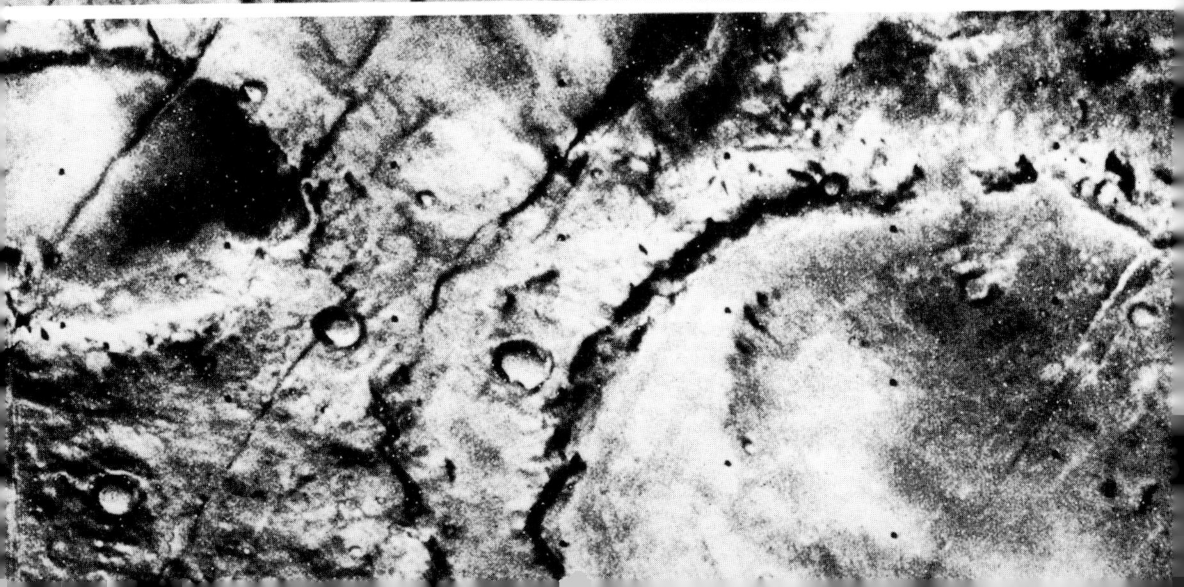

Mars Olympus Mons

Die Marsvulkane haben für jeden, der sich für Vulkane interessiert, eine besondere Faszination. Während sich auf dem Mond Vulkanismus in ausgedehnten, relativ flachen Lavaflüssen äußert, hat er auf dem Mars auch große Vulkan-Gebirge erzeugt. Der bekannteste dieser Vulkane ist Olympus Mons, der größte Vulkan überhaupt, der bisher im Sonnensystem entdeckt wurde. Das große Mosaik gegenüber zeigt den Vulkan und seine Umgebung. Die äußere Grenze des Gebirges wird durch eine stellenweise 4 km hohe Böschung markiert. Viele Lavaflüsse überdecken die Böschung und erstrecken sich in die umgebenden Ebenen. Dies ist im unteren Teil des Bildes besonders deutlich. Der Durchmesser des Vulkans bis zur Böschung beträgt 600 km, sein Gesamtdurchmesser einschließlich der über die Böschung hinausgehenden Lavaflüsse ist beträchtlich größer. Bestimmungen der Höhe des Vulkans ergaben Werte zwischen 20 und 27 km. Welcher Wert auch immer richtig ist, die Höhe des Gipfels über den umgebenden Ebenen beträgt mehr als 20 km, ungefähr das Doppelte der Höhe des Vulkans Mauna Loa auf Hawaii über dem Meeresboden, auf dem er steht.

Auf dem Gipfel von Olympus Mons befindet sich ein Calderakomplex von fast 80 km Durchmesser. Eine Caldera entsteht durch Einbruch in den zentralen Kanal, durch den die Lava aufsteigt. Durch plötzlichen Rückzug der Lava in den Kanal hinunter, verliert der Gipfelteil des Zentralkegels seinen Halt und bricht ein. In dem Bild sieht man Details der Flüsse, die zeigen, daß sie Basaltflüssen auf der Erde gleichen, die gewöhnlich mit relativ geringer Viskosität fließen, wodurch sie sich leicht ausbreiten können. Das sieht man besonders gut in dem Bild oben rechts, das Laven zeigt, die über die Kante der Grenzböschung von Olympus Mons flossen. Die feinen Strukturen sind kleine Kanäle und eingebrochene Lavatunnels. Der Ursprung der Flüsse ist unklar, denn nur vereinzelt sieht man Reihen von kleinen Eruptionsschloten an den Flanken des Vulkans. Viele Flüsse mögen vom Gipfel selbst gekommen sein und nicht aus Schloten, die durch radiale Spaltenbildung an den Flanken geöffnet wurden. Wir können nicht ganz sicher sein, daß diese Laven aus Basalten bestehen, aber zur Zeit der Eruption waren ihre Fließeigenschaften sicherlich dieselben wie von Basalt.

Das Alter des Vulkans ist unbekannt; es gab kein Anzeichen von Aktivität als der Vulkan von Raumsonden beobachtet wurde. Einige der Flüsse am Boden der Calderas können relativ jung sein, da sie keine Einschlagkrater haben. Unter jung verstehen wir hier, daß sie während der letzten paar Millionen Jahre gebildet worden sind, aber, da wir die Rate der Kraterbildung auf dem Mars nicht kennen, können sie ebensogut mehrere hundert Millionen Jahre alt sein.

Mars Die Böschung von Olympus Mons

Verschiedene Vorschläge wurden zur Erklärung des Ursprungs der Böschung um Olympus Mons gemacht. Die eine Hypothese ist, daß es sich um eine Ringverwerfung handelt, daß der ganze Vulkan entlang dieser Verwerfung angehoben wurde und so um die ganze Kante herum die Böschung entstand. Eine andere nimmt an, daß in der frühen Geschichte des Vulkans Aschenströme oder Aschenregen ausgeworfen wurden. Aschenregen kennen wir von der Erde: große Volumina von Lavafragmenten werden als dichte Wolke ausgestoßen, die fast wie Wasser fließen kann und sich schließlich als dicke Aschenschicht ablagert. Der untere Teil der Ablagerung ist so heiß, daß die Teilchen zusammengebacken werden und festes Gestein bilden; an anderen Stellen hält die Asche weniger stark zusammen und kann leicht erodiert werden.

In dem Bild auf S. 125 bemerkt man, daß es außerhalb von Olympus Mons von Furchenmustern durchzogene Gebiete gibt. Diese hielt man für erodierte Überreste der Aschenströme, deren Beseitigung durch Erosion die jetzige Böschung zurückließ. Viking-Bilder lassen dieses gefurchte Gelände um Olympus Mons jedoch in einem ganz anderen Licht erscheinen.

Das große Mosaik gegenüber zeigt ein Detail des gefurchten Geländes. Man sieht, daß das Furchenmuster konzentrisch und radial zum Vulkan verläuft und daß die Furchen gegen die äußere Kante der Einheit zu kleiner werden. Ein Hinweis auf den Ursprung des Materials wird von dem Bild unten rechts gegeben, das gefurchtes Material zeigt, das einen vorhandenen Krater überlagert und halb bedeckt. Es ist unwahrscheinlich, daß das gefurchte Material ein erodierter Überrest eines alten Teils von Olympus Mons ist; es ist wahrscheinlicher, daß es eine relativ junge Einheit ist, die sich vom Vulkan ausbreitete und das umliegende Gelände bedeckte. Der Gedanke, daß es riesige Aschenströme sind, ist vielleicht nicht allzu falsch; sie müßten aber relativ jung sein. Eine andere Möglichkeit wäre, das gefurchte Material mit dem Erzeugnismechanismus der Böschung in Verbindung zu bringen. Die Ränder des gefurchten Materials haben Lappenform, wie in dem Bild auf S. 125 gut zu sehen ist, wo das Material um den Vulkan wie Blütenblätter verteilt ist. Aufgrund dieser Viking-Bilder scheint es möglich, daß das gefurchte Material gigantische Felsrutsche von den Flanken des Olympus Mons darstellt. Diese sind viel größer als irgendwelche auf der Erde bekannte und haben sich viele hundert Kilometer bewegt. Wenn diese Erklärung akzeptiert wird, dann wäre die Böschung die Narbe, die zurückblieb, nachdem die Felsrutsche stattgefunden haben. Möglicherweise spielt wieder Permafrost bei der Entstehung dieser Erdrutsche eine Rolle. Nehmen wir an, irgendwann im Verlauf der Vulkangeschichte – vielleicht während einer längeren Ruhepause – wurden große Teile der äußeren Flanken des Vulkans – möglicherweise Aschenschichten – in Permafrost (Dauerfrostboden) umgewandelt. Wenn dann ein plötzlicher Temperaturanstieg durch wiederauflebende Aktivität einsetzte und den Permafrost zum Schmelzen brachte, mußten riesige Erdrutsche ausgelöst werden. Diese Idee erscheint vielleicht etwas zu kühn, und wir sollten sicherlich nicht die Möglichkeit ausschließen, daß es sich hier doch um eine Form vulkanischer Aktivität handelte.

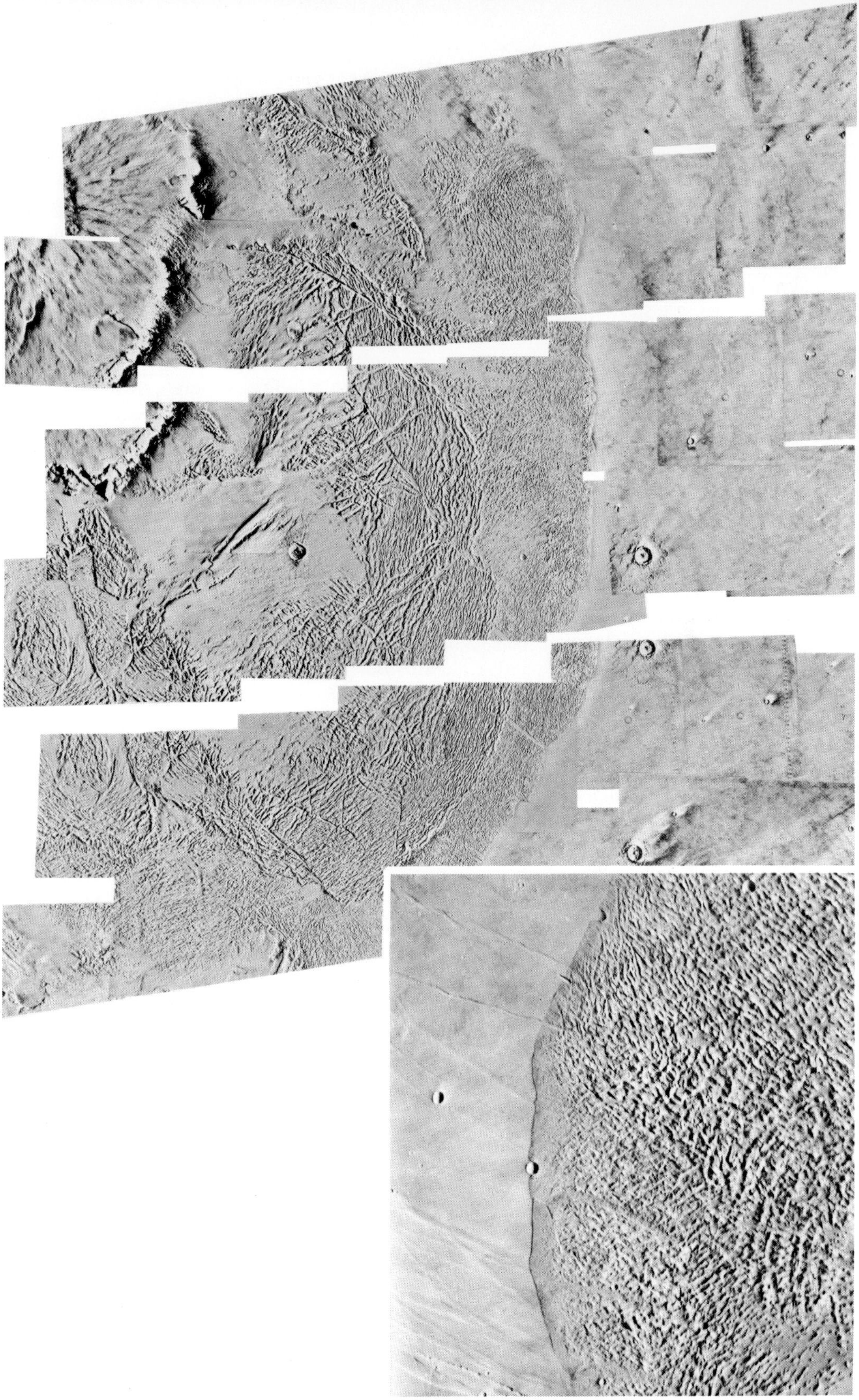

Mars Die Tharsis-Vulkane

Olympus Mons ist nicht der einzige große Krater auf dem Mars. Im Südosten von Olympus Mons befindet sich das Tharsisgebiet, in dem sich drei große und viele kleine Vulkane befinden. Tharsis ist Teil eines großen Gebiets, das etwa 11 km über den umgebenden Ebenen liegt, und darauf ragen die Gipfel der drei großen Vulkane in ungefähr die gleiche Höhe wie Olympus Mons empor. Diese drei Vulkane sind von Norden nach Süden Ascraeus Mons, Pavonis Mons und Arsia Mons. Das Bild gegenüber zeigt in hoher Auflösung den Calderakomplex und die umgebenden Flanken von Ascraeus Mons. Eine kleinere Caldera überschneidet einen Teil der größeren und älteren Caldera: ein späterer Einbruch in der größeren hat dann aber wieder die kleinere Caldera angeschnitten. Die zahlreichen Verwerfungsböschungen und -gräben, die den inneren Rand der Caldera konzentrisch umgeben, sind ein Hinweis auf Absinkvorgänge. Der Boden der Caldera ist von späteren Laven überflutet worden, Details der Lavaflüsse sind deutlich zu sehen. Die inneren Wände der Caldera zeigen klare Zeichen von Abtragung, die zum Abrutschen von Geröll führte. Außerhalb der Caldera sehen wir viele hunderte von Lavafeldern mit lappigen Fließgrenzen und zahlreichen gewundenen Lavakanälen. Einige davon können zu Schlotgebieten an den oberen Flanken des Vulkans in der Nähe des Calderarandes zurückverfolgt werden. Diese bestehen aus kleinen Schächten in Verbindung mit Gräben oder aus Ketten von Schächten parallel zum Calderarand. Anscheinend kamen viele Lavaflüsse dieses Vulkans aus diesen Brüchen, die den Gipfel des Berges umschließen. Dies ist eine ungewöhnliche Situation, denn bei irdischen Vulkanen kommen die Lavaeruptionen gewöhnlich aus geraden Spalten, die radial zum Gipfel verlaufen und in bestimmten Bruchzonen konzentriert sind. Es gibt jedoch auch auf der Erde einige Vulkane, die wie dieser Marsvulkan funktionieren. So haben einige Vulkane auf den Galapagosinseln und an einigen anderen Stellen im Pazifik ausgeprägte Brüche rings um die Caldera, aus denen Lava ausgeworfen wurde.

Wir wollen uns nun vorzustellen versuchen, wie dieser Vulkan aussehen würde, wenn wir ihn wie einen Kuchen durchschneiden könnten. Die Laven werden offenbar durch zylindrische Brüche rings um den Vulkan gefördert. Es ist anzunehmen, daß nach Beendigung der Eruption etwas von der Lava in diesen Brüchen zurückbleibt und so zylindrische Lavaschichten entstehen, die den zentralen Kanal umgeben. Ist eine solche Strucktur möglich? Ein Gebiet auf der Erde, wo wir die interne Struktur eines Vulkans studieren können, ist das 60 Millionen Jahre alte Vulkangebiet von Westschottland. Da sehen wir die erodierten Stümpfe von Vulkanen, deren obere paar Kilometer abgetragen wurden. Die charakteristische Struktur dieser erodierten Vulkane besteht aus ringförmigen Intrusionen, was zeigt, daß zumindest einige irdische Vulkane die Lava durch ringförmige Brüche förderten. Sowohl das Innere wie auch das Äußere dieser Marsvulkane ist also mit dem mancher Vulkane auf der Erde durchaus vergleichbar.

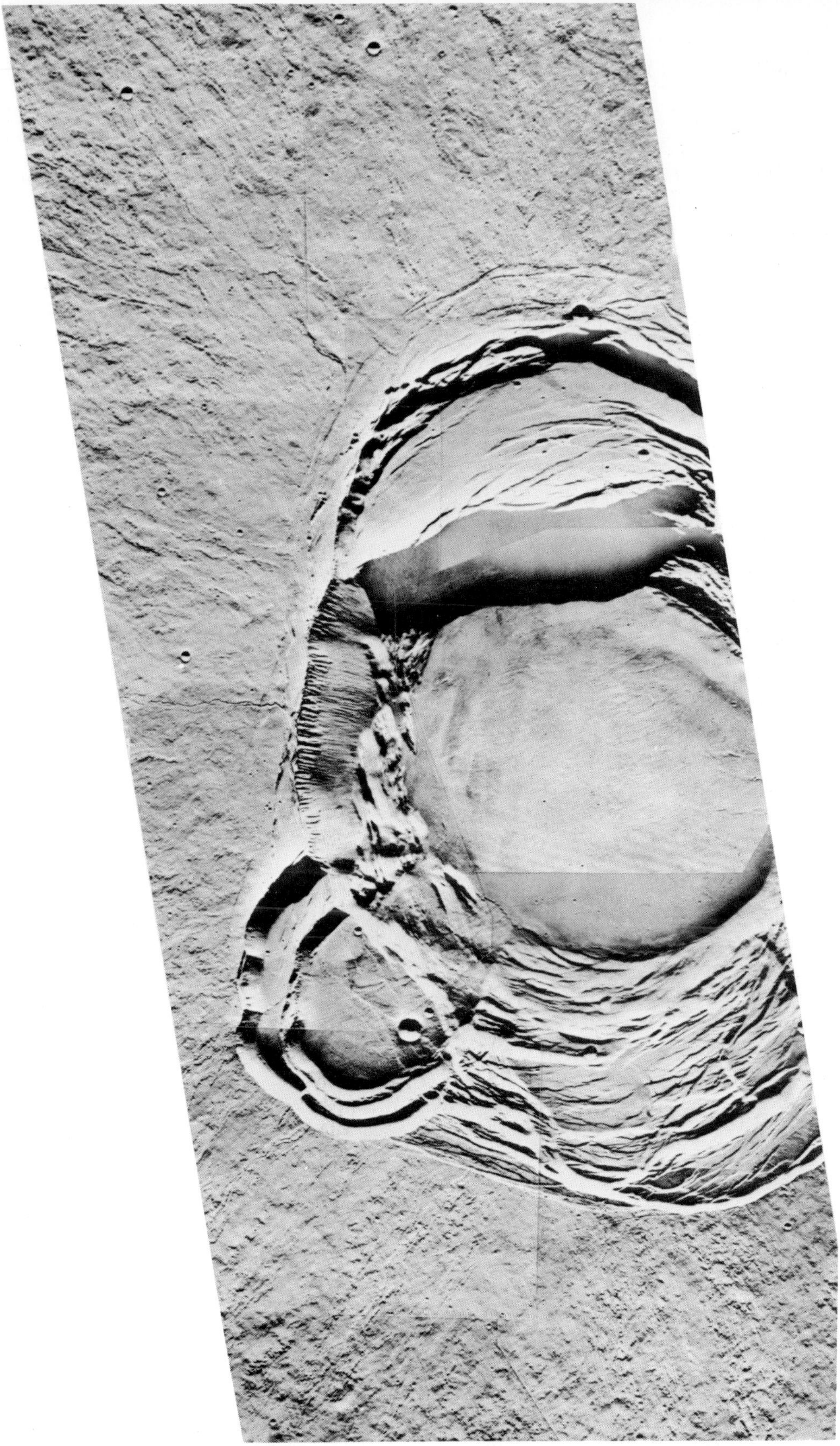

Mars Arsia Mons

Auf den Viking-Bildern vom Vulkan Arsia Mons machten die Geologen eine aufregende Entdeckung: an seinen Flanken befinden sich Zeugnisse eines riesigen Erdrutsches, der aber nicht – wie wir es beim Olympus Mons sahen – von den Flanken selbst ausging sondern vom Gipfel kam. Oben in dem Bild gegenüber sehen wir die Kante der Gipfelcaldera, die einen Durchmesser von 140 km hat. Darunter sehen wir unebenes Gelände, das in einer Reihe konzentrischer Rücken gestaffelt ist. Eine solche Geländeform ist bei einem großen Erdrutsch zu erwarten, der in diesem Fall 600 km lang ist. Es finden sich auch kleinere Erdrutsche, zum Beispiel in der Mitte des Bildes.

Wenn wir den Erdrutsch zur Gipfelcaldera zurückverfolgen, finden wir, daß die oberen Flanken des Vulkans verschrammt sind. Es ist wahrscheinlich, daß in der späteren Geschichte des Vulkans die Flanken instabil wurden – möglicherweise wegen des Schmelzens von Permafrost in Asche – und eine große Menge Material abbrach und bis an den Fuß des Abhangs hinabstürzte.

Von manchen Wissenschaftlern wird vermutet, daß der Erdrutsch, als er zur Ruhe kam, einen starken Druck nach außen auf den darunterliegenden Boden ausübte und dadurch die schmalen Rücken entstanden, die parallel zum Rand des Erdrutsches verlaufen. Die Rücken durchqueren einen Einschlagkrater, was zeigt, daß der Krater schon vor dem Erdrutsch existierte. Es ist aber unwahrscheinlich, daß der Erdrutsch den Krater „überrollte“, denn dann wäre dieser teilweise verschüttet. Man muß also schließen, daß das Material kurz vor dem Krater stoppte und daß der Rand des Erdrutsches der Rand des unebenen Geländes ist. Die Rücken sind nicht Teil des Erdrutsches sondern Kompressionsstrukturen, die dem Untergrund einschließlich des Einschlagkraters überlagert sind. Wie wir bereits beim Olympus Mons erwähnten, sind solche Erdrutsche bei Vulkanen auf der Erde nicht ungewöhnlich; große Erdrutsche kommen zum Beispiel an den äußeren Flanken der Vulkane auf Hawaii vor, jedoch unter Wasser, wo wahrscheinlich das Wasser das Abrutschen erleichtert. Beim Mars ist es denkbar, daß das Abrutschen ohne eine solche „Schmierung“ funktionierte, geschmolzener Permafrost-Boden könnte zudem das Gleiten erleichtert haben.

Obwohl es sehr wahrscheinlich ist, daß wir es hier mit einem Erdrutsch zu tun haben, dürfen wir nicht die Möglichkeit außer Acht lassen, daß es sich um eine Art von Aschenstrom oder einen pyroklastischen Fluß vulkanischen Ursprungs handelt. Eine solche Erklärung muß bei zukünftigen Untersuchungen in Betracht gezogen werden.

Ehe wir Arsia Mons verlassen, sollten wir noch die großen Gräben beachten, die quer über die Flanken des Vulkans verlaufen. Sie stehen sicher in Zusammenhang mit Einbrüchen entlang von Verwerfungszonen als Folge von Spannungen und es ist wahrscheinlich diese Spannungszone, die das Aufsteigen von Magma aus der Tiefe ermöglicht.

Mars Alba Patera, ein neuer Vulkantyp

Der fünfte große Vulkan auf dem Mars ist Alba Patera. Obwohl dieser Vulkan ein großes Volumen hat, ist er nicht so auffällig wie die eben besprochenen, weil er bei einem Durchmesser von etwa 1600 km nur etwa 2 km hoch ist. Seine Form ist durch die Bezeichnung „Patera", dem lateinischen Wort für Untertasse, charakterisiert; dieser Vulkan hat tatsächlich die Form einer umgedrehten Untertasse. Die Mariner-9-Bilder erweckten den Eindruck einer ziemlich glatten Oberfläche, aber die besseren Viking-Bilder zeigten komplizierte Details von Lavaflüssen. Die Annahme, daß Alba ein alter, abgetragener Vulkan sei, wurde daher aufgrund der Viking-Bilder fallengelassen und wir betrachten ihn nun als einen jungen Vulkan, der vergleichbar ist mit denen der Tharsis-Region südlich von Alba. Der Oberteil des Vulkans wird im Gipfelgebiet von zahlreichen Gräben in Nord-Süd-Richtung durchquert. Bei Annäherung an den Gipfel divergieren diese und bilden einen unvollständigen Ring um die Gipfelregion; innerhalb dieses Rings finden wir einen Calderakomplex, der gegenüber abgebildet ist (unten). Die ältere, größere Caldera (links oben) scheint größtenteils mit Lava gefüllt, die in der Mitte einen kleinen Kegel aufgebaut hat, der wieder von einer Caldera von 70 km Durchmesser überlagert ist.

Die Schmelzflüsse auf Alba Patera sind in ihrer Morphologie verschieden. Im oberen rechten Bild sehen wir Beispiele von sogenannten Schichtflüssen mit gut definierten lappigen Lavafronten und relativ ebenen Oberflächen ohne Strukturen wie Lavatunnels und -kanälen oder „Girlanden". Dies ist die auffälligste Art von Flüssen auf Alba Patera und viele davon scheinen nahe dem im unteren Bild gezeigten Gipfel zu entspringen. Sie sind bis zu 300 km lang.

Im Bild oben links liegt ein Gebiet mit Schmelzflüssen, die sich von den Schichtflüssen stark unterscheiden. Hier sehen wir lange Rücken, an deren Grat sich bei vielen gewundene Kanäle befinden. Man nimmt an, daß diese Flüsse durch Lava gebildet wurden, die sich in Röhren- und Kanalsystemen bewegte.

Diese beiden Flußtypen sind vielen Flüssen auf irdischen Vulkanen nicht unähnlich; der Hauptunterschied ist aber, daß sie auf Alba Patera zehnmal größer sind als irgendwo auf der Erde.

Diese Variationen in der Erscheinungsform lassen vermuten, daß Laven verschiedener Zusammensetzung und daher verschiedener Fließeigenschaften von diesem Vulkan ausgeworfen wurden. Wahrscheinlicher ist aber, daß die Umstände der Eruption verschieden waren. Die Art wie eine Lava fließt, sobald sie die Oberfläche erreicht hat, hängt von verschiedenen Parametern ab; dazu gehören die Geschwindigkeit des Ausfließens, die Viskosität, Ausflußmenge, Neigung des Untergrund und Gasgehalt. Der wichtigste davon ist wahrscheinlich die Ausflußgeschwindigkeit, da rasch ausgestoßene Laven große Entfernungen zurücklegen, während sich langsam ausgestoßene in der Nähe des Schlotes aufstauen. Aber auch der Gasgehalt kann den Zustand der Lava wesentlich beeinflussen, indem Laven mit viel gelöstem Gas flüssiger sind als jene, aus denen das Gas entwichen ist. Untersuchungen an vielen Vulkanen auf der Erde, zum Beispiel am Ätna, bei denen die Zusammensetzung der Laven bemerkenswert konstant bleibt, zeigen, daß bei verschiedenen Eruptionen viele verschiedene Typen von Laven auftreten in Abhängigkeit von den Variationen der oben erwähnten Faktoren. Alba Patera stellt also einen interessanten und abwechslungsreichen Vulkan dar, der die Möglichkeit bietet, die Wirkungen der physikalisch-chemischen Steuerung der Vulkantätigkeit weiter zu studieren.

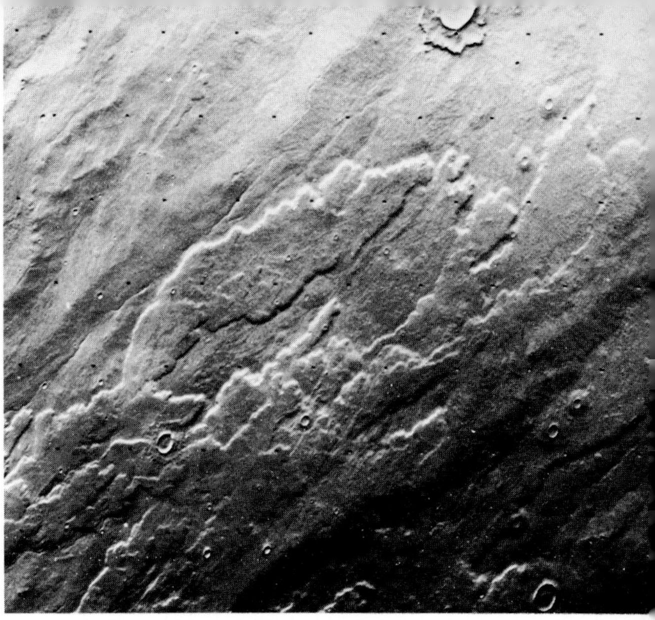

Mars Lavaflüsse

Wir haben beim Mond gesehen, daß die Maria aus ausgedehnten Schmelzflüssen basaltischer Lava bestehen. Ähnliche Laven gibt es auf dem Mars. Im Bild gegenüber sehen wir den Rand einer großen Lavaschicht, die von Arsia Mons in der Tharsis-Region heruntergeflossen ist. Diese Laven sind schließlich in einer Entfernung von mehr als 1500 km vom Gipfel des Vulkans zur Ruhe gekommen und haben Depressionen an der Grenze zur kraterreichen Südhalbkugel überflutet. Gut definierte Fließfronten sind im großen Krater Pickering 120 km Durchmesser) zu sehen. Aus der Form der Fließfront sieht man, daß die Lava gezwungen war, das erhöhte Gebiet in der Mitte des Kraters um den Zentralberg zu umfließen.

Diese Flüsse, die sich so weit vom Förderschlot erstrecken, müssen sehr dünnflüssig gewesen sein und können eine ähnliche Zusammensetzung wie die Basalte auf dem Mond haben. Nichtsdestoweniger waren es wahrscheinlich wieder die Eigenschaften der Eruption, die einen so ausgedehnten Fluß ermöglichten. Aufgrund unserer Erkenntnisse über die die Form des Lavafeldes bestimmenden physikalischen Faktoren können wir schließen, daß tausende Kubikmeter Lava pro Sekunde aus Spalten des Schlotgebietes ausgeworfen wurden. Bei diesen hohen Auswurfraten ist die Lava gezwungen, über große Entfernungen zu fließen, und zwar wegen des hohen hydrostatischen Drucks, der sich über dem Schlotgebiet aufbaut. Die über dem Schlot zu großer Mächtigkeit aufgestaute Lava fließt unter Erhaltung ihrer Dünnflüssigkeit mit hoher Geschwindigkeit ab. Flüsse dieses Typs bedecken sehr große Gebiete um die großen Vulkane und geben ihnen damit eine radiale Ausdehnung von mehr als 1000 km.

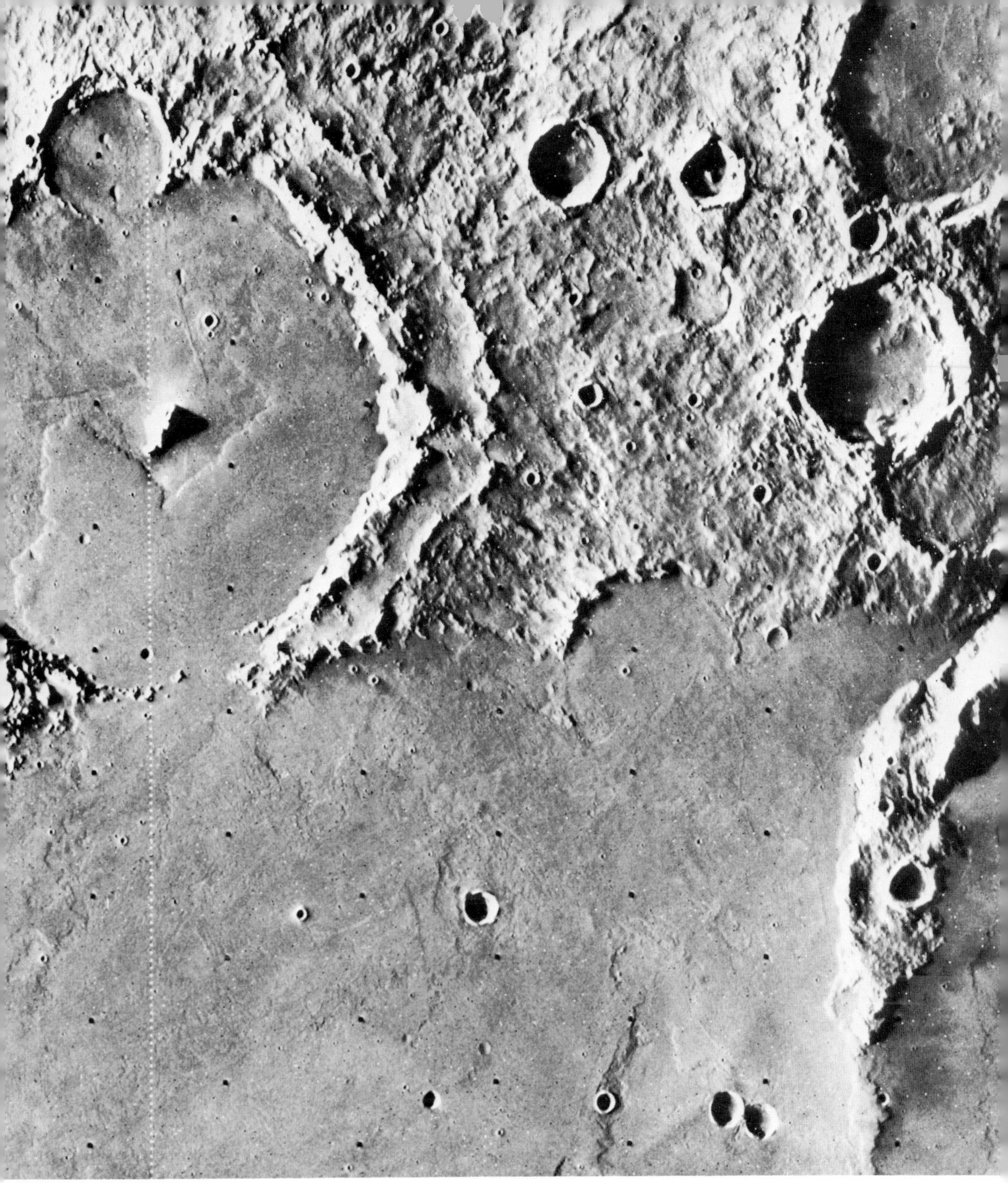

Mars Kleinere vulkanische Gebilde

Nicht alle Vulkane auf dem Mars sind so unglaublich groß. In der Tharsis-Region und auch in Elysium gibt es durchaus vulkanische Gebilde, die eher die uns auf der Erde vertraute Größenordnung haben. In den Bildern gegenüber sehen wir einige dieser Vulkane in der Tharsis-Region. Im Viking-Mosaik (unten) sieht man kleinere Vulkane an der Nordostgrenze des Tharsis-Rückens. Die Vulkane befinden sich in einem Gebiet intensiver Verwerfungen, die lange, grabenähnliche Strukturen erzeugt haben. Der größere Vulkan von den beiden ist Ceraunius Tholus mit etwa 120 km Durchmesser. Dieser hat eine Gipfelcaldera und an seinem Fuß einen elliptischen Krater mit „schmetterlingsflügelartig" verteilten Auswurfmassen, wie sie für schräge Einschläge typisch sind. Von der Gipfelcaldera verläuft ein deutlicher Kanal in den Einschlagkrater hinab; die ihn erzeugende Vulkan-Aktivität wurde möglicherweise durch den Einschlag ausgelöst.

Die beiden anderen, in den oberen Bildern wiedergegebenen Vulkane sind ebenfalls klein: links ist Biblis Patera und rechts Ulysses Patera, beide haben etwa 50 km Durchmesser. Beide werden von Gräben durchquert und Ulysses sind zwei Einschlagkrater überlagert, deren Auswurfmassen am Boden der Caldera zu sehen sind.

Man beachte, daß beide Vulkane vollständig von jüngerer Lava eingeschlossen sind, die vermutlich die größeren Basen der Vulkane überdeckt. Die ursprüngliche Höhe und Größe dieser Vulkane sind daher unbekannt; sie waren wahrscheinlich erheblich größer als die jetzt über die Lava hinausragenden Teile vermuten lassen. Es ist aber unwahrscheinlich, daß sie so groß waren wie die Tharsis-Riesen, denn ihre Gipfelcalderen sind kleiner.

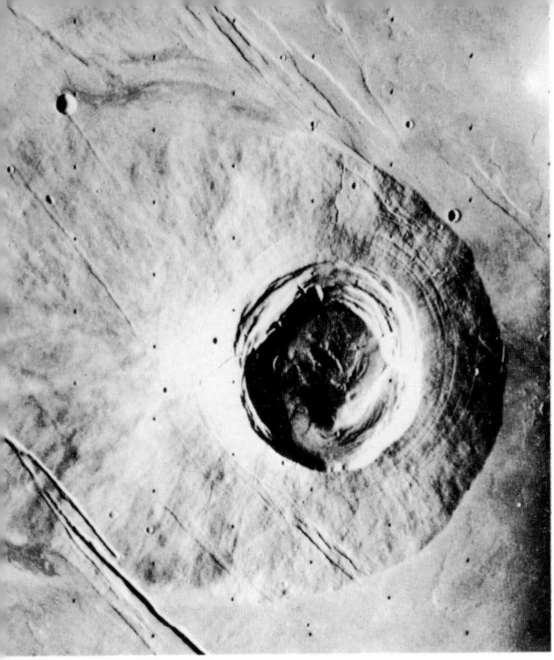

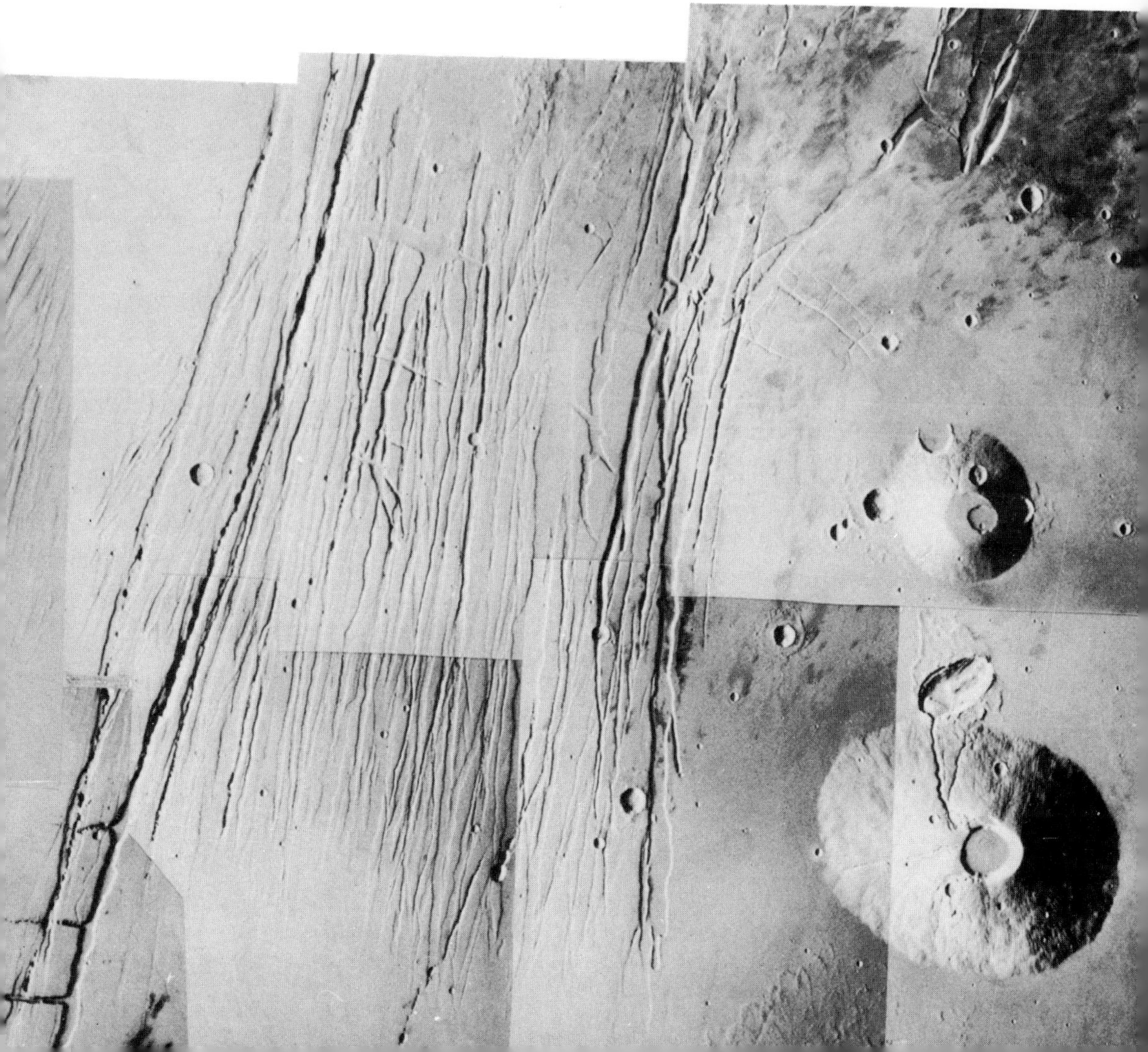

Mars Alte Vulkane

Die Marsvulkane, die wir bisher betrachtet haben, waren alle relativ rezent. Es gibt aber auf dem Mars auch solche, die stark abgetragen sind. Ein Vulkangebiet, das relativ alt, aber noch als solches erkennbar ist, befindet sich in der Nähe des Hellas-Beckens auf der südlichen Halbkugel. Dort sehen wir vulkanische Ebenen und gelegentlich aufragende Vulkane wie Tyrrhena Patera (Bild gegenüber). Obwohl dieser Vulkan von Kanälen durchschnitten ist, ist seine niedrige Kegelform noch erkennbar. Der Gipfel ist durch einen unregelmäßigen Einbruch, umgeben von konzentrischen Grabenbrüchen, gekennzeichnet. Die Zerteilung ist so stark, daß alle Oberflächenstrukturen des vulkanischen Materials an den Flanken zerstört sind und es nicht mehr möglich ist, festzustellen, ob der Vulkan aus pyroklastischen Ablagerungen (z. B. Asche, vulkanische Breccien) oder Lavaflüssen aufgebaut ist, und schon gar nicht aus welcher Art von Lava. Wenn der Vulkan aus Lava besteht, dann waren spätere andauernde Wasserströme nötig, um die beobachtete Strukturierung zu erzeugen. Pyroklastisches Gestein wäre aber leichter erodiert. Da der Vulkan ein niedriges Profil hat, kann er auch aus dem Material von Aschenströmen, die aus dichten Wolken von Lavateilchen und Gas gebildet wurden, bestehen. Solche Aschenströme legen auf der Erde Hunderte von Kilometern zurück und lagern Aschenschichten bis zu mehreren hundert Metern Dicke ab. Ein Aufbau des Vulkans aus weniger widerstandsfähigem pyroklastischen Material wird auch nahegelegt durch die im umgebenden Gelände liegenden „Mesas".

Große Felder von Lavaflüssen gibt es in der Umgebung, von denen einige wohl jünger sind als Tyrrhena Patera. Auf einen vulkanischen Ursprung dieses Materials weisen die Rücken hin, die in ihrem Aussehen den Mare-Rücken auf dem Mond ähneln. Einige davon sind an den Rändern der Aufnahme gegenüber zu sehen.

Tyrrhena Patera ist nur ein Beispiel für älteres vulkanisches Gelände. Auf den Ebenen der nördlichen Hemisphäre gibt es viele Gebiete mit lappigen Fronten, die auf Lavaschichten hinweisen, die die ältere Topographie überdecken. Uneinigkeit besteht noch darüber, ob die Ebenen zwischen den Kratern der Südhalbkugel ebenfalls durch vulkanische Ausbrüche in der frühen Geschichte des Mars gebildet worden sind.

Die Erforschung des Vulkanismus auf dem Mars ist offenbar von größter Bedeutung für das Verständnis der Geschichte und des inneren Aufbaus dieses Planeten. Die durch vulkanische Eruptionen gebildeten Gesteine sind, abgesehen von den aus Einschlagkratern ausgeschleuderten, die einzigen, die aus dem tiefen Innern des Planeten stammen. Magma kann nur aufsteigen, wenn es eine geringere Dichte hat als das umgebende Gestein – durch dessen Druck es in die Höhe getrieben wird. Die maximale Höhe eines Vulkans hängt daher, zumindest zum Teil, von der Tiefe der Schmelze ab.

So gibt uns die Höhe der Vulkane einen Hinweis auf die Dicke der Lithosphäre; diese muß auf dem Mars zur Zeit der Entstehung der Vulkane der Tharsis-Region erheblich dicker gewesen sein als die Lithosphäre der Erde.

Nach den Erfahrungen der „irdischen" Geologie ist Vulkanismus der wichtigste krustenbildende Prozess. Es ist wahrscheinlich, daß große Teile der alten Marskruste, die nun von Einschlagkratern bedeckt sind, früher vulkanisches Gebiet waren; die Einschläge haben die Oberfläche zu Schichten von Breccien-Schutt reduziert und nur ein paar Reste der ursprünglichen vulkanischen Gebilde übrig gelassen.

Mars Gräben

Die Kruste von Mars hat eine viel aktivere Vergangenheit als die von Merkur und Mond. Viel mehr Brüche sind zu sehen und die zahlreichen Vulkane zeigen, daß Material aus dem Inneren diese Schwachstellen benützt hat, um an die Oberfläche zu kommen.

Die beiden Bilder auf der gegenüberliegenden Seite zeigen Gebiete von 50 km Ausdehnung von oben nach unten mit der auffälligsten, durch Verwerfungen erzeugten Geländeform, den Gräben. Wie auf dem Mond bilden sie lange, gerade, schmale Krustenblöcke, die mehrere hundert Meter unter dem Niveau der Kruste zu beiden Seiten liegen. Auf dem Mars liegen sie aber so dicht, daß sie sich häufig überlappen und überschneiden, was zu einer sehr komplexen Struktur führt. So sind in dem unteren Bild mehrere Serien von Brüchen mit verschiedener Orientierung zu sehen. Viele der kraterähnlichen und elliptischen Senken in beiden Bildern sind nicht durch Einschläge erzeugt (sicher nicht die große bei (A), und nicht die in Ketten angeordneten). Viele sind Einbrüche, andere wohl Vulkanschlote ähnlich denen auf dem Mond auf der Hyginus-Rille (S. 37). Es ist interessant, daß die geraden Ketten von Depressionen nicht in derselben Richtung verlaufen wie die Gräben.

In der Marskruste gibt es zwei auffällige Asymmetrien. Da ist zuerst die früher beschriebene Grenze zwischen den nördlichen tiefen Ebenen und den südlichen kraterreichen Hochländern. Die zweite Asymmetrie besteht darin, daß auf einer Hemisphäre um einen großen Wulst (unter den großen Tharsis-Vulkanen, manchmal Syria-Erhebung genannt) die Kruste dicht mit radialen Brüchen versehen ist, während die gegenüberliegende Hemisphäre fast ohne Brüche zu sein scheint. Bisher wurde für diese beiden großen Unterschiede keine besonders überzeugende Erklärung gegeben. Es sieht so aus, als ob die Teilung des Planeten in eine tiefe nördliche und eine hohe südliche Hemisphäre vor der Aufwölbung der Kruste stattfand, die für die Tharsis-Vulkane und die radialen Verwerfungen verantwortlich ist.

Warum die nördliche dieser beiden „geologischen Hemisphären“ relativ zur anderen Hemisphäre anscheinend mehrere Kilometer tiefer liegt, ist eines der großen Geheimnisse des Planeten. Einige Zeugnisse über die Abfolge der Ereignisse sind entlang der Grenze erhalten. Sehr auffällig ist dort das gewöhnlich vorkommende durchbrochene Gelände, das durch Erosion des Materials der südlichen, kraterreichen Hemisphäre entstanden zu sein scheint. Es ist aber schwer einzusehen, wie oder warum die vorhandene alte, von Kratern bedeckte nördliche Hemisphäre auf diese Weise hätte völlig zerstört werden können. Die Existenz isolierter Erhebungen der alten Oberfläche innerhalb der niedrigen nördlichen Ebenen läßt vermuten, daß das meiste davon einfach entlang von Verwerfungen abgesunken ist und dann von jungem Material begraben wurde.

Das Absinken der nördlichen Kruste wurde gewöhnlich durch umfassendes Aufbrechen der Planetenoberfläche infolge einer internen Expansion erklärt. Interne Expansion ist ganz leicht zu erklären zum Beispiel durch die Phasenänderung eines Minerals infolge ansteigender Temperaturen, die zu einer Volumenvergrößerung in der Tiefe führt. Es ist nicht so einfach zu erklären, warum die Brüche im Norden so viel drastischere Konsequenzen haben sollten als im Süden. Vielleicht war dort die Kruste dünner; aber wieso?

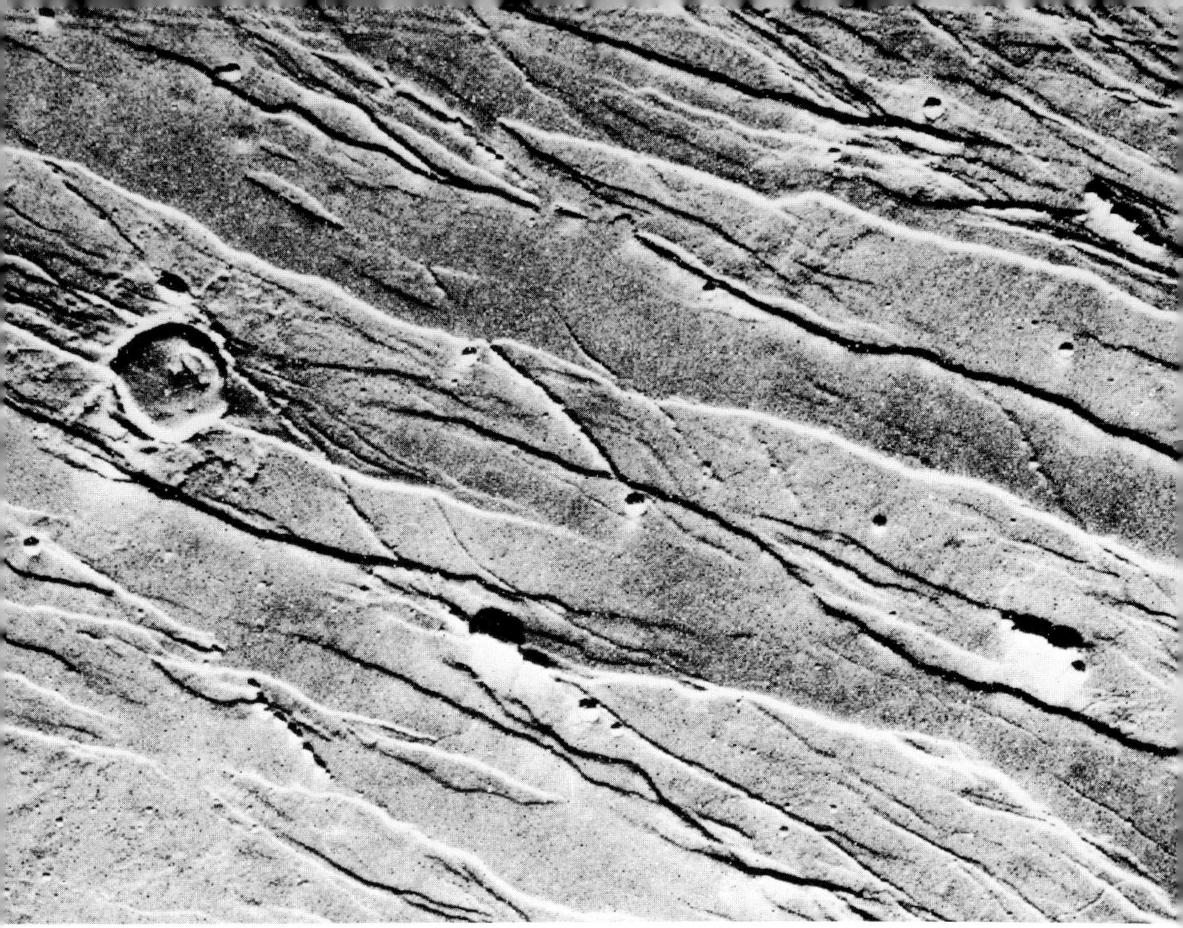

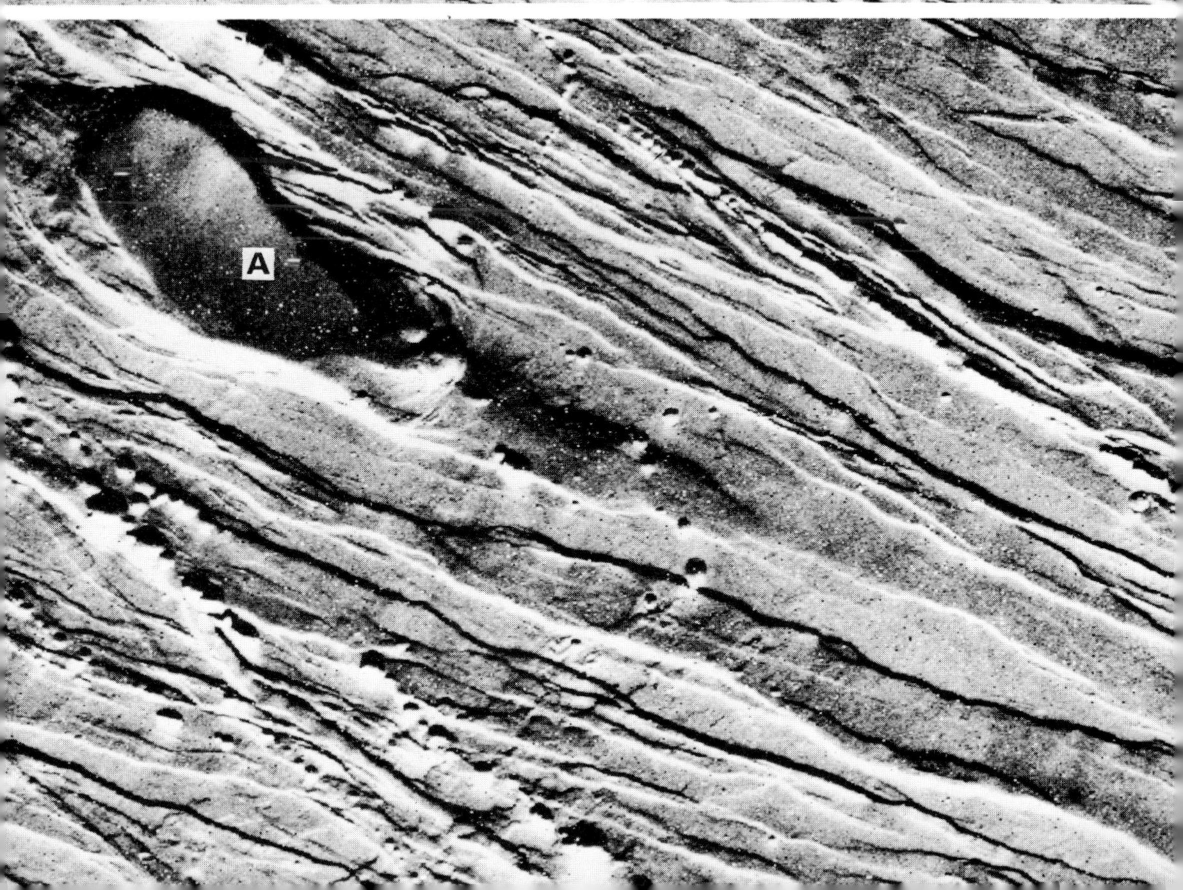
A

Mars Syria-Verwerfung

Das Bild gegenüber zeigt ein großes Gebiet (Ausdehnung etwa 1500 km von oben nach unten), das einige der dichtesten Ansammlungen von Verwerfungen um die Syria-Erhebung mit einem Teil von Claritas Fossae (bei C) enthält. Verwerfungen werden zwar um Syria herum in fast allen möglichen Orientierungen gefunden, zwei Serien sind aber besonders auffällig: jene, die in Nord-Süd und die, die in Nordost-Südwest-Richtung verlaufen. Die Claritas Fossae bilden den südwärts gerichteten Arm der ersten Serie, ihr nördlicher Arm wird durch eine Serie starker Verwerfungen um den alten Vulkan Alba Patera repräsentiert. Die Alba Verwerfungen sind um beide Seiten des Vulkans leicht herumgebogen, was zeigt, daß sie nach ihm entstanden sind. Im Osten von Syria erstrecken sich die großen Canyons der Valles Marineris. Die Tatsache, daß auch sie radial zur Syria-Erhebung sind, läßt vermuten, daß sie vielleicht einmal bloße Gräben gewesen sind. Seither wurden sie beträchtlich vergrößert und verändert. Die Valles Marineris werden gesondert auf den Seiten 146–155 betrachtet.

Die Geschichte der Umformung dieses Gebiets ist lang und komplex, aber das beobachtete Muster der Brüche ist mit der Verteilung der durch das lokale Aufwölben erzeugten Spannungen verträglich. Bei genauer Betrachtung bestimmter Gebiete kann man mehrere Serien von Gräben mit etwas verschiedenen Orientierungen erkennen. Außerdem sieht man gegenüber, daß da, wo jüngere Gesteinseinheiten alte Brüche begraben haben, diese nachher eine leichte Verwerfung erfuhren.

Es ist schwierig, die Reihenfolge der Ereignisse im Gebiet der Brüche im Detail abzuleiten. Wahrscheinlich folgten der frühen Kraterbildung vier Hauptepisoden, nämlich: die Entstehung des Vulkans Alba Patera, Nordost-Südwest-Verwerfung, weiterer Vulkanismus (die großen Tharsis-Rükken-Vulkane) und schließlich Nord-Süd-Verwerfung. Unabhängig von den Einzelheiten ist klar, daß die Syria-Aufwölbung sehr früh eingeleitet wurde, lange bevor die jetzigen Vulkane gebildet wurden. Die verschiedenen Verwerfungsepisoden entsprechen andauernden, vielleicht zeitweiligen, vertikalen Bewegungen. Obwohl wir von einem Verständnis der Aufwölbungen der Marskruste weit entfernt sind, wurden mehrere Mechanismen vorgeschlagen. Vielleicht war ein durch Konvektion erzeugtes Aufquellen des Mantels verantwortlich, vielleicht änderten sich infolge chemischer Differenzierung die dynamischen Eigenschaften des Mars und es kam zu einer Aufwölbung am Äquator.

Eine genaue Betrachtung des Bildes gegenüber zeigt, wie komplex Claritas Fossae ist. Seine Verwerfungen sind die dominierende Erscheinung in einer Folge weitgehend vulkanischer Gesteine. Die radial strukturierten Massive bei A und B können stark erodierte Vulkane sein. Viele mögliche kleinere und jüngere Vulkanhügel und -dome sind sichtbar, insbesondere auf Kraterböden.

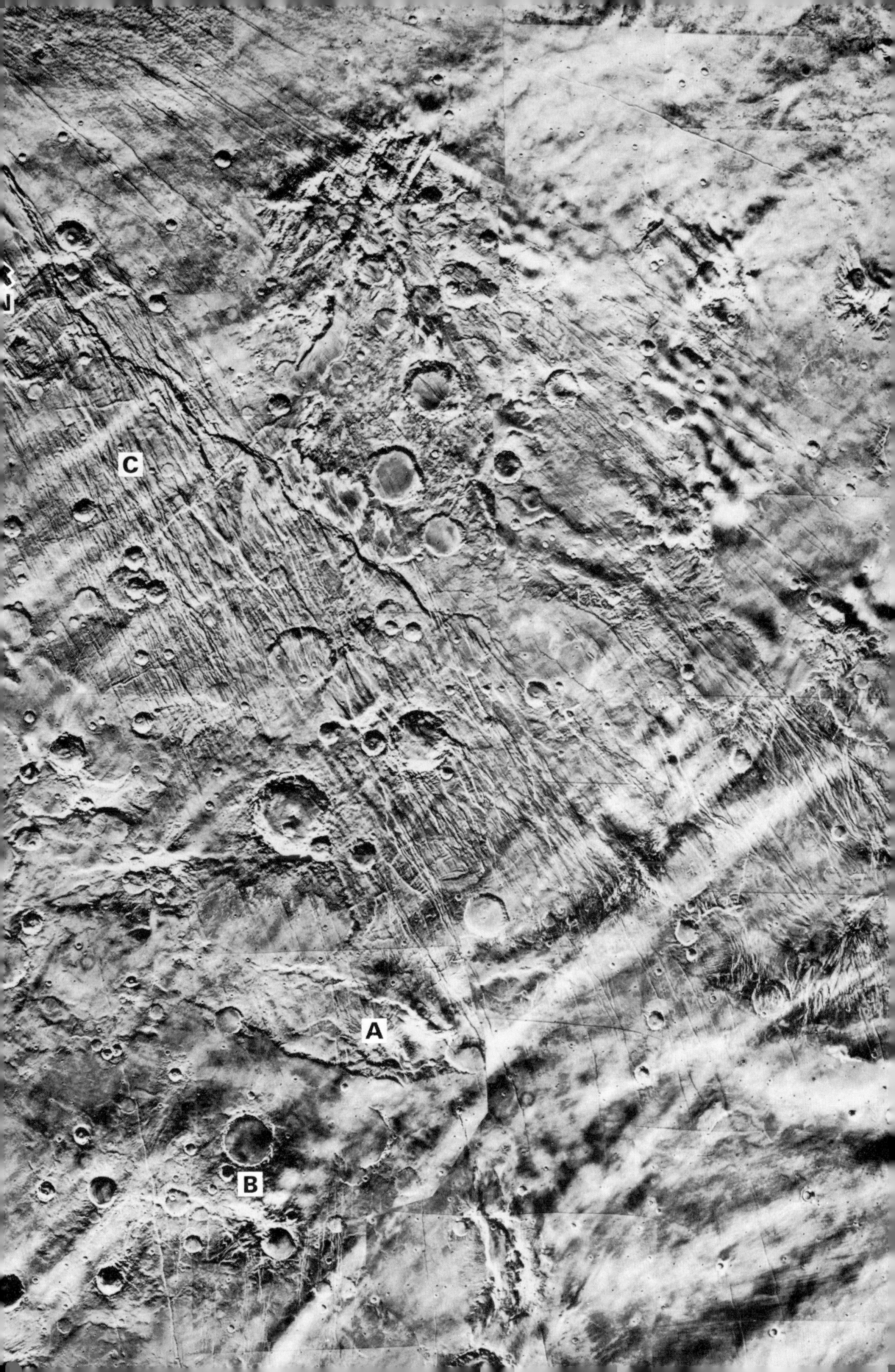
C
A
B

Andere Brüche

Die auf den beiden vorangehenden Seiten gezeigten Gräben sind nur die auffälligsten von vielen engen Einsenkungen wahrscheinlich tektonischen Ursprungs. Der Bildausschnitt rechts unten umfaßt ein Gebiet von 60 km Länge, das links eine sehr typische Serie von Gräben und rechts ein kompliziertes rechtwinkeliges Muster enthält. Das rechtwinkelige Muster besteht aus vielen miteinander verbundenen Rinnen verschiedener Breite und Orientierung. Die meisten Rinnenabschnitte sind gerade, manche aber leicht gekrümmt. Mehrere niedrige Rücken werden von Gräben gekreuzt, diese müssen also jünger sein als jene. Es ist möglich, daß die Rücken vulkanische Dämme sind und daß sich in der Tiefe Intrusionen befinden. Die geradlinigen Brüche können die Reaktion der Oberfläche auf die durch die Intrusionen erzeugten Spannungen sein.

Der Ausschnitt oben links entspricht in der Höhe 80 km und enthält extrem gewundene Rinnen, die alternativ als trockene Wasserkanäle oder als Analogon zu den gewundenen Rissen in Pflastersteinen erklärt wurden. Es kann kaum ein Zweifel darüber bestehen, daß der tiefste Kanal im Bild von Wasser eingeschnitten wurde. Die sich allmählich ändernde Breite, die tropfenförmige Insel in der Mitte, die Übereinstimmung der scheinbaren Fließrichtung mit der lokalen Geländeneigung – alles spricht für diese Annahme. Die stärker gewundenen Einsenkungen auf beiden Uferbänken sind schwieriger zu erklären. Das Hauptargument gegen eine Entstehung der engen Kanäle durch Wassererosion ist ihre Diskontinuität. Sie haben auch viele gerade Abschnitte, was auf Verwerfungen hinweist. Die aus der Verbreiterung der Rinne und den Verbindungen von Rinnen erschlossenen Stromrichtungen sind in vielen Fällen der Geländeneigung entgegengesetzt.

Einige dieser Gebilde sind vielleicht durch Entspannung entstandene Brüche, denen entlang sich Material gegen den Kanal zu verschoben hat, lange nachdem das Wasser zu fließen aufgehört hat. Die meisten scheinen aber vom Hauptkanal durchschnitten und daher älter als dieser zu sein.

Das Hauptbild gegenüber zeigt ein 50 km breites Gelände in mittleren Breiten der Nordhalbkugel von Mars mit einem unregelmäßigen System von Spalten, die etwa einen Kilometer breit sind. Hier ist kein Anordnungsmuster zu erkennen, aber in Nachbargebieten findet man häufig Spaltenringe und -polygone. Keine denkbare Art von Flüssigkeits-Erosion (durch Luft, Wasser, Lava oder etwas ganz Ausgefallenes) könnte eine solche diskontinuierliche Anordnung von Tälern erzeugt haben. Es herrscht allgemeine Übereinstimmung darüber, daß wir hier die Folgen tektonischer Aktivität sehen, das heißt von Bodenbewegung ohne viel Erosion. Unstimmigkeit besteht jedoch über die Ursache der Bewegung. Ein Vorschlag ist Kontraktion massiver Lavafluten infolge Abkühlung. Die Lavaflüsse müßten allerdings sehr dick gewesen sein – vielleicht einige hundert Meter – und die Ablagerung müßte sehr rasch erfolgt sein. Eine andere, häufig vorgebrachte, aber kaum detailliert ausgearbeitete Erklärung ist, daß die Oberfläche durch Bodeneis geformt wurde. In den Frostgebieten der Erde entsteht häufig „gemusterter“ Boden mit polygonalen Spalten und Hügeln durch Bewegungen, die durch den Wechsel zwischen Frost und Auftauen, Wärme und Kälte, Nässe und Trockenheit erzeugt werden. Beim Vergleich mit dem Mars haben wir aber wieder das Problem der anderen Größenordnung: auf der Erde haben die Elemente des Musters Durchmesser in der Größenordnung von Metern oder Dekametern, die Spaltenringe auf dem Mars dagegen in der Größenordnung von zehn Kilometern.

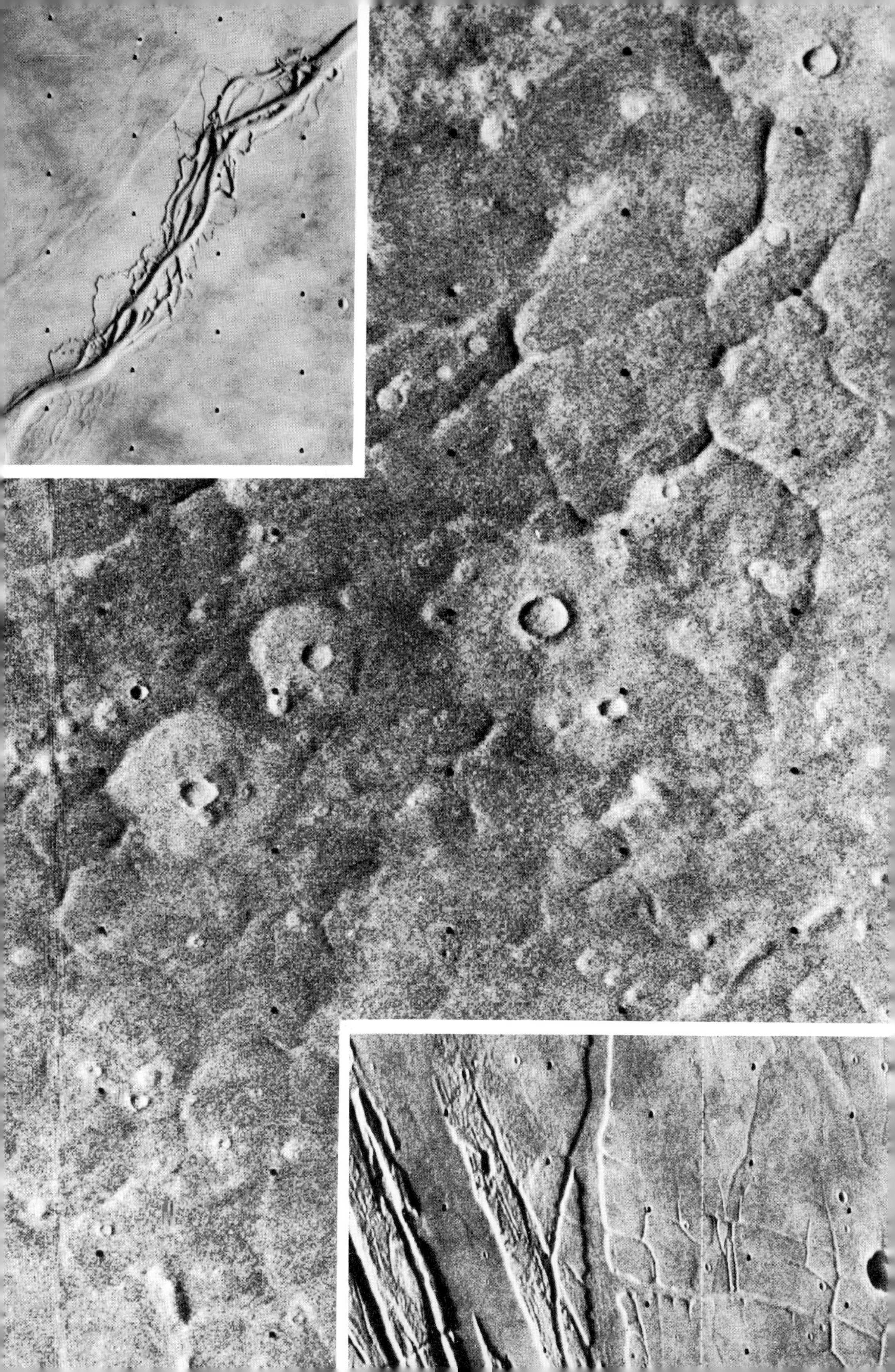

Mars Die Valles Marineris

Vulkane, Krater und vielleicht sogar Flußtäler hätte man erwartet. Völlig überraschend war aber die Entdeckung der ausgedehnten und komplizierten Canyongebiete in der Äquatorregion von Mars durch Mariner 9. Das Bild gegenüber zeigt den westlichen Teil des Canyongebiets und umfaßt mehr als 800 km von oben nach unten. Die zu Ehren von Mariner 9 so genannten Valles Marineris sind 4000 km lang, stellenweise 700 km breit und erreichen Tiefen von 6 km. Einige der Teil-Canyons haben eine erstaunliche Ähnlichkeit mit dem Grand Canyon in Arizona, sie sind aber wesentlich größer. Nach Nordamerika versetzt würden die Valles Marineris von Kalifornien bis New York reichen.

Die Valles Marineris verlaufen von West nach Ost vom höchsten Punkt des großen Wulstes der Marskruste unterhalb von Syria Planum zum Ursprung der Chryse-Kanäle. Zentrale Einsenkungen des Canyongebiets liegen entlang des Grates eines niedrigen Krustenrückens. Von West nach Ost ändert sich die Natur des Systems erheblich und wir werden in unserer Diskussion verschiedene, allmählich ineinander übergehende Bereiche unterscheiden. Die Valles Marineris bilden ein integrales System, das zur selben Zeit entstanden ist und denselben verändernden Prozessen unterworfen war. Dem Gipfel der Syria-Erhebung am nächsten liegt das Noctis Labyrinthus (S. 149). Dieses Gewirr von Einbruch-Depressionen und Gräben scheint am wenigsten durch nachfolgende Erosion verändert worden zu sein. 2500 km nach Osten erstreckt sich das geradlinig durchfurchte eigentliche Canyonland. Seine östlichen Ausläufer fallen in das chaotische Gelände ab, das die nordwärts führenden Kanäle von Chryse mit Wasser versorgt zu haben scheint.

Wenn wir die Bildung des Valles Marineris-Systems verstehen würden, wären wir einen großen Schritt weiter im Verständnis vom Mars. Die Canyongebiete sind vor allem eines der Haupt-Lineamente des Mars. Mehrere der Haupt-Lineamente haben zueinander einfache geometrische Beziehungen. Senkrecht zu den Valles Marineris verlaufen die Claritis Fossae, die – wie wir gesehen haben – die Zone stärkster Verwerfung auf dem Planeten sind. Durch den Schnittpunkt dieser beiden großen Strukturen verläuft unter 45 Grad der Tharsis-Rücken, das bedeutendste vulkanische Lineament des Planeten. Diese einfache Geometrie ist sicherlich auf besondere, fundamentale Bedingungen in der Kruste zurückzuführen. Die Beobachtungen ähnlich einfacher Geometrien auf der Erde führten zu der Theorie der Dehnung des Meeresboden und der Kontinentalverschiebung. Die Frage ist naheliegend, ob Mars eine kleine Zahl mobiler Krusten-Platten besitzt wie die Erde. Sind zum Beispiel die Valles Marineris eine Spalte, die durch das Auseinanderbewegen von zwei Platten entstanden ist?

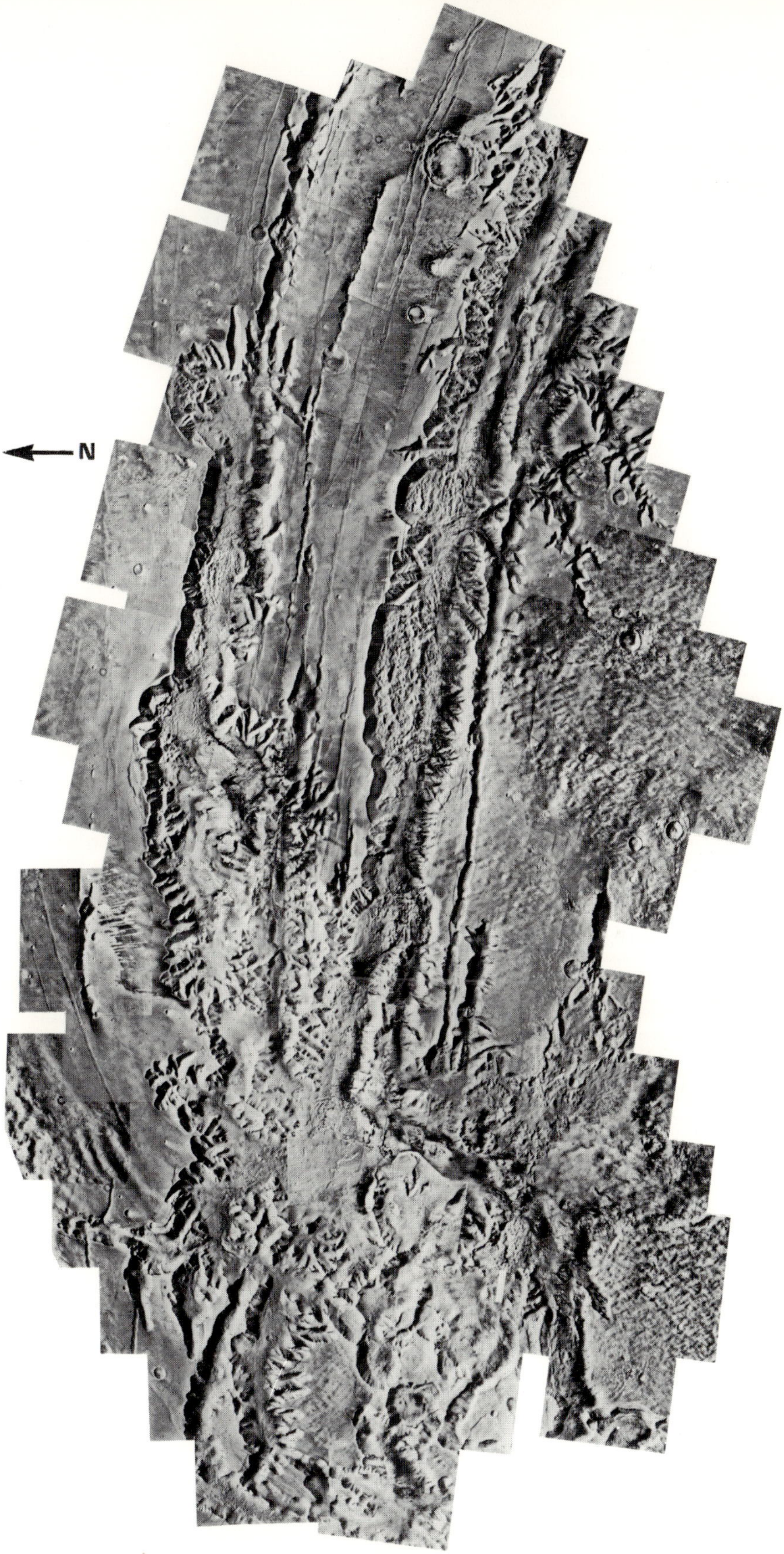
N

Mars Canyonland

Das gegenüber abgebildete Labyrinthus Noctis besteht aus einem Netz von länglichen Einbruchdepressionen, dem ein Gitter von langen, seichten Gräben überlagert ist. Oben links im Bild (das das untere Ende des Bildes von S. 147 überlappt) grenzt es an das Valles Marineris-System.
Die länglichen Einsenkungen in der Mitte ähneln den in den Gipfelregionen großer irdischer Dome häufigen „Schildkrötenstrukturen". Das Bild umfaßt fast das ganze Gebiet des Labyrinthus Noctis. Die große vulkanische Ebene bei S ist Syria Planum, das Gebilde bei H erhielt während der Mariner-9-Mission den inoffiziellen Namen „der Kronleuchter".
Die Rinnen, die das zentrale Gebiet der Valles Marineris beherrschen (S. 147) sind im allgemeinen gerade Täler mit steilen Wänden, mehrere hundert Kilometer lang und einige zehn Kilometer breit. Sie sind in parallelen Gruppen angeordnet, zwischen denen sich Plateaus gleicher Abmessungen befinden. Manche Rinnen sind verbunden, während andere sich verengen oder plötzlich aufhören.
Drei Gruppen von Canyons sind von Ost nach West zu erkennen. Mit dem Labyrinthus Noctis sind zwei lange, enge Canyons verbunden: Tithonium Chasma im Norden und Ius Chasma im Süden. Diese westlichen Canyons haben allgemein steile Wände und eine Anzahl von Neben-Canyons. Weiter östlich erreichen die Valles Marineris ihre größte Breite mit vier parallelen Canyons. Eine dieser östlichen Rinnen, Hebes, ist eine völlig geschlossene Einsenkung. Die anderen drei, Orphir, Candor und Melas sind so breit, daß sie ineinander übergehen. Im Nordwesten öffnet sich ein kleinerer, wahrscheinlich teilweise mit Sedimenten versperrter Canyon, Echus Chasma, in die nördlichen Ebenen und verbindet sich mit dem Flußtal Kasei Vallis. Noch weiter östlich verengt sich das System wieder und vereinfacht sich zu einer einzelnen, auffällig geraden Rinne, Coprates Chasma. Jenseits von Coprates Chasma liegt ein weites Gebiet mit Canyons, chaotischem Gelände und Flußtälern. Die Canyons (Ganges, Capri und Eos Chasma) sind niedriger als sonst in den Valles Marineris, haben weniger gerade Wände und ziehen allgemein mehr von Nordost nach Südwest als von Ost nach West. Sie bilden einen Übergang von dem eingeschnittenen Gelände im Westen zu dem Chaos und den Sedimenten des Chryse-Gebiets im Nordosten. Das Gebiet um Capri Chasma war vor der Viking-Mission als ein möglicher Platz für die zweite Landung ausgewählt worden. Eine Landung am Rand eines Canyon hätte die Möglichkeit geboten, ein Gebiet des alten Marshochlandes zu studieren (als Ergänzung zu den Beobachtungen an jungem Tiefland durch das erste Landegerät) und vielleicht vom Wind verfrachtetes Canyonmaterial zu untersuchen. Tatsächlich wurde aber der zweite „Lander" in Utopia Planitia abgesetzt, einem flacheren, sicheren Gebiet, das von den Biologen unter den Viking-Wissenschaftlern vorgezogen wurde.

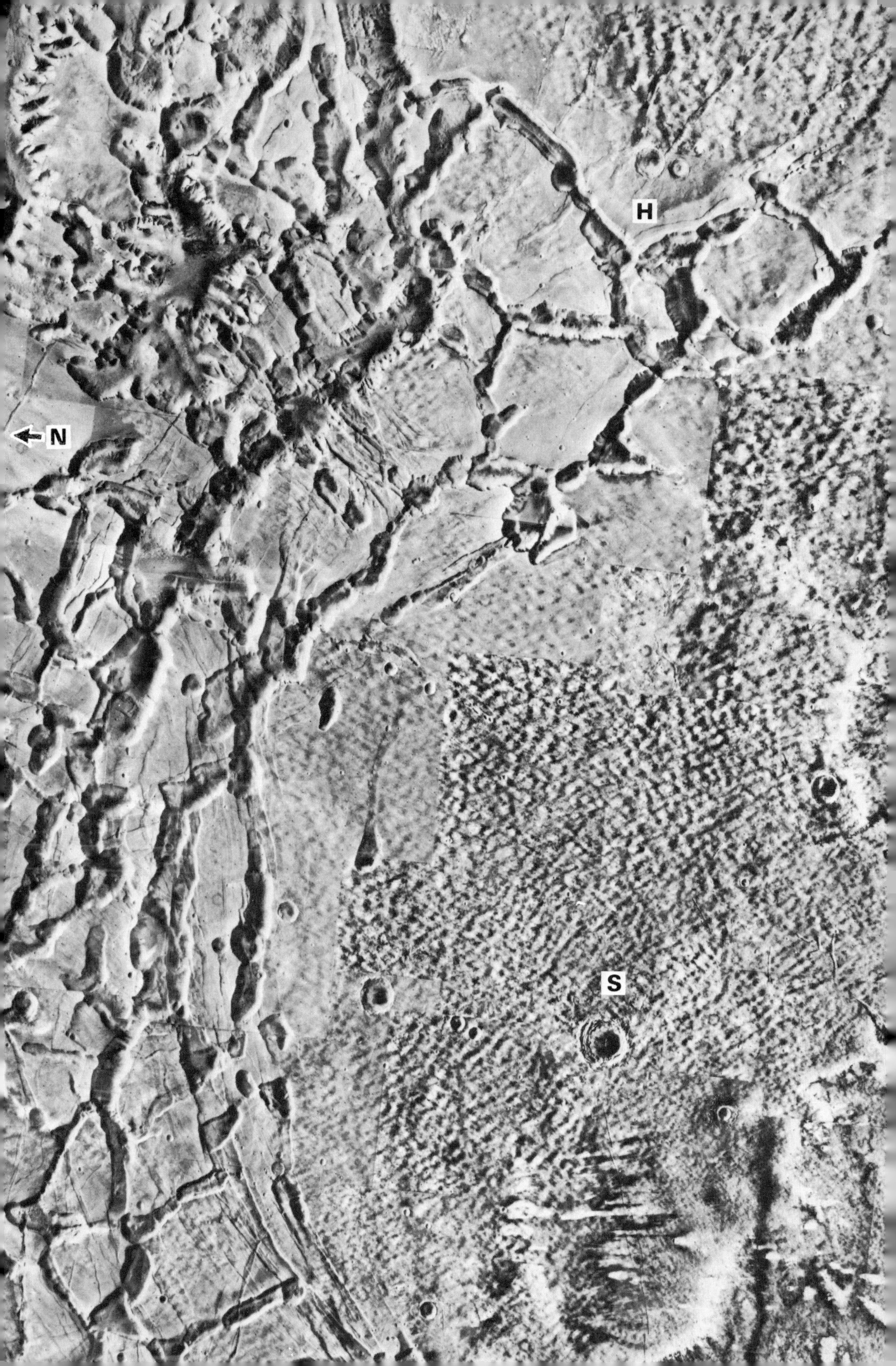
H
N
S

Mars Canyonwände

Mehrere verschiedene Typen von Canyonwänden wurden beobachtet. Einige davon sind in dem gegenüberliegenden Bild zu sehen, das ein 50 km breites Gebiet von Ius Chasma zeigt. Zu den häufigsten Elementen gehören: Grate und Rinnen, Bergrutsch-Nischen und Nebencanyons.

Wände mit Graten und Rinnen bestehen abwechselnd aus felsigen Graten und kurzen, stumpfen Tälern, wie links im Bild gegenüber zu sehen ist. Die Grate verlaufen meist wandabwärts, doch werden in einigen Gebieten auch andere Orientierungen gefunden, was auf einen Einfluß durch die Struktur des Untergrunds (Verwerfungen und dergleichen) hinweist. Die Grate am Mars haben sich anscheinend in Gestein einheitlich großer Schichtdicke gebildet, in dem sich keine merklichen Schwankungen der Widerstandsfähigkeit gegen Erosion mit der Höhe zeigten. Dies stimmt mit der Beobachtung überein, daß die analoge Morphologie auf der Erde in mäßig widerstandsfähigen, einheitlichen Gesteinseinheiten auftritt.

Nebencanyons haben eine eingeschränktere geographische Verteilung. Sie sind am auffälligsten auf der Südseite von Ius Chasma (rechts im gegenüberliegenden Bild), wo sie die charakteristischen stumpfen Enden und das ausgesprochene V-Profil mit wenig oder gar keinem ebenen Boden haben. B. Lucchitta vom US Geological Survey fand, daß an manchen Stellen die Böden der Nebencanyons ein anderes Niveau haben als die Haupttäler. Solche „hängende" Täler sind auf der Erde häufig. Ihr Vorhandensein auf dem Mars zeigt, daß Erosion in manchen Nebencanyons noch wirksam war, während sie in anderen bereits aufgehört hatte. Vielleicht fand die Vergrößerung der Nebencanyons nur sehr unregelmäßig und episodenhaft statt. Die Nebencanyons scheinen nicht in beliebigen Richtungen orientiert zu sein, was wieder für einen Einfluß der Struktur des Untergrundes auf die Wirkung der Erosion spricht. Die Anhäufung von Nebencanyons auf der Südseite von Ius Chasma wurde durch die örtliche Neigung des Gebiets erklärt. Auf der Erde wurde beobachtet, daß die örtliche Neigung in oder aus einem Canyon den Grad ihrer Entwicklung bestimmt. Sie scheinen viel schneller einen Hang hinauf zu erodieren als hinunter, entsprechend der Situation an der Südseite von Ius Chasma.

Innerhalb der Valles Marineris scheint der Typus der Canyonwände nicht systematisch zu variieren. Eine interessante Beobachtung ist, daß sich an den Wänden von Bergrutschnischen weder Grate noch Nebencanyons gebildet haben. Entweder sind die Bergrutsche ganz allgemein jünger als andere Geländeformen oder ältere Narben von Bergrutschen werden bald verwischt.

Viele Canyonwände zeigen in ihrem Gestein eine deutliche Schichtbildung, insbesondere in ihrem oberen Drittel. Helle und dunkle Bänder und Stufen in den Hängen zeigen, daß die Canyons in einem Material entstanden sind, das aus ausgedehnten Folgen von ganz dünnen, eben liegenden Gesteinseinheiten besteht. Bedeutende Gebilde in den Canyons sind niedrige, gerade Böschungen, die häufig am Fuß von Canyonwänden auftreten; sie wurden von Viking entdeckt und zum ersten Mal von Karl Blasius und seinen Mitarbeitern am Planetary Science Institut beschrieben. Sie durchschneiden oft andere Wandstrukturen wie Grate und Rinnen, sodaß diese überhängen. Diese Böschungen sind offenbar junge Gebilde und nur ein paar Bergrutsche scheinen nach ihnen passiert zu sein. Sie scheinen starke Verwerfungen darzustellen, denen entlang kürzlich eine Vertiefung der Canyons stattfand.

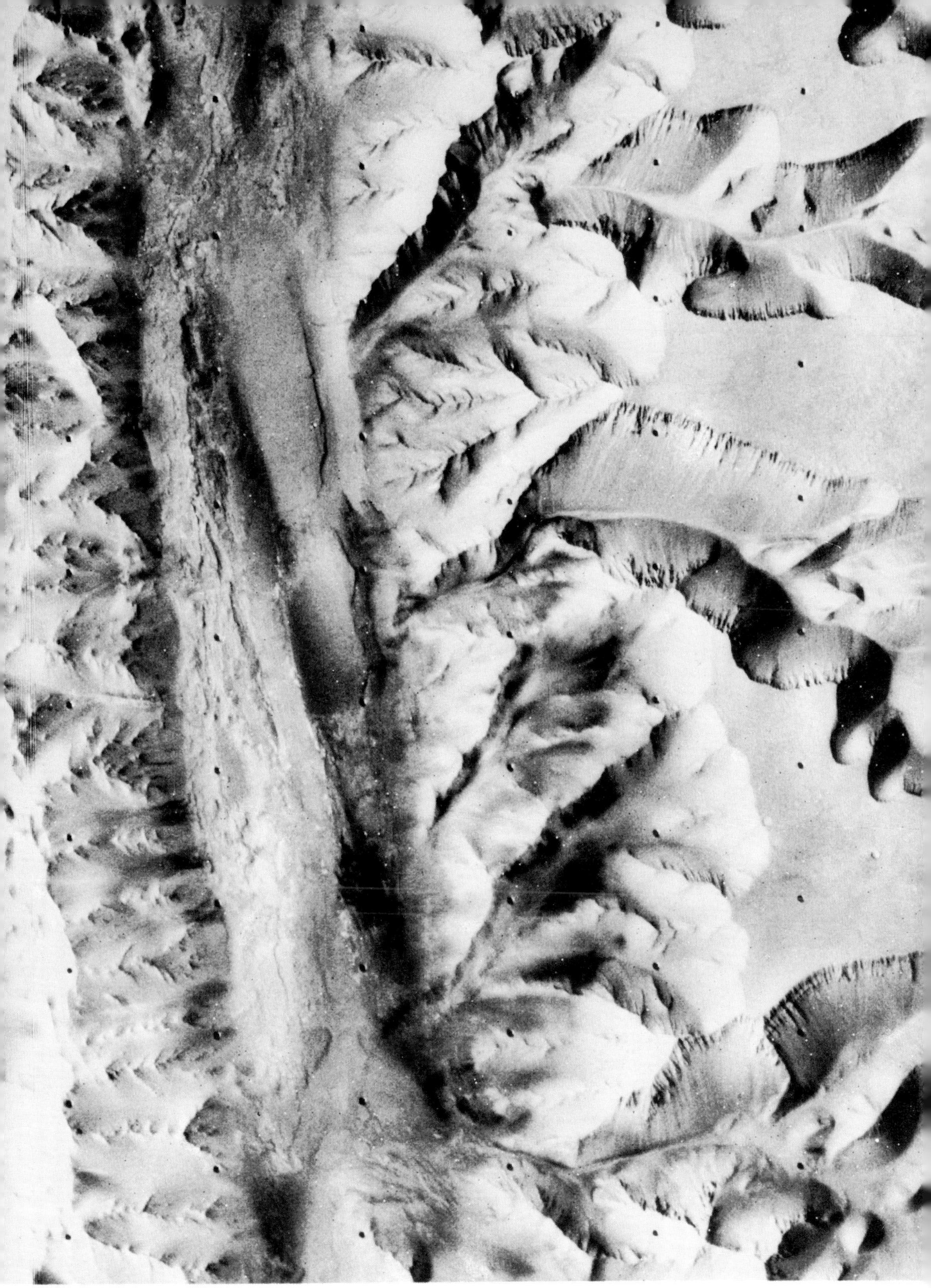

Mars Canyonböden

Die Canyonböden sind im Vergleich zu den anschließenden Hochplateaus im allgemeinen sehr rauh. Sie sind auch bemerkenswert abwechslungsreich mit verschiedenen Arten von ebenen Oberflächen und vielen Hügeln, Plateaus und Rücken. Ebene Böden mit einer den glatten und kraterreichen benachbarten Hochflächen ähnlichen Oberfläche sind weitverbreitet. Sie sind innerhalb des Labyrinthus Noctis und den westlichsten Canyons am auffälligsten. Viele sind offenbar Fälle von Absenkungen von sonst kaum gestörten Hochlandblocks. Solche Absenkungen haben wahrscheinlich in den ganzen Valles Marineris stattgefunden, aber anderswo wurden die so entstandenen Böden durch Ablagerungen und Erosion verändert.

Die vielleicht auffälligsten Böden sind jene, die aus großen Bergrutschen bestehen. Eine Anzahl davon ist im gegenüberliegenden Bild sichtbar; sie gehen von beiden Canyonwänden aus und erreichen eine Länge bis zu 100 km. Die Ablagerungen von Bergrutschen bedecken große Flächen des Bodens. Oft ist ein felsiger innerer „Lappen" von einem glatteren, breiteren äußeren Lappen umgeben. Die inneren Lappen sind von einem System von Rücken und Tälern durchzogen, die ungefähr zur Canyonwand parallel sind (also im rechten Winkel zur Bewegungsrichtung), während die äußeren Lappen feine Furchen entlang der wahrscheinlichen Bewegungsrichtung haben. Das Rücken-Täler-System kann durch das Aufstauen des Bergrutsches infolge der Verlangsamung der vorderen Teile erklärt werden. Feine Furchenmuster wie die auf dem Mars sind von irdischen Flüssen lang bekannt, konnten aber nicht befriedigend erklärt werden. Beide eben beschriebenen Arten von Bergrutschen können deutlich zu den Nischen zurückverfolgt werden, aus denen das Material abbrach. Eine Anzahl von schmalen, dünnen Bergrutschen ist auch an den Mündungen von Nebencanyons und großen Schluchten zu sehen. Kleinere Gebilde mit erhabenen Rändern wurden versuchsweise als Schlammfluten interpretiert.

In den östlichen Canyons ist eine große Fläche des Bodens von engstehenden, oft konischen Hügeln besetzt. Diese im Übergangsgebiet zu chaotischem Gelände befindlichen Hügel sind wegen ihrer gleichförmigen Flanken bemerkenswert.

Kleine, von Brüchen durchzogene Gebiete sind weit verstreut. Sie erinnern in kleinem Maßstab an Gebiete wie das Labyrinthus Noctis und sind fast sicher durch neuerliche vertikale Bewegungen der abgesunkenen Blöcke entstanden. Stellenweise sind die Brüche in den Böden mit Dämmen an der Basis der Canyonwände verknüpft; beide Erscheinungen erfordern Bewegungen, die vor relativ kurzer Zeit stattgefunden haben.

Auffallende Erscheinungen in manchen Canyons sind innere Rücken und Plateaus. Aus Mariner-9-Beobachtungen von differentieller Erosion und von Helligkeitsvariationen wurde geschlossen, daß viele von ihnen geschichtet sind. In Vikingbildern konnten an manchen Stellen bis zu 30 Schichten ganz gleichmäßiger Dicke gefunden werden. Daraus ist auf zyklische Änderungen der Sedimentation zu schließen, die vielleicht durch periodische Klimaänderungen während ihrer Bildung verursacht wurden. Zwei Hypothesen wurden vorgeschlagen: Die eine nimmt an, daß die Schichtung in dem Material, in dem sich die Canyons bildeten, weit verbreitet war, die andere schlägt vor, daß die Ablagerung der Schichten erst nach der Entstehung der Canyons stattfand, gefolgt von erneuter Erosion. Die erste ist die plausiblere Hypothese, obwohl es Hinweise dafür gibt (in Candor Chasma zum Beispiel), daß der zweite Mechanismus lokal wirksam war.

Mars Chaotisches Gelände

Es gibt zwar nirgendwo auf dem Mars eindrucksvollere Einschnitte als die Valles Marineris, aber Canyons gibt es überall, insbesondere bei den Vulkanen Elysium Mons und Hadriaca Patera. Auf dem Mars scheint Canyonbildung engstens mit Vulkanentstehung verbunden zu sein. Mit echtem Canyonland verknüpft sind die chaotischen Gebiete, die südlich von Chryse Planitia liegen und mit den Valles Marineris im Westen verbunden sind. Ein typisches Gebiet chaotischen Geländes wird gegenüber gezeigt (die Höhe des Bildes entspricht 700 km). Diese komplexen Gelände, die aus einem Gewirr von Blöcken in unregelmäßigen Vertiefungen bestehen, werden innerhalb eines bei 30 Grad West und 10 Grad Süd zentrierten Gebiets von 2000 km^2 gefunden. Einige befinden sich in geschlossenen Senken, während andere sich entlang großer, ehemaliger Flußkanäle erstrecken. Im Blick von oben erscheint chaotisches Gelände sehr unregelmäßig im Gegensatz zu den oft ganz einfachen und symmetrischen Einschnitten des Canyonlandes im Westen. Wir sind noch nicht in der Lage, eine überzeugende Geschichte des Ursprungs und der Entwicklung der Canyons und der Begleiterscheinungen vorzuschlagen, obwohl seit Viking Einiges viel klarer geworden ist. Das Valles Marineris-System ist sicherlich durch ausgedehnte Verwerfungen radial zum Zentrum der Syria-Erhebung entstanden. Grabenbildung durch Absenkung großer Blöcke zwischen Verwerfungen folgte in zunehmendem Maß. An anderen Stellen scheinen die Canyons mehr durch die Vergrößerung und die Vereinigung kleiner Vertiefungen als von geraden Gräben gewachsen zu sein. Ähnliche Vertiefungen treten in irdischen Vulkangebieten auf, wo sie auf einen Einbruch nach dem Zurückziehen des Magmas hinweisen. Die Vertiefungen auf dem Mars scheinen nichts mit lokalem Vulkanismus zu tun zu haben und ihr Ursprung bleibt ein Rätsel. Ihre Bildung kann ein intermittierend wirksamer Prozess gewesen sein. Es scheint nun sicher, daß ein Großteil der Valles Marineris-Canyons durch Abwärtsbewegungen entstanden ist.

Die erheblichen Unterschiede zwischen echtem Canyonland und chaotischem Gelände werden durch verschiedene Entstehungsmechanismen oder einfacher durch verschiedene geologische Vergänge erklärt. Man kann argumentieren, daß im chaotischen Gelände Vulkanismus und Tektonik bloß das Schmelzen von Grundeis auslösten, das zu Einbrüchen und zur Entstehung von Kanälen führte. Umgekehrt kann aber auch das Schmelzen von Bodeneis als vergleichsweise unerheblich für die Entstehung von Einbrüchen, die Grabenbildung dagegen als so wichtig wie im Canyonland angesehen werden. Die verschiedenen Morphologien können dann durch die verschiedene Dicke verschiedener Gesteinsarten und durch verschiedene Arten von Verwerfungen erklärt werden. Sogar die die Canyonwände umformenden Prozesse scheinen dort entstanden zu sein, wo dies durch Verwerfungen in der Hochfläche begünstigt wurde, und die Bergrutsche fanden da statt, wo das örtliche Hochland von Gräben parallel zur Rückwand der entstehenden Bergrutschnische überquert wird.

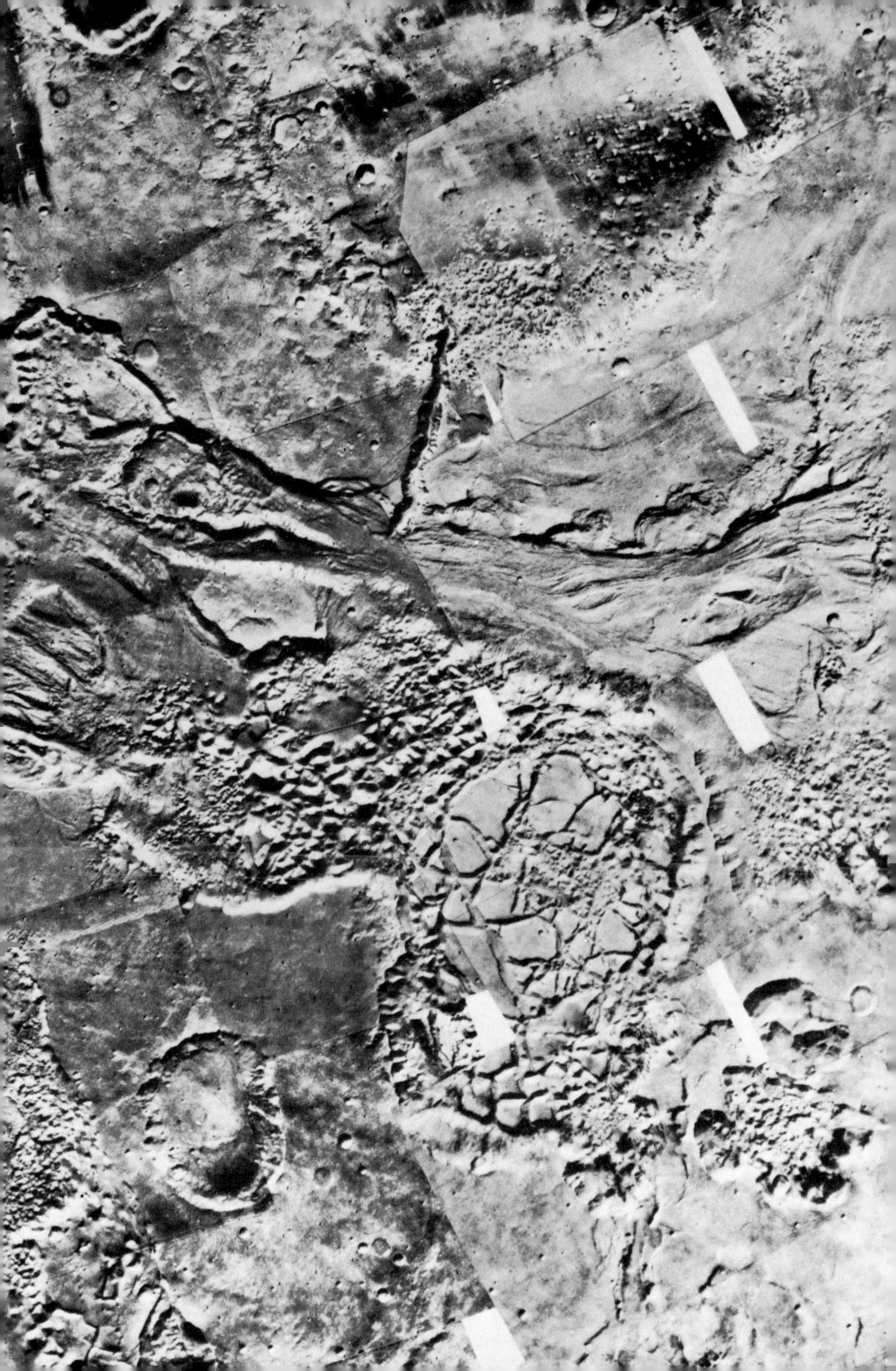

Mars Wasser-Kanäle

Spekulationen über (Wasser-)Flüsse auf dem Mars gibt es seit mehr als einem Jahrhundert – viel länger als man überhaupt einen Hinweis auf ihre Existenz hatte. Vor hundert Jahren sahen einige Beobachter, vor allem Percival Lowell, schmale, dunkle Marken an der Grenze des Auflösungsvermögens ihrer Teleskope, die „Kanäle“ genannt und als solche interpretiert wurden. Die Astronomen wetteiferten bald miteinander in der Komplexität ihrer „Kanalkarten“ und in der Extravaganz ihrer Theorien. Die beliebteste Erklärung der „Kanäle“ war, daß sie ein künstliches Bewässerungssystem bildeten, das von intelligenten Marsbewohnern gebaut worden war.

Selbst auf dem Höhepunkt der „Kanal-Manie“ weigerten sich Viele, etwas zu sehen, was nicht da war. Zur Zeit der ersten Marssonden bestand dann allgemeine Übereinstimmung darüber, daß die Kanäle eine optische Illusion waren. Die kleine Zahl von Aufnahmen geringer Auflösung, die von den Mariners 4, 6 und 7 zurückgesandt wurden, zeigten nicht nur kein Anzeichen von Wasser in Gegenwart oder Vergangenheit, sondern deuteten zusammen mit anderen übermittelten Daten darauf hin, daß sich die Marsoberfläche seit der Bildung des Planeten nicht verändert hat, und daß seine Atmosphäre sich nicht mit der Annahme fließenden Wassers verträgt.

Davon abweichende Hinweise lieferten Mariner 6 und 7 durch die Entdeckung von Einbruchzonen, die als Bereiche gefrorenen Bodens gedeutet wurden, der aufgetaut war und Wasser abgegeben hatte. Mariner 9 lieferte eine spektakuläre Bestätigung dieser Idee. Es wurden ausgedehnte Gebiete mit anscheinend tauendem Permafrost zusammen mit einer Vielzahl von Kanälen gefunden, die zuerst von Dan Milton vom US Geological Service diskutiert wurden. Riesige Kanäle verbinden Einbruchzonen mit den nördlichen Ebenen. Viele kleinere haben Systeme von Nebenkanälen, und auf der Südhalbkugel sieht man an vielen Hängen kleine, eng zusammenliegende Furchen.

Das gegenüber abgebildete Kanalsystem (Bildbreite 250 km) ist, soweit bekannt, das am stärksten ausgebildete mit fünf großen Nebenflüssen (A bis E). Man beachte, daß dieses System anscheinend älter ist als die meisten schüsselförmigen Krater dieses Gebiets (zum Beispiel X und Y) aber jünger als viele Krater mit flachem Boden; so tritt der Nebenfluß E deutlich in den Krater Z ein, wenn auch jüngeres Kraterboden-Material den im Kraterinnern verlaufenden Teil des Kanals zugeschüttet hat.

Das Problem ist nun, wie all diese trockenen Flußbette zu erklären sind, wenn fließendes Wasser unter den gegenwärtigen atmosphärischen Bedingungen auf dem Mars unmöglich existieren kann. Es ist nicht nur das Wasser an der Oberfläche nicht stabil, es steht auch wenig Feuchtigkeit in der Atmosphäre zur Verfügung. Es muß also in der Vergangenheit ein ganz anderes Klima und viel mehr freies Wasser gegeben haben, damit Erosion durch Wasser möglich war.

A
B
C
D
X
Y
F
Z
E

Mars Klimaveränderungen

Klimaänderungen entstehen am leichtesten durch Temperaturänderungen, und mehrere Mechanismen können solche über lange Zeiträume (Millionen von Jahren) erzeugt haben. Sie wurden insbesondere von Carl Sagan von der Cornell Universität eingehend untersucht. Die beiden Mechanismen, die die größte Beachtung fanden, sind periodische Änderungen der Umlaufbahn des Planeten und Änderungen in der Energieabstrahlung der Sonne. Die Planetenbahnen ändern sich kontinuierlich um kleine Beträge unter der Wirkung von Störungen (Änderungen der Schwerkraft) vornehmlich durch die benachbarten Planeten. Über lange Perioden beeinflussen diese Änderungen beträchtlich die von verschiedenen Teilen des Planeten empfangene Energiemenge. Die Sonne selbst kann außerdem zu verschiedenen Zeiten verschiedene Energiemengen abstrahlen. Wir müssen folgende Fragen beantworten: Wieviel Wasser ist derzeit in der Nähe der Marsoberfläche und wie ist es verteilt? Wie würden denkbare Temperaturänderungen das gegenwärtige Gleichgewicht beeinflussen? Sind die trockenen Flußbette das Ergebnis einer, mehrerer oder vieler Feuchtperioden?

Man sieht ganz leicht ein, daß es in der Vergangenheit genug Wasser gegeben haben muß, um die beobachteten Kanäle zu erodieren. Alle bei der Bildung des Planeten aus dem solaren Urnebel eingeschlossenen Gasmoleküle werden mehr oder weniger rasch zur Oberfläche diffundiert sein. Kohlendioxid ist in hohem Maß ausgegast und bildet den größten Teil der Atmosphäre und der Polkappen. Wasser sollte in ähnlichem Maß ausgetreten sein, aber sein gegenwärtiger Verbleib ist schwierig festzustellen. Je nach dem für die ursprüngliche Zusammensetzung gewählten Planetenmodell muß der Verbleib von bis zu 1 km Wasser über der ganzen Oberfläche geklärt werden. Das meiste davon wird bald nach der Akkumulation ausgegast worden sein, während vielleicht 20 m noch durch kürzliche Vulkantätigkeit beigetragen worden sind. Mögliche „Senken" für all dieses Wasser umfassen die Polkappen, Absorption durch den Oberflächenregolith, Bodeneis und Entweichen in den Weltraum. Die Polkappen können bis zu einem Meter Wasser in ihrem Innern einschließen. Ein sehr tiefer Regolith könnte vielleicht 10 m Wasser aufnehmen. Wenn das Entweichen aus der Atmosphäre nicht viel stärker war, als erwartet, dann muß das Bodeneis die Hauptsenke für das Wasser sein. Eine Bestätigung dafür findet sich in den großen Einbruchzonen, die anscheinend frühere Flüsse mit ihrem Wasser versorgten.

Der gegenüber abgebildete Kanal (Kasei Vallis) ist ein solches durch einen Einbruch versorgtes Tal. Seine Breite bleibt über große Strecken konstant, was dafür spricht, daß er über seine ganze Länge fast gleich viel Wasser führte. Seine wenigen Nebenflüsse passen nicht zu ihm und sind vielleicht spätere Bildungen. Im Gegensatz dazu werden andere Kanäle vom Anfang bis zur „Mündung" ständig breiter und haben ein besser integriertes, passendes System von Nebenflüssen.

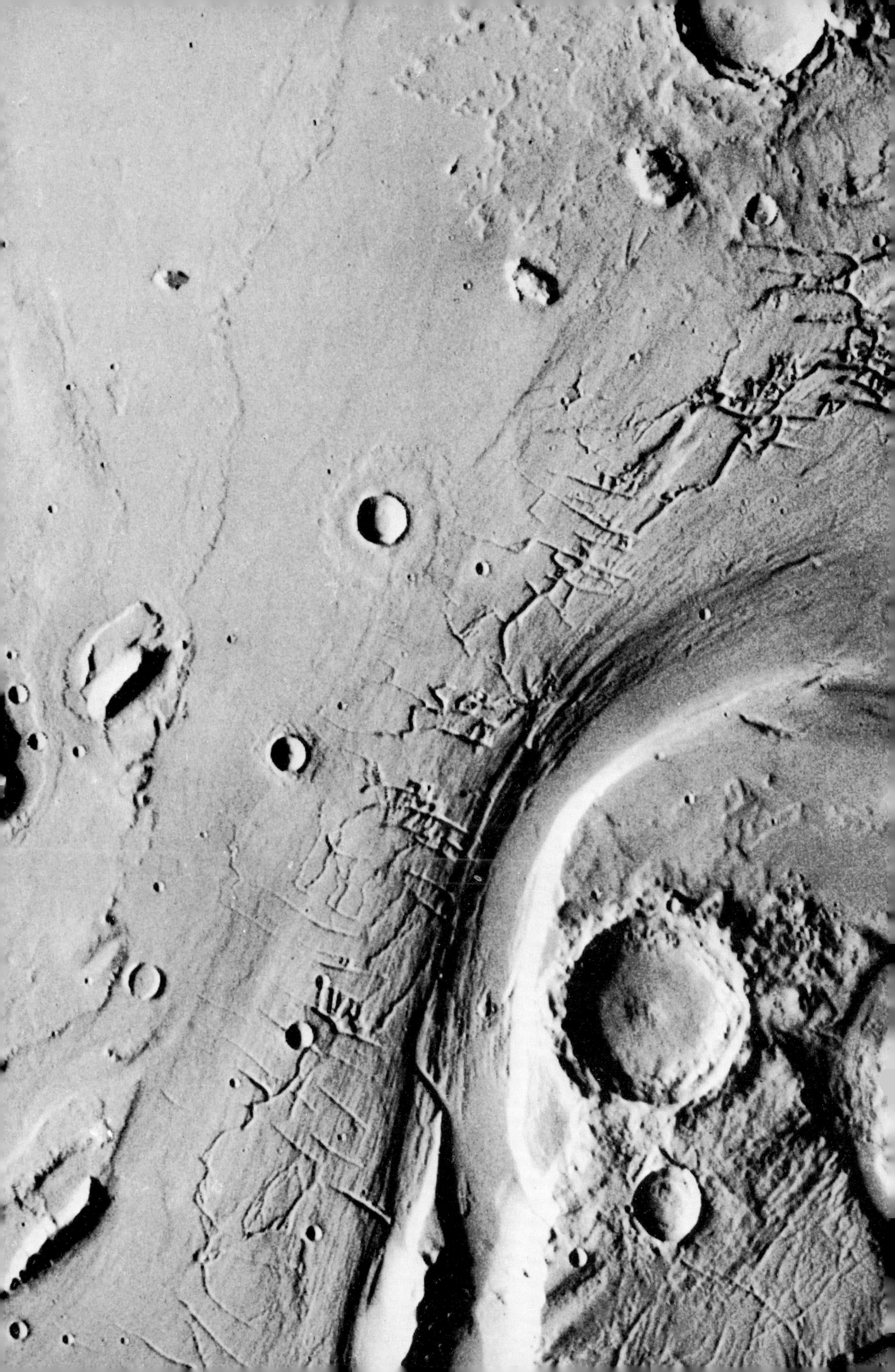

Mars Die Vielfalt der Kanäle

Auf dem Mars gibt es, wie wir gesehen haben, verschiedene Arten von Kanälen. Es gibt die großen, breiten Kanäle der Äquatorregionen, die zahlreichen verzweigten Systeme auf der Südhalbkugel und unzählige feine Rinnen an Kraterrändern und anderen Hängen. Die größten Kanäle, die am deutlichsten auf die Wirkung von Wasser hinweisen, sind auf vier Gebiete beschränkt: südlich von Amazonis Planitia (Mangala, Ma'adim und Al Quahira Valles); zwischen dem chaotischen Gelände östlich der Valles Marineris und Chryse Planitia (Simud Shalbatana, Ares und Tiu Valles); nördlich von Lunae Planum (Kasei Vallis); und in „fretted terrain" (siehe S.164) (Auqakuh und Huo Hsing Valles). Es kann kein Zufall sein, daß all diese Gebiete entlang der Grenze zwischen den nördlichen Ebenen und den kraterreichen Hochländern liegen. Die meisten dieser Kanäle können zu Gebieten umfangreicher Bodenzerstörung zurück verfolgt werden und sind anscheinend das Ergebnis des katastrophalen Schmelzens von Permafrost und Wasserausbruch. Es ist leichter, das Schmelzen (durch Klimaänderung oder geothermische Erwärmung) zu erklären als das plötzliche Ausströmen des Wassers. Die Abflußrate in den beobachteten Kanälen scheint so groß gewesen zu sein, daß das durch den Einbruch chaotischen Geländes freigewordene Wasser sie nur für ein paar Tage versorgt haben kann. Auf der Erde gibt es ein paar Beispiele solcher katastrophaler Ausbrüche, bei denen Eisdämme gebrochen sind.

Unmittelbar nach der Mariner-9-Mission hielt man die Marskanäle mit einem System von Zuflüssen als den deutlichsten Hinweis dafür, daß es auf dem Mars geregnet hat. Regen ist aber auf dem Mars viel schwieriger zu erzeugen als kurzdauernder Fluß an der Oberfläche. Er braucht eine dichte Atmosphäre, die die Verdampfung von viel mehr Kohlendioxyd und Wasser erfordern würde als nahe der Marsoberfläche überhaupt festgestellt wurde. Vor Viking wurden die Hinweise überprüft und die Analogie zwischen einigen der Marssysteme mit ausgebildeten irdischen Flußsystemen angezweifelt. Das Schema der großräumigen Systeme der Erde schien auf dem Mars nicht vorzukommen. Wenn man einen irdischen Flußlauf von der Mündung zur Quelle verfolgt, kommt man an einer großen Zahl von Einmündungen von mehr oder minder gleich großen Nebenflüssen vorbei. Auf dem Mars existiert aber gewöhnlich ein Hauptkanal mit mehreren oder vielen Nebenkanälen.

Die Nebenkanäle auf dem Mars münden in ihre Hauptkanäle unter einem viel spitzeren Winkel ein, als sie das auf der Erde tun; dies ist ein weiteres Anzeichen für unvollständige oder rasche Erzeugung. Die gegenüber in einem Gebiet von 140 km mal 100 km westlich von Chryse gezeigten Kanalsysteme enthalten viele solche spitzwinkeligen Einmündungen. Viking hat die Vermutung bestätigt, daß viele der ursprünglich auf Regen zurückgeführten Flußsysteme des Mars seichte, durch Grundwasser versorgte Kanäle sind. Eine geringe Zahl kann aber als verästelt beschrieben werden, und einige tief eingeschnittene Kanäle sind vielleicht doch durch Regenfälle entstanden.

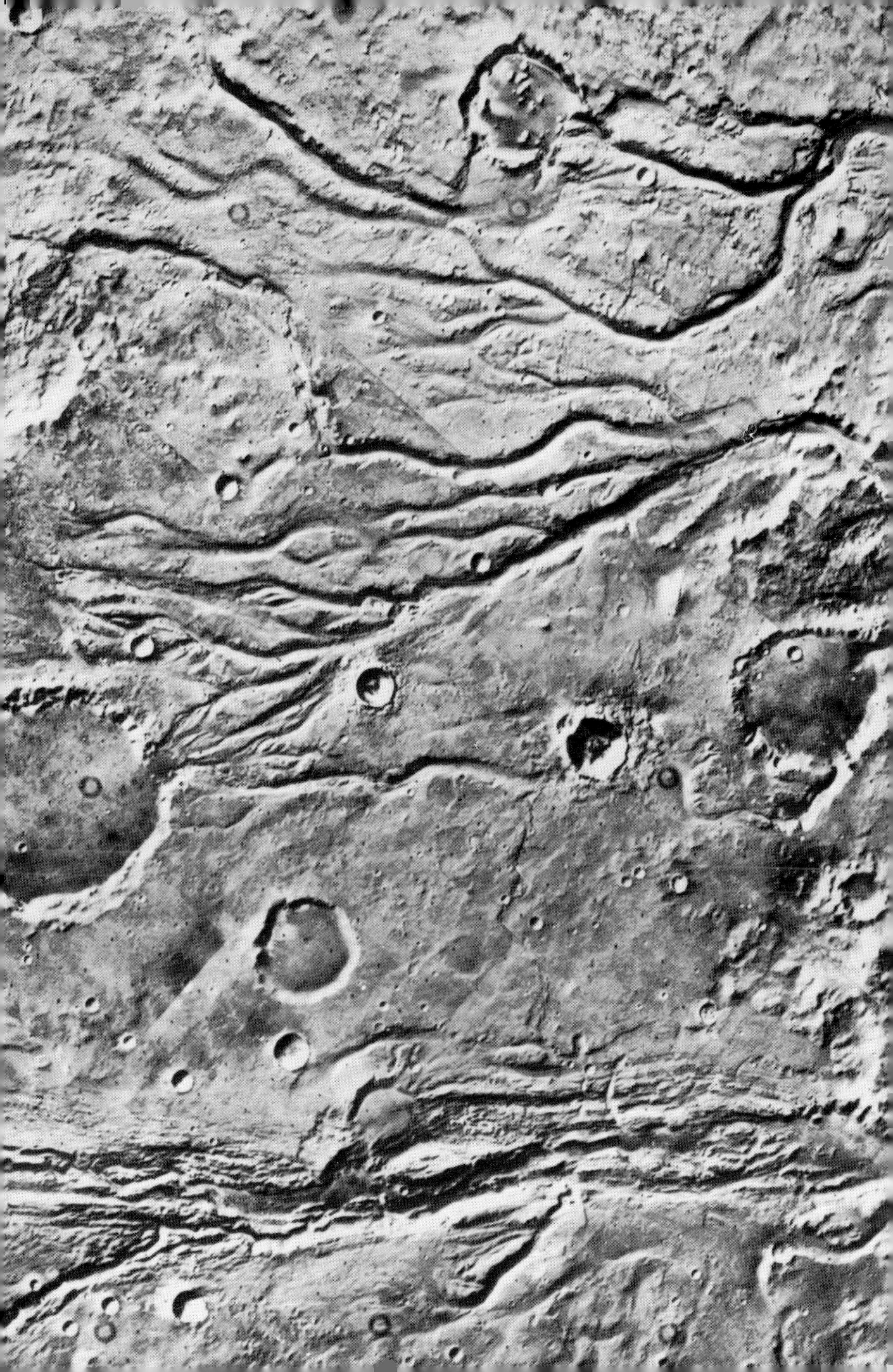

Auch das gefurchte Gelände der südlichen Äquatorregion scheint Regenfälle in der Vergangenheit zu erfordern. Zwei Beispiele von gefurchtem Gelände sind gegenüber abgebildet. Das obere Bild zeigt nicht nur Furchen (bei F) sondern auch teilweise verschüttetes „fretted terrain“ (siehe S.164) bei T. Die schmalen Randgrate der Krater sind wohl nicht in der Lage, durch Schmelzen von Bodeneis genügend Wasser für die Erosion der Furchen zu liefern.

Gefurchtes Gelände kommt in einem gebogenem Band vor, das sich zwischen 15 Grad Nord und 45 Grad Süd um den Planeten windet. Durch die Annahme einer passenden Verlagerung der Rotationsachse des Mars könnte man zu einem früheren Zeitpunkt dieses Band mit einem Gürtel in 15 Grad südlicher Breite zur Koinzidenz bringen. Eine andere Erklärung der Furchenverteilung geht davon aus, daß sie mit dem Rand der Schuttschicht der südlichen Polkappe, mit Gebieten allgemein niedriger Albedowerte und mit der subsolaren Breite zur Zeit des Perihel (also der stärksten Erwärmung durch die Sonne) zusammenfällt. In diesem Modell sind Furchen in der ganzen Äquatorzone vorhanden, aber nur in der beobachteten Verteilung freigelegt und zwar durch die dort konzentrierte Winderosion.

Das Alter der Kanäle ist schwer abzuschätzen. Den meisten größeren Kanälen sind einige Krater überlagert, was ein Alter von mindestens 100 Millionen Jahren bedeutet. Die kleine Zahl von Kratern macht jedoch eine individuelle Altersbestimmung durch Kraterzählungen sehr unsicher. Es ist vielleicht sicherer, zu sagen, daß die meisten Kanäle älter als der Hauptteil des Materials der nördlichen Ebenen sind, das selbst eine Milliarde oder mehr Jahre alt sein dürfte. Die ungewöhnlichen Kanäle der Tharsis- und Elysium-Vulkangebiete könnten durch Schmelzen von Bodeneis entstanden sein. Die meisten Kanäle sind jedoch wahrscheinlich auf ein einzelnes großes Erosionsereignis vor etwa 3,5 Milliarden Jahren zurückzuführen.

Unsere derzeit beste Annahme über die Geschichte der Flüsse auf dem Mars ist folgende: während oder bald nach der Akkumulationsphase des Planeten bildete sich eine dichte Atmosphäre. Sie war anfangs warm und enthielt eine große Menge Wasserdampf; die Abkühlung des Planeten löste ausgedehnte Regenfälle aus, die die verzweigten Kanäle und die Kraterfurchen erzeugten, die in der südlichen Hemisphäre des Mars erhalten sind. Der meiste Regen sickerte durch die obersten paar Kilometer der von Meteoriteneinschlägen zertrümmerten äußeren Schichten des Mars und bildete ausgedehnte Grundeismassen als die Temperatur weiter sank. Lokales Schmelzen, vielleicht durch Vulkanismus und oberflächennahe Intrusionen bewirkt, erzeugte das eingebrochene Gelände und die großen Ausflußkanäle der Äquatorregionen.

F
T

Mars „Fretted Terrain“

Ganz verschieden von den bisher diskutierten Kanaltypen sind die Täler des „fretted terrain“. Dies ist einer von mehreren Geländetypen, die offenbar durch Zertrümmern und teilweise Zerstörung von sehr kraterreichen Gesteinseinheiten erzeugt wurden. Er bildet ein 500 km breites Übergangsgebiet um den halben Planeten zwischen dem kraterreichen Gelände der Mars-Südhalbkugel und den Tiefland-Ebenen des Nordens. Es besteht vorwiegend aus steilen Hügeln mit flachen Rücken, die durch gerade Täler getrennt sind, von denen manche bis in südliches kraterreiches Gelände verfolgt werden können. Das Bild gegenüber zeigt ein ganz charakteristisches Gebiet dieses Geländetyps in einer Ausdehnung von 60 km mal 40 km. Gegen Norden werden die steilen Hügel fortschreitend kleiner und rundlicher. Im Einzelnen ergibt sich von Süden nach Norden folgende typische Sequenz: Zuerst gibt es ein paar gerade Spalten, anschließend weiter nördlich folgt ein einfaches, gewöhnlich rechtwinkeliges Muster von Überschneidungen, das auf Verwerfungen und Brüche hinweist. In dem Maß, wie sich das Muster zunehmend zu einem Labyrinth von sich kreuzenden, geradlinigen Einschnitten entwickelt, wird die kraterbedeckte Oberfläche undeutlicher. Noch weiter nördlich bleiben von ihr nur noch isolierte Reste, die oft gegen Norden geneigt zu sein scheinen. Diese Reste werden immer kleiner und haben immer größere Abstände, bilden schließlich nur noch kleine Erhebungen und verschwinden endlich ganz.

Zu diesem Geländetyp ist kein terrestrisches Gegenstück bekannt. Es scheint nicht durch gewöhnliche subatmosphärische Wassererosion erzeugt worden zu sein. Einer Hypothese zufolge entsteht das Gelände durch Bodeneis oder Unterspülung durch Grundwasser. Durchsickern von Wasser und Erosion durch Wasser an der Basis eines steilen Hangs wird wiederholtes Einbrechen und ein Zurückdrängen des Hangs bewirken. Die einheitliche Höhe vieler Böschungen spricht für diesen Mechanismus und die Höhe zeigt möglicherweise einen alten Wasserstand oder das Niveau von Eisplatten an. Unterhöhlung durch Bodeneis ist kaum geeignet, Böschungen zu erzeugen, wohl aber ein wirksamer Prozeß, um sie zurückzudrängen. Das kann der Grund dafür sein, daß dieser Geländetyp entlang des „geologischen Äquators“ liegt, vorausgesetzt große Böschungen wurden in diesem Gebiet durch das Absinken von kraterreichem Gelände im Norden erzeugt, wie wir es vorgeschlagen haben.

Mars Helle und dunkle Stellen

Von den ersten Fernrohrbeobachtungen an wurden, wie bereits früher erwähnt wurde, auf dem Mars helle und dunkle Stellen gesehen. Da sie von Jahr zu Jahr immer ungefähr das gleiche Aussehen hatten, wurden sie schon bald als Oberflächenerscheinungen und nicht als atmosphärische Effekte gedeutet. Die Beobachter verwandten damals viel Zeit darauf, diese Erscheinungen und ihre Veränderungen zu kartieren und sie zu erklären. Die Flecken veränderten Form und Helligkeit sowohl mit der Jahreszeit auf dem Mars als auch unregelmäßig. Die Erklärung der dunklen Stellen als Ozeane und der hellen als Land war offenbar nicht haltbar. Bis fast zu den ersten Marsmissionen waren die Meinungen darüber geteilt, ob die Marsoberfläche durch organische oder anorganische Stoffe gekennzeichnet ist.

Im organischen Modell waren die dunklen Stellen Gebiete mit primitiver Vegetation, vielleicht Flechten, während die hellen Stellen Wüsten waren. Es gab mehrere anorganische Modelle; einige davon nahmen an, daß die Marsoberfläche von dünnen Schichten bedeckt ist, die vom Wind verändert werden. Ein anderer Vorschlag war, daß von einigen dunklen Flecken ständig vulkanische Asche ausgeworfen wird.

Die Photos von Mariner 4, 6 und 7 zeigten eine Oberfläche, für die offenbar eine ausgedehnte Vegetation nicht in Frage kam. Sie gaben jedoch keine erschöpfende Antwort zum Problem der hellen und dunklen Stellen, einerseits wegen der unvollständigen Überdeckung der Marsoberfläche und anderseits wegen der ungenügenden Auflösung der Aufnahmen. Mariner 9 zeigte unmittelbar die möglichen Wechselwirkungen von Atmosphäre und Oberflächenstaub, denn bei seiner Ankunft beim Mars herrschte ein ausgedehnter Sturm, der Staub bis in eine Höhe von 30 km trug und die Oberfläche völlig verdeckte.

Als sich der Staub senkte, wurde der Ursprung der klassischen Marken auf dem Mars klar. Syrtis Major zum Beispiel, eine der auffälligsten dunklen Marken erschien nicht als einzelner dunkler Fleck sondern wurde in eine sehr große Zahl von gleichgerichteten Strichen aufgelöst, so ähnlich wie in dem 600 km × 500 km-Bild gegenüber. Die meisten anderen auffällig hellen und dunklen Stellen bestehen ebenfalls aus – hellen und dunklen – Strichen, die von topographischen Gebilden, meistens von Kratern, ausgehen.

Es ist klar, daß diese Gebilde nicht tiefliegende geologische oder topographische Strukturen anzeigen, sondern bloß zeigen, daß die Marsoberfläche von Staub und Sand bedeckt ist, der vom Wind aufgewirbelt wird.

Drei Typen von Strukturen wurden beobachtet: helle Striche, dunkle Striche und auf manchen großen Kraterböden dunkle Flecken (genannt „Kleckse"). Manche Kleckse erschienen in Dünenablagerungen aufgelöst. Es liegt daher nahe, anzunehmen, daß die dunklen Gebiete Ablagerungen sind, während an den hellen Strichen loses Material entfernt wurde; oder helle Stellen sind Ablagerungen von Material anderer Zusammensetzung oder anderer Größe.

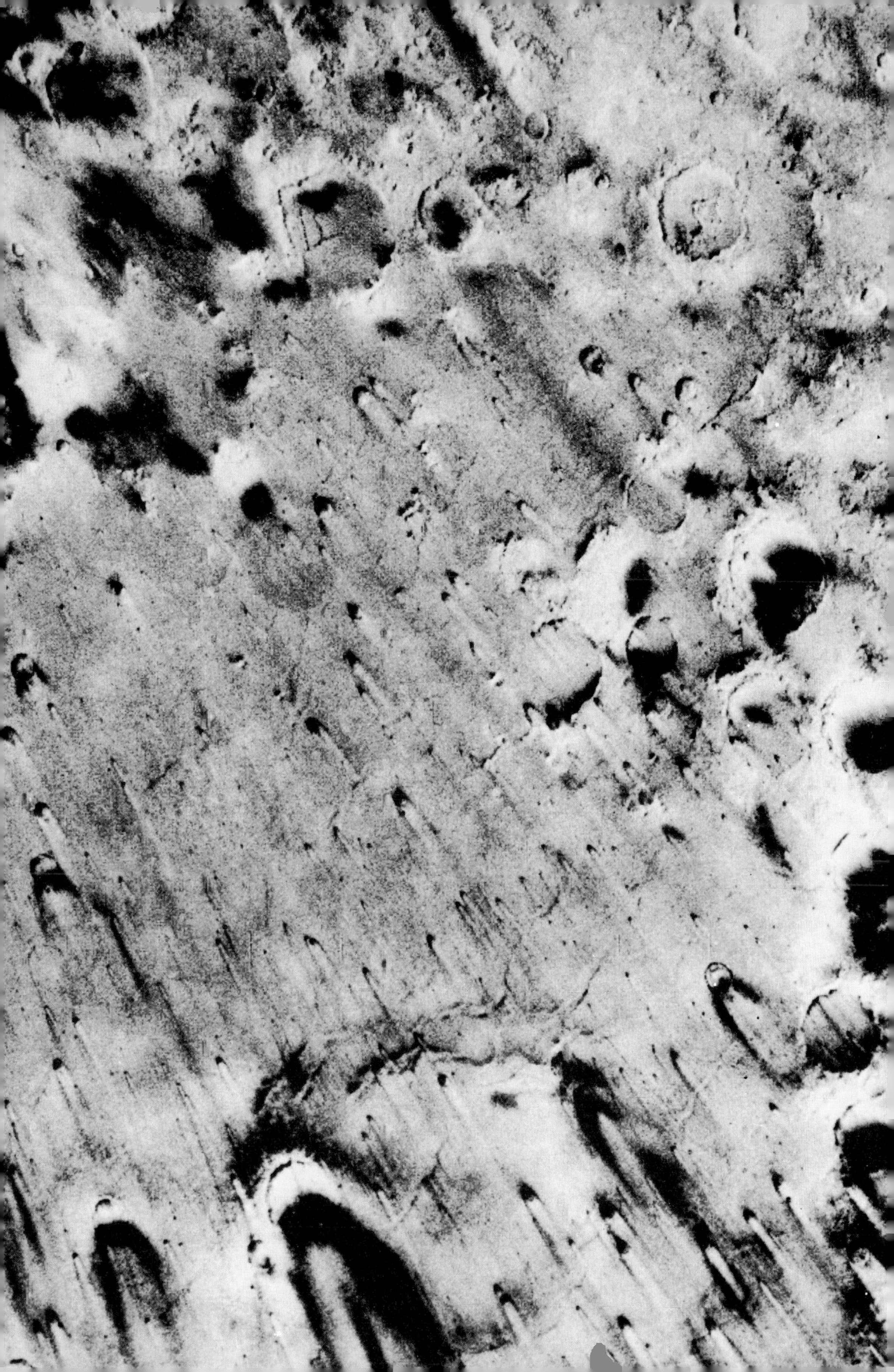

Mars Veränderliche Erscheinungen

Ein Großteil der Bemühungen während der Mariner-9-Mission, insbesondere von Veverka und Sagan von der Cornell Universität, galt der Verfolgung der zeitlichen Veränderungen von Strichmustern. Die Aufnahmen gegenüber zeigen einige der verschiedenen veränderlichen Erscheinungen auf dem Mars einschließlich heller Striche, dunkler Striche, kombinierter Striche, und einen dunklen Fleck. Helle Striche erwiesen sich über mehrere Monate als stabil; dunkle Striche dagegen konnten sich innerhalb weniger Tage beträchtlich ändern. Die Muster heller Striche veränderten sich zwischen den Vorbeiflügen von Mariner 6 und 7 und den Beobachtungen von Mariner 9, und wieder zwischen der Mariner 9 und Viking-Mission. Die größere Beständigkeit der hellen Striche läßt sich am besten damit erklären, daß sie allgemein aus kleineren Teilchen bestehen als die dunklen. Überraschenderweise kann Wind Teilchen im Größenbereich von Staub und Sand leichter bewegen als größere und kleinere Teilchen. Ablagerungen finden vorzugsweise hinter Kratern und Hügeln statt, da diese Hindernisse den Luftstrom stören und hinter sich Wirbel erzeugen, wo sich dann infolge niedriger Windgeschwindigkeiten der Staub absetzen kann. Striche sind hinter kleinen, schüsselförmigen Kratern am auffälligsten. Große Krater mit teilweise ebenem Boden scheinen dagegen Material im Innern einzufangen und zwar eher in Form von „Klecksen“ als von Strichen. Striche sind auf den relativ glatten, ebenen Flächen der mäßig mit Kratern bedeckten Marsebenen am häufigsten. Diese Ebenen sind wahrscheinlich weitgehend vulkanischen Ursprungs; dunkle Lava unter einer dünnen, lockeren Staubschicht wäre ideal zur Darstellung winderzeugter Störungen. Viele Versuche wurden unternommen, insbesondere von Ron Greeley vom NASA Ames Research Center, die Mars-Kleckse und -Striche in Windkanalexperimenten auf der Erde zu reproduzieren. Mit zunehmender Verfeinerung der Versuche gelang es, immer mehr Typen von Mustern nachzuahmen. Diese Windkanalexperimente dienten tatsächlich zur Bestimmung der Windgeschwindigkeiten sowie der Teilchengrößen und der Erosions- und Ablagerungsraten auf dem Mars. Die Experimente stützen die Annahme, daß die meisten hellen Striche auf Ablagerungen, viele dunkle Striche auf Erosion zurückzuführen sind. Die Kartierung der Orientierung der Striche zeigt, daß dunkle und helle Striche durch verschiedene Windsysteme erzeugt worden sind. Die hellen Striche scheinen durch einen Rückfluß von Staub von Norden nach Süden gebildet zu werden, nachdem Stürme den Staub über den ganzen Planeten verbreitet haben. Dunkle Striche verzeichnen wohl den Durchgang lokaler Stürme. Striche in den Polgebieten sprechen für spiralförmige Windbewegung, die eine Schuttdecke vor sich her treibt. Einige ungewöhnliche dunkle Striche entspringen nicht an Kraterrändern, sondern von Stellen am Kraterboden. Man vermutet, daß sie vulkanische Aschen sind, die von Schloten am Kraterboden ausgeworfen wurden.

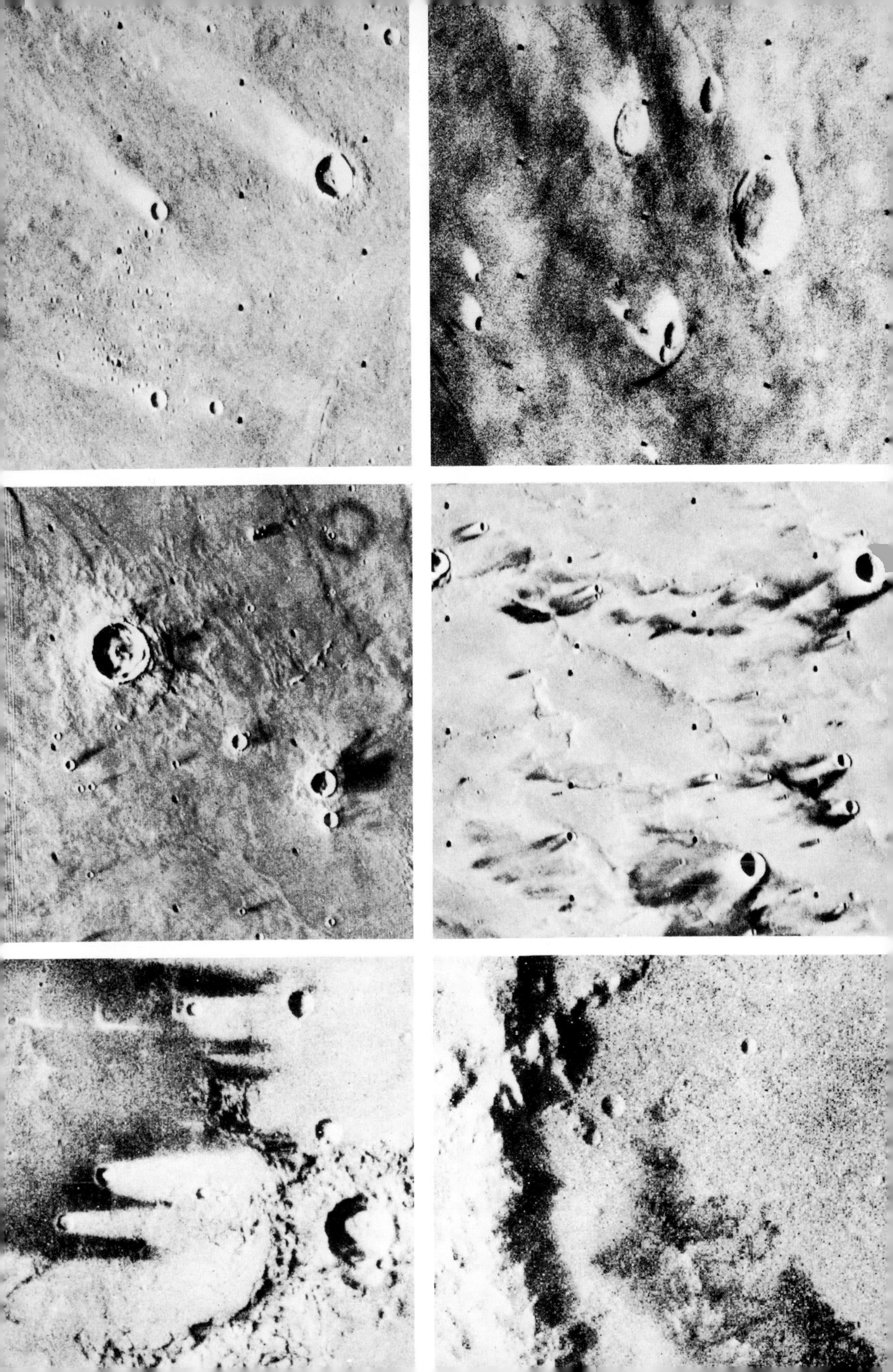

Mars Winderosion

Nur an ein paar Erscheinungen, Strichen und Klecksen, wurden zu Beginn der ersten Vikingmission Änderungen beobachtet. Dies war keine Überraschung, denn für die Jahreszeit erwartete man allgemein nur schwache Winde. Zwei Ausnahmen mit beträchtlicher Windaktivität waren die Hänge der Tharsisvulkane und das Innere des Hellas-Beckens, beides Gebiete mit steilen Hängen und daher ungewöhnlich kräftigen Winden. Eine wichtige Neuentdeckung durch Viking bei klarerer Atmosphäre und mit besseren Kameras waren helle Striche mit dunklen Rändern. Diese scheinen durch Ablagerungen, gefolgt von Erosion durch Winde aus derselben Richtung erzeugt worden zu sein. Insgesamt hat Viking die Schlußfolgerung aus der Marinermission bestätigt, daß Albedoänderungen auf dem Mars nur der Wirkung von Wind, an den Polen der Ablagerung und Sublimation von flüchtigen Stoffen zugeschrieben werden können.

Wir haben gesehen, daß Wind ein wichtiges Agens beim Transport von Ablagerungen ist. Ist er bei der Erosion auch so wirksam? Diese Frage ist selbst für die Erde schwer zu beantworten. Das Aussehen vieler terrestrischer Wüsten ist, entgegen den Erwartungen, mehr das Ergebnis gelegentlicher Wassererosion und biologischer Aktivität als von Winderosion. Nur die trockensten und klimatisch stabilsten Wüsten zeigen viele große, durch Winderosion erzeugte Gebilde. Die vielleicht wichtigsten sind stromlinienförmige Hügel, obwohl auch diese nur da auffallen, wo Wind für lange Zeit an weichem Gestein gearbeitet hat. Wo Sedimente durch eine sehr dünne Schicht härteren Gesteins geschützt sind, kann Wind größere Löcher und Höhlen dort herausarbeiten, wo die obere Schicht entfernt ist. Das Hauptbild gegenüber, das ein Gebiet von 50 km Länge darstellt, enthält mehrere große, unregelmäßige Einsenkungen, wie sie in der Nähe des ersten Viking-Landeplatzes häufig vorkommen und von denen Material durch Winderosion abgetragen zu sein scheint. Die Windwirkung ist wichtiger in kleinem Maßstab: eine Vielfalt von Furchen und Rücken kann durch die Erosionswirkung von starken, wiederkehrenden Winden erzeugt werden. Beispiele von Furchen und Mulden geben die beiden Nebenbilder, die 120 beziehungsweise 30 km Breite in der Natur entsprechen.

Bei der Besprechung der Krater-Striche haben wir bereits gesehen, daß Marswinde Erosion bewirken können. Es ist möglich, daß die – verglichen mit der Lebensdauer terrestrischer Wüsten – sehr langen Perioden großer Trockenheit der Windwirkung auf dem Mars eine beherrschende Rolle verliehen, die ihr auf der Erde nicht zukommt. Der Augenschein spricht allerdings bisher dagegen. Der Erhaltungszustand der Krater und anderer Geländeformen, die fast bis zur Bildung der Marskruste zurückgehen, zeigt, daß über große Gebiete keine Erosion wirksam war. Es gibt zwar Mulden und Furchen auf dem Mars, aber sie sind nicht beherrschende oder auch nur verbreitete Erscheinungen. Wie auf der Erde scheint auch auf dem Mars Winderosion nur bei wenig verfestigtem, weichem Gestein wirksam zu sein.

Mars Andere Windaktivität

Auf dem Mars gibt es, wie wir gesehen haben, eine Vielzahl von Kraterformen. Eine davon, die auf Mariner-9-Bildern erkennbar und von Viking gut belegt ist, ist der Sockelkrater. Wahrscheinlich entstanden viele Sockelkrater dadurch, daß das Material zwischen den Kratern vom Wind weggetragen wurde, während unterhalb des Kraters ähnliches Material erhalten blieb, da es durch die Auswurfdecke geschützt war.

Mindestens zwei Arten von Windablagerungen sind von Bedeutung (wenn wir im Moment von den wiederholten Ablagerungen und Abtragungen absehen, die dünne, bewegliche Schichten erleiden). Dies sind die geschichteten Ablagerungen der Polgegenden, die auf den Seiten 176 und 178 diskutiert werden, und die Sanddünen, die in einem breiten, nördlichen zirkumpolaren Gürtel und innerhalb einer Anzahl von „Klecksen" auf Kraterböden entdeckt wurden. Das Bild gegenüber zeigt einen typischen Klecks innerhalb eines 80 km-Kraters in der rechten unteren Ecke. Der Klecks besteht aus Sanddünen, die in transversalen Rücken ähnlich der Dünenkonfiguration in vielen Wüsten auf der Erde angeordnet sind.

Im Gegensatz zu den meisten anderen, für das gegenwärtige Aussehen der Marsoberfläche verantwortlichen Kräften, konnte Windaktivität von den Viking-Landegeräten aus nächster Nähe beobachtet werden. Ihre Kameras haben verschiedene Anzeichen für die Bewegung feiner Teilchen gefunden. So fanden sich an der ersten Landestelle ausgedehnte Anhäufungen von angetriebenem Material. An beiden Landestellen befinden sich hinter vielen Felsen gerade Streifen heller Ablagerungen, deren Richtung fast mit jener größerer Streifen übereinstimmt, die vom Orbiter aus beobachtet wurden. Die meisten Felsen sehen bemerkenswert frisch aus, doch gibt es auch einige abgerundete, möglicherweise durch Sand abgeschliffene Exemplare. Auf Bildern dieser Gebiete, die im Abstand von mehreren Tagen aufgenommen worden waren, wurden kleinere Bewegungen festgestellt, die etwa den von den Landegeräten gemessenen größten Windgeschwindigkeiten entsprachen.

Im allgemeinen wurde von den Viking-Instrumenten ein sich wiederholender Tagesgang von Wind, Temperatur und Druck registriert. Die Winde waren während des örtlichen Sommers schwach und wurden mit Herbstbeginn unregelmäßiger. Der Atmosphärendruck nahm im Spätsommer und Herbst als Folge der Sublimation von Kohlendioxyd auf die Polkappe ganz stetig ab. Im Verlauf des ersten Betriebsjahres wurden aus der Umlaufbahn mehrere lokale Staubstürme beobachtet, die in der Nähe der Landegeräte vorbeizogen. An der Oberfläche wurde aber nur eine Verdunkelung des Himmels festgestellt.

Mars Die Polkappen

Die weißen Polkappen des Mars sind fast die einzigen Erscheinungen, die von der Erde aus zuverlässig verfolgt werden können. Sie wurden fast zu Beginn der Fernrohrbeobachtungen entdeckt und korrekt als Eisablagerungen interpretiert, und es wurde bald bemerkt, daß sie mit den Jahreszeiten auf dem Mars größer und kleiner waren. Die südliche Kappe fand mehr Beachtung als die nördliche, weil sie zufällig dann am größten ist, wenn der Mars der Erde am nächsten steht. Das Bild gegenüber zeigt einen Teil der permanenten südlichen Polkappe (C) und das ausgedehnte Wintereis (F). Das Hellas-Becken ist bei H zu sehen.

Seit ihrer Entdeckung geht der Streit über die Zusammensetzung der Ablagerungen an den Polen. In Analogie zur Erde wurden sie ursprünglich als Wassereis angesehen. Allmählich wurde jedoch ein Aufbau aus Kohlendioxydeis befürwortet, der durch die Häufigkeitsmessungen in der Atmosphäre plausibel wurde. Die von Raumsonden untersuchten physikalischen Bedingungen in der Marsatmosphäre bewiesen schließlich, daß die ausgedehnten winterlichen Polkappen tatsächlich weitgehend Kohlendioxydeis sind.

Mariner 9 machte während eines Jahres ausführliche Beobachtungen beider Polkappen, doch war die südliche Kappe (wie bei den Beobachtungen von der Erde aus) bevorzugt, denn die nördliche Kappe war im Anfang der Mission in Dunst gehüllt und die Sonde kam ihr nicht so nahe wie der südlichen. Die ausgedehnte nördliche Kappe war ganz symmetrisch um den Pol und wurde ganz regelmäßig größer und kleiner. Die südliche Kappe dagegen war zwar im Winter kreisförmig und zum Pol zentriert, verkleinerte sich aber unregelmäßig und war im Marssommer einige Grad vom Rotationspol entfernt zentriert. Das verschiedene Verhalten ist hauptsächlich eine Folge der unregelmäßigen Topographie unter der südlichen Kappe.

Die beiden Kappen beenden ihren Rückzug im Spätsommer. Aus der Stabilität der Restkappen wurde geschlossen, daß sie aus Wassereis bestehen und nicht aus Kohlendioxydeis. Diese Stabilität kann aber auch durch die Wirkung von Wind und Staub auf das Kohlendioxydeis erklärt werden. Beträchtliche Unterschiede zwischen den südlichen Restkappen, die von Mariner 9 und Viking beobachtet wurden, führen zusammen mit Temperaturmessungen zu dem Schluß, daß zwar die innere nördliche Kappe Wassereis ist, die südliche Restkappe dagegen Kohlendioxydeis!

Unter den beiden Eiskappen beobachtete Mariner 9 auffallende und unerwartete Gebilde, vor allem gekrümmte, dunkle, das heißt eisfreie Bänder. Hoch aufgelöste Bilder zeigten, daß viele dieser Bänder mit Systemen paralleler Streifen versehen waren, die Gletschermoränen sehr ähnlich sahen. Wassereis-Gletscher sind aber gegenwärtig auf dem Mars nicht möglich, da die Temperaturen an den Polen zu niedrig sind, als daß das Eis fließen könnte. Als immer mehr Bilder der Südpolregion aufgenommen wurden, erkannte man, daß die scheinbare Streifung die Ränder einer großen Zahl sehr dünner Schichten waren. Seither werden diese geschichteten Ablagerungen als Beweis für periodische Sedimentation betrachtet; sie sind der einzige nichtterrestrische Hinweis auf langperiodische Klimaveränderungen.

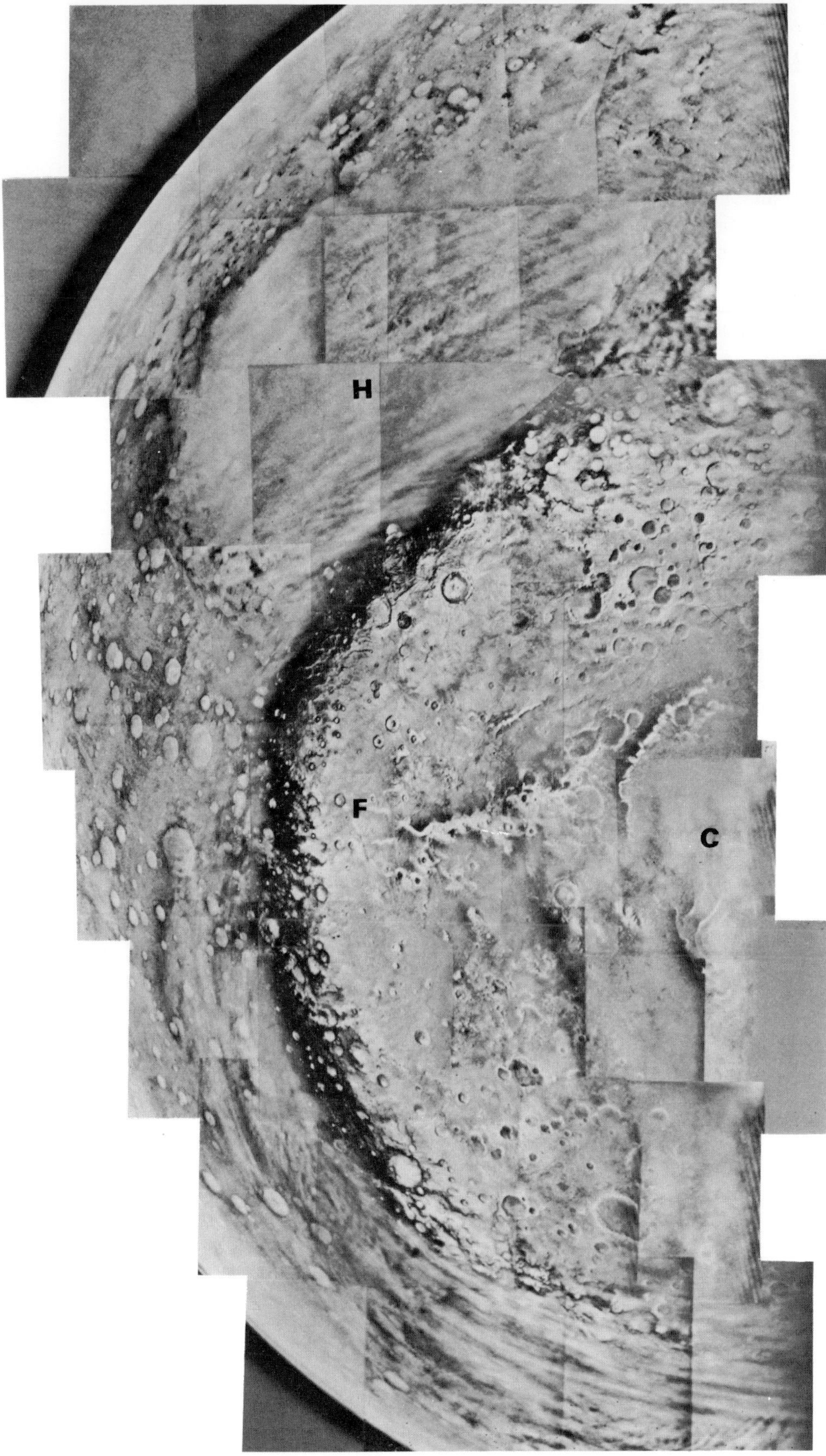

H
F
C

Mars Polare Stratigraphie

Die Stratigraphie der Marspole ist ziemlich klar. Am Südpol zum Beispiel liegt die Polkappe über geschichteten Ablagerungen, die ihrerseits über massivem ungeschichtetem „geätztem“ Ebenenmaterial und kraterreichem Grundgestein liegen. Im Bild gegenüber ist P die Polkappe, L sind geschichtete Ablagerungen und E sind die „geätzten“ Ebenen. Die Natur der beiden dicken Ablagerungen, der geschichteten und ungeschichteten, ist unklar. Ihre Beschränkung auf die Polgegenden weist auf meteorologische Steuerung der Ablagerungen hin, ein starkes Argument dafür, daß es sich um durch den Wind transportiertes Material handelt. Dieses stammt wahrscheinlich aus äquatorialen Gegenden, vielleicht aus Canyongelände oder von „fretted terrain“.

Zwei verschiedene Erklärungen wurden für die geschichteten Ablagerungen vorgeschlagen. Die eine machte sie zu Platten von Ablagerungen, deren Lage durch die Position eines wandernden Rotationspols bestimmt werden. Besser wird die Geometrie der geschichteten Ablagerungen aber durch kürzliche Erosion ausgedehnterer Folgen von Schichten erklärt. Eine Anzahl weiterer Modelle für die Schichtbildung wurden seit Mariner 9 entwickelt, eines davon nimmt Kohlendioxyd-Gletscher an.

Wenn akzeptiert wird, daß die geschichteten Ablagerungen durch zyklische Vorgänge gebildet wurden, dann müssen ihnen zyklische Klimaänderungen entsprechen, die kurzzeitig Sublimation von Kohlendioxyd und/oder Wassereis-Niederschlag bewirkten. Die wahrscheinlichste Ursache von Klimaänderungen sind periodische Veränderungen der Umlaufbahn und insbesondere Veränderungen der räumlichen Orientierung der Rotationsachse. Es wurde erst kürzlich gezeigt, wie empfindlich die Erde gegen solche Veränderungen ist, und der Mars ist einem viel größeren Bereich an Veränderungen unterworfen. Es ist anzunehmen, daß bei starker Achsenneigung die Pole wärmer sein werden als jetzt und das Eis weniger stabil sein würde. Bei geringer Neigung werden sowohl Kohlendioxyd und Wasser als Eis niedergeschlagen, indem Kohlendioxyd aus der Atmosphäre sublimiert und Wasser aus dem Regolith austritt. Bei der gegenwärtigen mittleren Schiefe der Achse wird sich Wasser mit dem Präzessionszyklus von einem Pol zum andern bewegen. Die terrassierten Ränder des geschichteten Geländes können während der Ablagerung entweder durch Winderosion oder durch bevorzugte Ablagerung auf ebenen Flächen und Verhinderung der Ablagerung an zum Äquator zeigenden Hängen erhalten werden.

Kein Modell für die Entstehung des geschichteten Geländes findet allgemeine Anerkennung. Ein ernstes Problem für das eben skizzierte Modell ist die Feststellung von Viking, daß die südliche Restkappe aus Kohlendioxyd und nicht aus Wassereis besteht, woraus folgt, daß die Entstehung der Schichten wenig mit Wassereis-Ablagerung zu tun haben dürfte. Ein anderes Problem ist, daß Viking mindestens zwei Serien von Terrassen gefunden hat, die zwei durch eine Erosionsperiode getrennte Perioden zyklischer Ablagerung erfordern. So lange Zyklen sind schwer zu verstehen.

Unter den geschichteten Ablagerungen am Südpol liegt eine dicke, relativ alte Ablagerung, die beträchtliche Winderosion erfahren hat, denn sie ist mit Mulden und „geätzten“ Gebieten bedeckt. Der Nordpol hat eine ähnliche Einheit, aber ohne auffällige Muldenbildung. Es wird angenommen, daß beide Einheiten über altem, kraterreichem Gelände liegen.

E
L
P

Mars Polare Geländeformen

Eine der wichtigsten Feststellungen an den polaren Ablagerungen ist ihr im Vergleich mit der übrigen Planetenoberfläche sehr geringes Alter. Auf einem Gebiet von fast einer Million Quadratkilometer sind keine frischen Krater sichtbar. Ob die Krater zugeschüttet oder erodiert wurden, ihre Auslöschung muß in großem Umfang erfolgt sein. Geschichtete Ablagerungen haben wohl nur ein Alter in der Größenordnung von 100 Millionen Jahren.

Neueste Vikingbilder haben gezeigt, daß die früher (S. 176) diskutierten Bänder im geschichteten Gelände überhaupt keine Böschungen sind sondern Rinnen. Daraus folgt, daß die großräumige Topographie des geschichteten Geländes eher wellenförmig als stufenförmig ist. Das Gelände zwischen den Rinnen kann als „eierkartonartig" beschrieben werden. Um zu erklären, wie die Rinnen bestehen bleiben konnten, wurde differentielle Akkumulation auf ebenen Flächen und Hängen angenommen. Die Rinnen können aber auch durch Wind freigehalten werden, denn dieser wird in ihnen am stärksten sein, dort die meiste Erosion bewirken und sie vertiefen. Das „Eierkarton"-Muster scheint durch die Überschneidung verschiedener Rinnensysteme unter Bildung eines Interferenzmusters zu entstehen. Die verschiedenen Systeme können auf frühere Polpositionen zentriert sein.

Eine andere überraschende Beobachtung von Viking war, daß um die nördliche Polkappe das auffälligste Dünenfeld des Sonnensystems liegt. Es wurde, insbesondere von Jim Cutts, eingehend studiert. Es bedeckt mehr als 5 Millionen Quadratkilometer, das ist ein Gebiet größer als die Sahara und die Arabische Wüste zusammen. Im Laufe des Jahres wird es von der vorrückenden Polkappe bedeckt, und bei ihrem Rückzug wieder freigegeben. Sein Inneres wird beherrscht von einem riesigen System von transversalen Dünen mit Sicheldünen am Rand. Ein Teil dieses Dünenfeldes wird gegenüber gezeigt (Bildhöhe 100 km). Transversale und Sicheldünen setzen schwache Bewegungen voraus. Wenn der Fluß des Materials stark gewesen wäre, wären longitudinale Dünen stärker vertreten. Die aus der Dünengeometrie abgeleiteten Winde entsprechen den für die Polgebiete vorausgesagten – es sind Corioliswinde, die in Spiralen vom Pol wegwehen. Das große Problem bei den zirkumpolaren Dünen ist, wie so viel Sand in dieses Gebiet gekommen sein kann. Die geschichteten Ablagerungen scheinen aus Suspensionen abgesetzt worden zu sein und müssen aus feinem Staub und Eis bestehen. Der dünenbildende Sand anderseits ist ziemlich grob und kann daher nicht direkt von geschichteten Ablagerungen stammen. Es ist möglich, daß die Dünen aus Staubaggregaten bestehen, sie können aber auch ihr Material direkt aus äquatornäheren Breiten erhalten haben. Geschichtete Ablagerungen enthalten eine Anzahl sehr heller Streifen, die informell „Scheinwerfer"-Gebilde genannt wurden und vielleicht longitudinale Schneedünen sind.

In der südlichen Polregion des Mars schließlich gibt es eine Anzahl unerwarteter Erscheinungen, die von Jim Cutts vom Planetary Science Institute, Larry Soderblom vom US Geological Survey und anderen untersucht wurden. Das Gestein und die darunterliegenden geschichteten und „geätzten" Ablagerungen scheinen eine Anzahl von Lavaebenen zu umfassen. Viele große Kegel sind zu sehen, und es gibt auch schmale Rücken, die als Dämme interpretiert wurden. Eine andere Erklärung für sie ist, daß es sich um schmale Rücken oder Hügel aus Kies oder Sand handelt, die von subglazialen Strömen abgelagert wurden, was ein Hinweis auf eine Strömung unter dicken Eisschichten wäre.

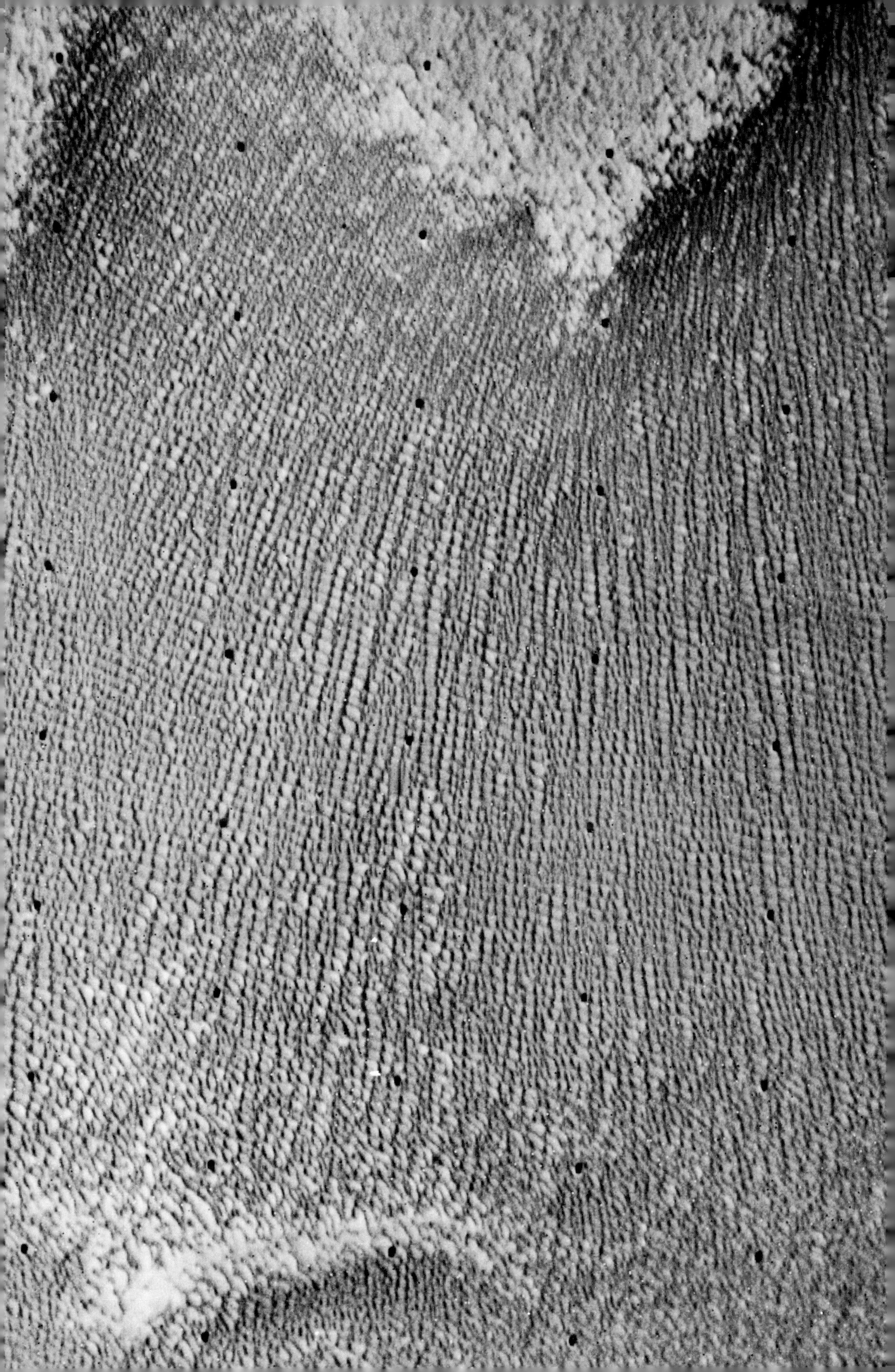

Mars Der erste Viking-Landeplatz

Die erste Auswahl von Viking-Landeplätzen wurde aufgrund von Mariner-9-Aufnahmen gemacht, bevor noch Viking selbst gestartet war. Das oberste Ziel von Viking war es, mit ausgeklügelten Experimenten von den Landegeräten aus nach Leben auf dem Mars zu suchen. Aus verschiedenen Gründen wurden Landeplätze auf der Nordhalbkugel gewählt. Erstens hatte Mariner 9 gezeigt, daß das Gelände dort ebener ist als auf der Südhalbkugel. Ferner war es auch topographisch niedriger, der Atmosphärendruck in Bodennähe daher höher, was eine stärkere Abbremsung der am Fallschirm landenden Geräte bewirkt. Die Chryse Planitia, ein ausgedehntes Gebiet von Ebenen in einer beckenähnlichen Bucht am Rande des nördlichen Krater-Geländes galt als eine der besten Stellen. Sie schien recht glatt zu sein und enthielt zahlreiche große Kanäle, die als alte Flußbette interpretiert wurden, die Sedimente abgelagert hatten. Das mögliche Vorhandensein von Wasser, zumindest in der Vergangenheit, erhöhte die Chance, dort Leben zu finden.

Die Karte gegenüber zeigt das Chryse-Bekken, dessen Boden bei minus 3 km liegt, wie man aus den in Abständen von 1 km eingezeichneten Höhenlinien ersieht. Ehe Viking den Mars erreichte, hatte man versuchsweise eine Landung im südlichen Teil des Beckens vorgesehen. Als jedoch die ersten Bilder dieses Gebiets zurückkamen, sah man, daß es dort viele Einschlagkrater gab und das Gelände viel rauher war, als man erwartet hatte. Die Auswurfdecken von Einschlagkratern enthalten gewöhnlich Gesteinsblöcke und diese konnten der landenden Station gefährlich werden.

Es wurde daher beschlossen, die Bahn der Sonde zu ändern, um nach einem geeigneten Landeplatz in der Mitte von Chryse Planitia zu suchen. Die aus der Umlaufbahn gemachten Bilder zeigten da ein anscheinend ziemlich glattes Gelände; unglücklicherweise hatten aber Radarbeobachtungen angedeutet, daß die Oberfläche im Zentrum des Beckens rauh und mit Blöcken bedeckt sein könnte.

Und so wurde die Suche gegen Westen in die Gegend der Mündung von Kasei Vallis verlegt.

Ein Photomosaik dieses Gebiets wird im unteren Bild gegenüber gezeigt. Auf der westlichen (linken) Seite des Mosaiks sehen wir die mit der Mündung von Kasai zusammenhängenden Streifungen. Im Osten gibt es dagegen relativ glatte, von niedrigen Rücken durchzogene Gebiete, die der ganzen Gegend das Aussehen der lunaren Maria geben. Da Mare-Rücken auf dem Mond gewöhnlich nur Steigungen von ein paar Grad haben, und wir wissen, daß die lunaren Maria ein sicherer Landeplatz sind, wurde beschlossen, Viking 1 an der im Photomosaik mit einem Stern bezeichneten Stelle abzusetzen. (Das Gebiet des Photomosaiks ist in der Karte darüber eingerahmt.)

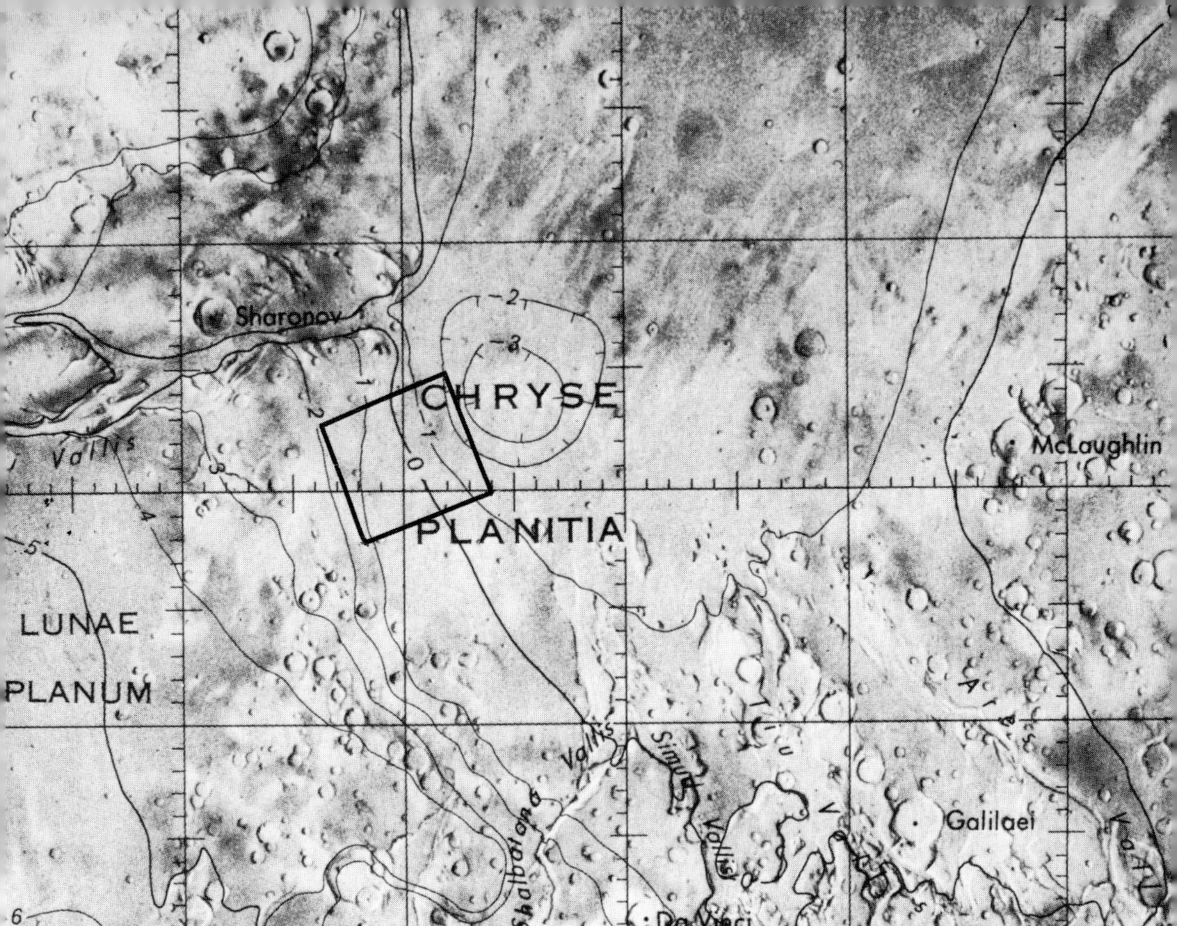
Sharonov
CHRYSE
PLANITIA
Vallis
LUNAE
PLANUM
McLaughlin
Shalbatana
Vallis
Simud
Vallis
Galilaei
Da Vinci

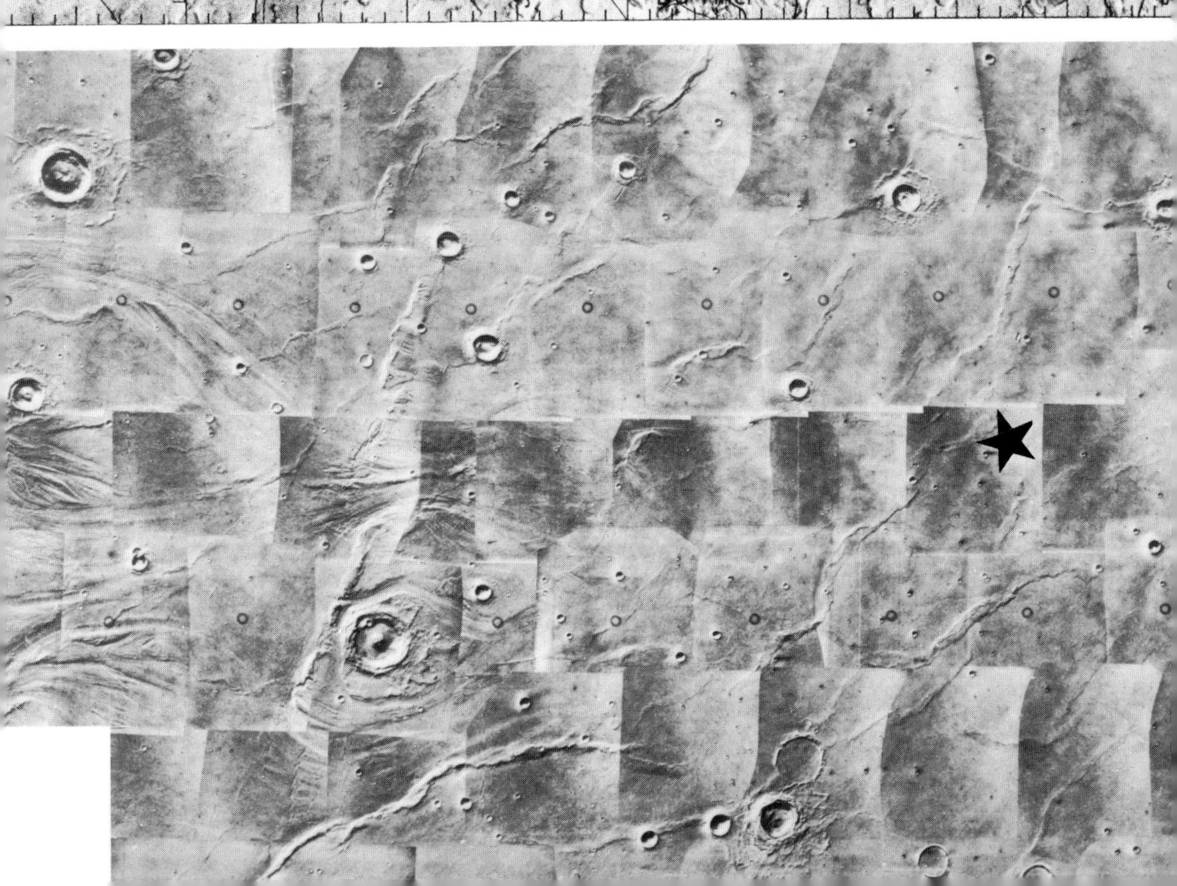

Mars Der Viking-1-Landeplatz

Der erste Blick auf die Marsoberfläche von der Landestation war ein aufregendes Erlebnis, insbesondere da die Bilder sehr scharf waren. Das erste übermittelte Bild war eine Nahaufnahme des Materials in der unmittelbaren Umgebung eines Fußes der Station. Das Bild wurde so früh aufgenommen – nur 25 Sekunden nach der Landung – daß die aufgewirbelte und sich setzende Staubwolke noch eine leichte Unschärfe am linken Bildrand verursachte. Das Bild besteht aus einer Serie von vertikalen Abtastungen von links nach rechts, sodaß sich zur Zeit der Aufnahme des größten Teils des Bildes der Staub bereits gesetzt hatte. Dieser Staub ist rechts in der Höhlung des Fußes zu sehen. Man sieht, daß es viel mehr Steine gibt, als man erwartet hatte; der größte in Bildmitte hat etwa eine Breite von 10 cm.

Panoramaaufnahmen um den Landeplatz bis zum Horizont zeigen, daß die ganze Gegend steinig ist; manche Blöcke, wie „Big Joe" links im Panorama haben eine Breite bis zu 2 m. Die Szene erinnert stark an eine typische Steinwüste mit vielen, von feinerem Material umgebenen Blöcken; auf dem Mars ist dieses feine Material eher von Staubkorn- als von Sandkorn-Größe. Die dünenähnlichen Gebilde auf halbem Weg zum Horizont gleichen mehr Schneewehen als Sanddünen, die anscheinend vom Wind angeweht wurden. Die Natur der unregelmäßigen Horizontlinie ist unklar; vielleicht blicken wir auf die Ränder kleiner Einschlagkrater, die sich – wie in dem Bild der vorhergehenden Seite – auf der Oberfläche befinden.

Viele verschiedene Arten von Gestein sind an der Oberfläche zu sehen. In manchen von ihnen sind Kristalle sichtbar und viele enthalten Bläschen, was auf vulkanischen Ursprung hinweist.

Wie ist die Geologie dieses Gebiets zu interpretieren? In irgendeiner Phase in der Geschichte dieses Gebiets wurde in den ausgedehnten Tälern Material herabtransportiert und als Sediment im Becken abgelagert. Wenn man anderseits einen Vergleich mit dem Mond anstellt, hat das Gelände eine bemerkenswerte Ähnlichkeit mit den lunaren Maria. Sind diese beiden Ansichten miteinander verträglich? Eine Interpretation ist, daß die Chryse-Ebenen abwechselnd mit Sedimenten und mit vulkanischen Laven bedeckt wurden. Die Sedimente wurden aus höhergelegenen Gebieten um das Becken durch einzelne katastrophale Fluten herabgeschwemmt, die Lavadecken wurden durch ebenfalls katastrophale Überflutung des Beckenbodens durch flüssige Laven erzeugt. Es ist wahrscheinlich, daß die letzte Episode in der Gegend des Landeplatzes eine vulkanische war. Das würde heißen, daß die Blöcke an der Oberfläche für einen darunter liegenden Lavafluß repräsentativ sind und nicht Material sind, das aus den umliegenden höheren Gebieten stammt.

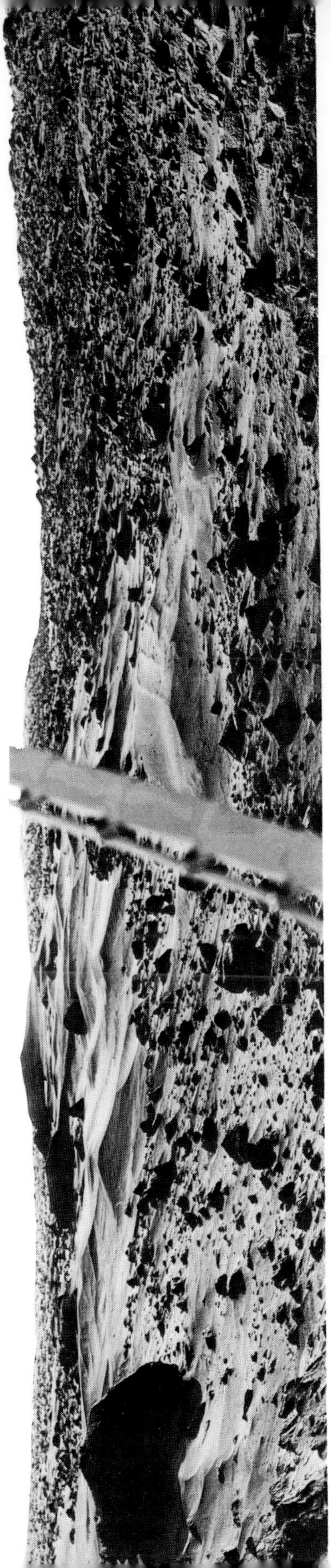

Mars Die Suche nach einem zweiten Landeplatz

Nachdem ein Landegerät sicher abgesetzt war, blieb die schwierige Aufgabe, einen zweiten guten Landeplatz zu finden. Die ausgedehnte Suche in einer Anzahl von Gebieten in der nördlichen Hemisphäre erwies sich insofern als Fehlschlag, als das Gelände mit Kratern übersät und stellenweise sehr rauh war. Eine der letzten untersuchten Gegenden war die Utopia-Region (rechts oben in der Karte von S.107).

Im oberen Bild gegenüber sehen wir ein Gebiet südlich von Utopia namens Nilosyrtis Mensae. Hier erkennt man deutlich das durch Erosionsprozesse zusammengebrochene, kraterreiche Hochland. Das Hochlandgebiet wird von zahlreichen Tälern durchquert, die einem lokalen Muster folgen, das vermutlich mit einem tektonischen Muster zusammenhängt; die Böden dieser Täler sind mit gestreiftem Material gefüllt. Dieses Material gilt als Erosionsschutt von den Talhängen, der die Täler hinabtransportiert wurde. Durch fortgesetzte Erosion wurde das höhere Gelände zwischen den Tälern zunehmend abgetragen und zurück blieb eine „ungeordnete" Ebene.

Wenn wir vom Gebiet der südlichen Hemisphäre nordwärts in die Ebenen gehen, begegnen wir zahlreichen bizarren Geländeformen. Viele davon sind mit unseren Kenntnissen von den geologischen Prozessen auf der Erde außerordentlich schwer zu interpretieren; sie können das Ergebnis von Permafrost, Winderosion und -ablagerung und Vulkanismus sein. Ein Beispiel für ein möglicherweise durch Permafrost erzeugtes Gebilde wird im mittleren Bild gegenüber gezeigt; eine mögliche Erklärung für dieses „Fingerabdruck"-Muster ist Frostaufbruch in oberflächennahen Schichten. Diese und viele andere Gebilde sind aber noch rätselhaft und erfordern detailliertere Untersuchungen.

Eines der relativ ebenen Gebiete in Utopia, in dem der Landeplatz ausgewählt wurde, wird in dem unteren Bild gezeigt (die Stelle ist mit X markiert). In diesem Gebiet ist anscheinend ein polygonales Spaltensystem mit Kratern von einer dünnen Schicht überdeckt, die dem Gelände ein verschwommenes Aussehen gibt. Ob es sich dabei um Material handelt, das vom Wind herangetragen wurde oder etwas mit dem benachbarten 100 km-Krater Mie zu tun hat, ist unbekannt; das abgedeckte Gelände versprach jedenfalls eine sichere Landung. In manchen Gebieten findet sich ein eigenartiges Gelände mit Vertiefungen, von dem manche glauben, daß es aus kleinen Sanddünen besteht. In diesem Gelände landete Viking 2. Wie wir auf der nächsten Seite sehen werden, gibt es aber dort keine Spur von Sanddünen oder irgendeiner anderen Erscheinung, die diese besondere Geländeform erzeugen könnten. Keiner der Krater sieht frisch aus, die meisten haben weite Sockel und könnten abgetragene Wallkrater sein.

Die Interpretation der aus der Umlaufbahn aufgenommenen Bilder zeigte, daß die Geologie des zweiten Landeplatzes ganz verschieden ist von dem im Chryse-Becken, und die Geologen des „Lander Imaging Team" warteten gespannt auf die ersten Aufnahmen von der Landschaft in diesem neuen Gebiet.

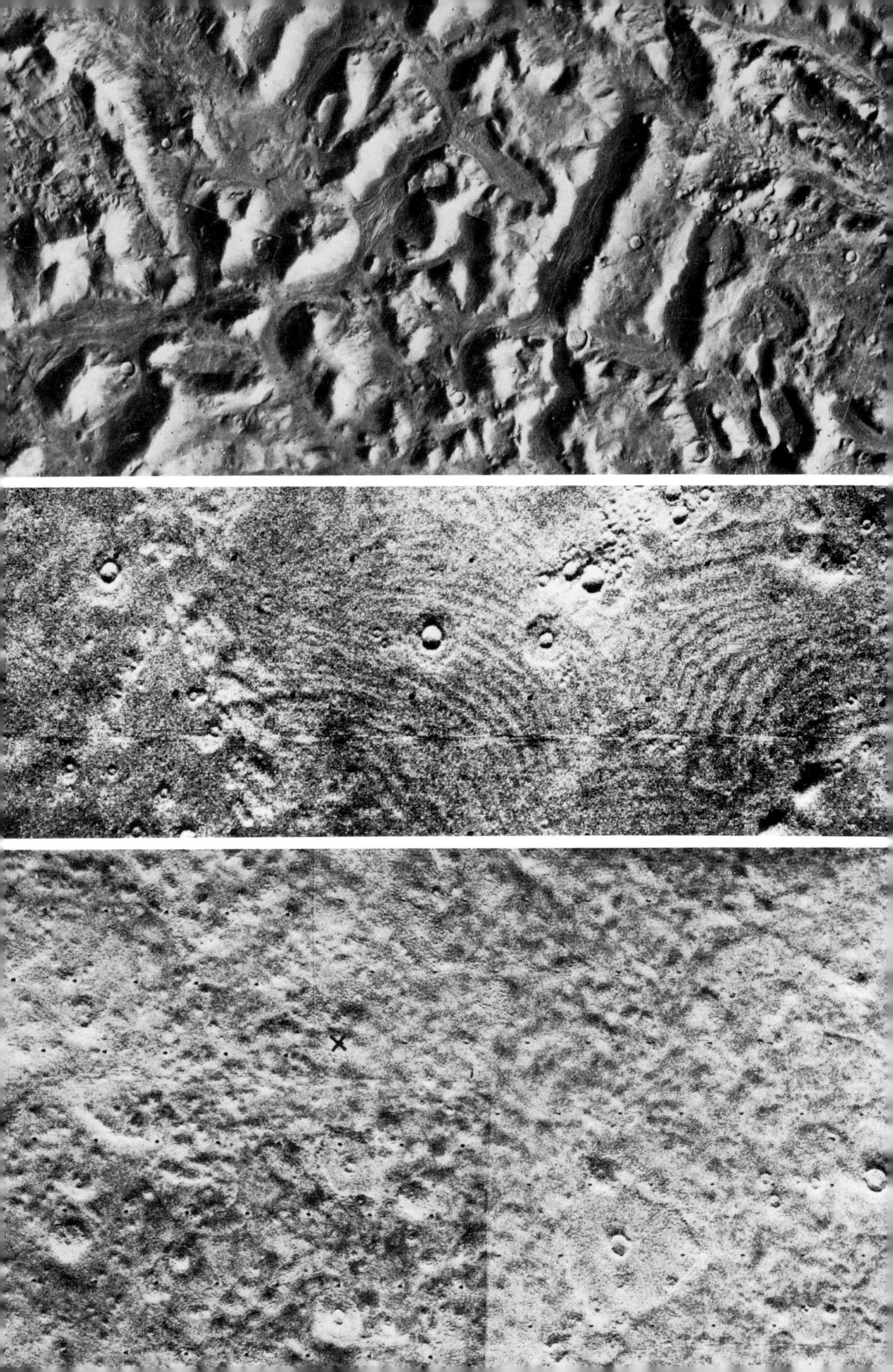

Mars Landung in Utopia

Die ersten Bilder vom zweiten Landegerät waren eine Überraschung, weil sie trotz der verschiedenen geologischen Umgebung denen von Landegerät 1 so ähnlich sahen. Die größte Überraschung war der Umstand, daß die Landestelle noch steiniger war als das Gebiet um die Chryse-Landestelle. Tatsächlich war die Station auf einem der Blökke gelandet, sodaß sie nun 8 Grad geneigt war. Es gibt aber einen fundamentalen Unterschied zwischen den beiden Stellen und zwar ist in Utopia der Horizont eben. Damit wurde der aus den Orbiter-Bildern gewonnene Befund, daß das Gebiet relativ eben ist, bestätigt; die Anwesenheit von sovielen Blöcken wurde allerdings nicht vorausgesagt.

Die Prüfung der Bilder auf dieser Seite zeigt deutlich, daß auch hier viele Blöcke Bläschen enthalten und vulkanischen Ursprungs sein dürften. Staubablagerungen sind nicht auffällig, aber es gibt eine Menge feinkörnigen Materials zwischen den Blökken. Das Bild links (drehen Sie das Buch um 90 Grad!) zeigt den Greifarm, wie er versucht, etwas verhärteten Oberflächenstaub zwischen den Gesteinsblöcken aufzusammeln. Es war nicht sicher, ob der Greifer dieses „krustige“ Material aufnehmen würde, aber im Nachbarbild sehen wir nach dem Zurückziehen des Armes eine flache Furche, was anzeigt, daß tatsächlich Material eingesammelt worden ist. Die Analyse aller Bodenproben von Utopia und Chryse zeigte, daß das Oberflächenmaterial an diesen Stellen stark verwittert ist.

Das Bild rechts oben zeigt die Oberfläche in der Nähe der Landestation. Von besonderem Interesse ist ein gerader Graben, der 10-15 cm tief ist und auf eine Länge von mehr als 10 m verfolgt werden kann. Der Graben ist teilweise mit Sediment gefüllt, das feiner ist als das auf den angrenzenden Oberflächen. Der Graben ist Teil eines ausgedehnteren polygonalen Netzes, das um das Landegerät zu sehen ist. Sein Ursprung ist unklar; es könnte durch abwechselndes Frieren und Tauen von Bodenwasser gebildet worden sein. Ähnliche Strukturen entstehen in periglazialen Regionen der Erde, wo sie dadurch erzeugt werden, daß Wasser im Boden friert und Eisnadeln bildet. Wenn diese Interpretation richtig ist, müssen diese Gebilde zu einer Zeit entstanden sein, als es beständiges, flüssiges Wasser auf dem Mars gab und die Atmosphäre ganz verschieden von der heutigen war. Gebilde wie diese wurden in Chryse nicht beobachtet, vielleicht weil Chryse in einer etwas niedrigeren Breite liegt, wo gemäßigtere klimatische Bedingungen geherrscht haben.

Es ist schwierig zu verstehen, warum die beiden Landeplätze trotz völlig verschiedener geologischer Umgebung, mit wenigen Ausnahmen so ähnlich sein können. Dies ist im Hinblick auf die Frage nach dem Ursprung der über die Oberflächen verstreuten Gesteinsblöcke besonders wichtig. Eine Erklärung geht davon aus, daß es an beiden Landeplätzen Einschlagkrater gibt, sodaß es möglich ist, daß die meisten oder alle Blöcke um die beiden Landegeräte bei der Kraterbildung herausgeschlagen wurden. Auf dem Mond würden solche Blöcke an der Oberfläche natürlich durch das unablässige Bombardement durch Mikrometeoriten zerstört worden sein, aber auf dem Mars ist die Oberfläche durch die Atmosphäre gegen die Angriffe kleiner Teilchen geschützt, da diese bei ihrem Eintritt in die Atmosphäre verglühen.

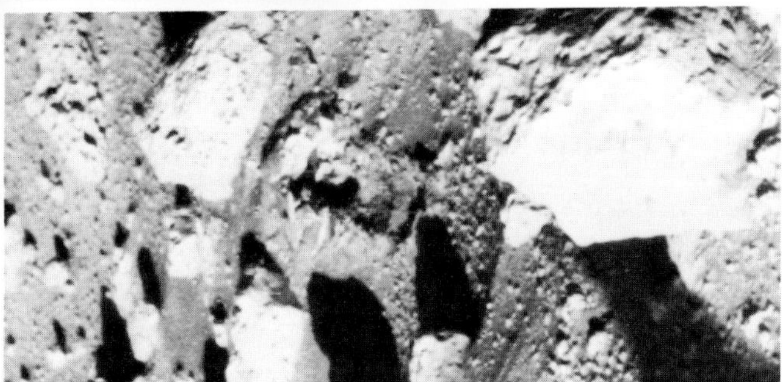

Die Marsmonde

Nachdem Galilei durch die Entdeckung von 4 Jupitermonden gezeigt hatte, daß der Erdmond nicht einzigartig ist, gab es guten Grund zur Annahme, daß auch noch andere Planeten Monde besitzen würden. Da Venus keinen, die Erde einen und Jupiter vier bekannte Monde hat hatte, vermutete Kepler für die Zahl der Monde der Planeten eine arithmetische Reihe und schrieb dem Mars zwei Monde und einem hypothetischen Planeten zwischen Mars und Jupiter drei Monde zu. (Die Bahn dieses hypothetischen Planeten koinzidiert mit dem Asteroidengürtel.) Jonathan Swift machte 1726 in „Gullivers Reisen" weitere Angaben über die beiden hypothetischen Marsmonde: der innere sollte sich rasch über den Marshimmel bewegen, der äußere langsamer. Diese Vermutungen waren im wesentlichen richtig, wenn sie auch auf falschen Voraussetzungen basierten.

Die wirkliche Suche nach den Marssatelliten wurde 1783 von Herschel begonnen und von anderen Astronomen fortgesetzt, bis Asaph Hall, ein US-Astronom, bei der besonders starken Annäherung von Mars und Erde im Jahre 1877 im Abstand von einer Woche zuerst den äußeren und dann den inneren Mond fand. Er nannte sie Deimos (Schrecken) und Phobos (Angst) nach den beiden Söhnen oder Begleitern des Gottes Mars in Homers Ilias.

Nur hundert Jahre nach Halls Entdeckung hatten sich drei Raumsonden (Mariner 9, Viking 1 und 2) den Satelliten soweit genähert, daß sie Bilder und andere Daten aufnehmen konnten. Vorher konnte von der Erde aus wenig über sie in Erfahrung gebracht werden und zwar wegen ihrer geringen Größen, die auch nur aus der beobachteten Helligkeit und angenommenen Albedos abgeleitet werden konnten.

Vor Viking hatte Mariner 9 festgestellt, daß die beiden Satelliten eine unregelmäßige, grob ellipsoidale Form haben mit einer Länge, die ungefähr 1,5 mal größer ist als die Dicke; Phobos (oberes Bild und Nebenbild) hat eine größte Ausdehnung von 27 km und Deimos (unten) von 12 km. Es wurde bestätigt, daß ihre Rotation mit ihrem Umlauf um den Mars synchronisiert ist; sie machen eine Umdrehung während eines Umlaufs, das heißt, es ist immer dieselbe Seite Mars zugewandt, wobei die längste Achse gegen Mars gerichtet ist, so wie die lange Achse des Erdmondes zur Erde zeigt, und zwar aus denselben Gründen (siehe S.58).

Phobos und Deimos sind beide sehr kraterreich und mit einem dunkelgrauen Regolith bedeckt, wobei Deimos aber glatter erscheint als Phobos.

Der größte Krater der beiden Monde ist mit 10 km Durchmesser Stickney auf Phobos. Der Einschlag, der diesen Krater erzeugte, schlug ein wesentliches Stück von dem Mond ab, wie man in dem Nebenbild oben rechts sehen kann.

Mars Die Bewegungen der Monde und ihre Krater

Mariner 9 stellte fest, daß der innere Mond, Phobos, den Mars in einem Abstand von nur 6.050 km umkreist, sodaß er von der Marsoberfläche gut sichtbar ist; er wurde tatsächlich vom Viking-1-Landegebiet photographiert. Da seine Umlaufszeit nur 7h 39min beträgt, sieht man ihn zwei bis dreimal täglich am rosa Marshimmel vorüberziehen. Da er in derselben Richtung umläuft in der Mars rotiert, geht er im Westen auf und im Osten unter, (seine Bewegung ist entgegengesetzt zur scheinbaren Bewegung der Sonne) und braucht 11h 6min um wieder über demselben Punkt zu stehen, denn er muß die Rotationsbewegung von Mars aufholen. Wie nahe sich Phobos am Mars befindet, ist in dem Streifenmosaik rechts zu erkennen, wo der schwarze Fleck des Mondes zwischen Viking-Orbiter und Mars zu sehen ist. Das Mosaik links oben zeigt den Schatten von Phobos auf der Marsoberfläche.

Deimos kreist in einer Höhe von etwa 21.000 km über der Oberfläche, sodaß er, auch wegen seiner geringen Größe, vom Mars aus nur als heller, sich bewegender Stern zu sehen ist. Seine Umlaufszeit von 30h 18min ist etwas länger als ein Marstag (24h 37min), sodaß es etwa 5,5 Marstage dauert, bis er sich wieder im selben Teil des Mars-Himmels bewegt. Beide Mondbahnen haben eine geringe Neigung zur Äquatorebene des Planeten.

Mariner 9 bestätigte die interessante Möglichkeit, daß die Umlaufbahn von Phobos kleiner wird, daß er langsamer wird und sich immer mehr dem Mars nähert. Wenn dieser Prozess im gegenwärtigen Maß anhält, ist damit zu rechnen, daß Phobos innerhalb der nächsten 100 Millionen Jahre vom Marshimmel fällt, also – in der geologischen Zeitskala – schon morgen.

Aufgrund der Bewegung von Phobos wurde einmal vermutet, daß er ein hohler Körper, vielleicht sogar ein fremder, künstlicher Satellit sei. Die Unwahrscheinlichkeit dieser Annahme erkennt man an dem unteren linken Bild, das Nahaufnahmen der kraterbedeckten Oberfläche von Phobos zeigt. In dieser Wiedergabe sind die Helligkeitsunterschiede verstärkt, sodaß man auf den Kraterböden, insbesondere in großen Kratern deutlich dunkle Stellen erkennen kann. Diese Flecken wurden photometriert und man kam zu dem Schluß, daß sich ihr Material von dem der Umgebung in der Struktur, aber nicht in der Zusammensetzung unterscheidet. Daraus ist auf Einschlag-Schmelzen zu schließen, insbesondere da die dunklen Stellen in jungen Kratern am deutlichsten sind. Andere Erklärungen nehmen unterirdische Schichtung oder ein Sortieren grober Trümmer in den Kratern infolge der Gravitation an. Kraterzählungen zeigen, daß Phobos und Deimos alte Oberflächen haben, die über 3 Milliarden Jahre alt sein dürften.

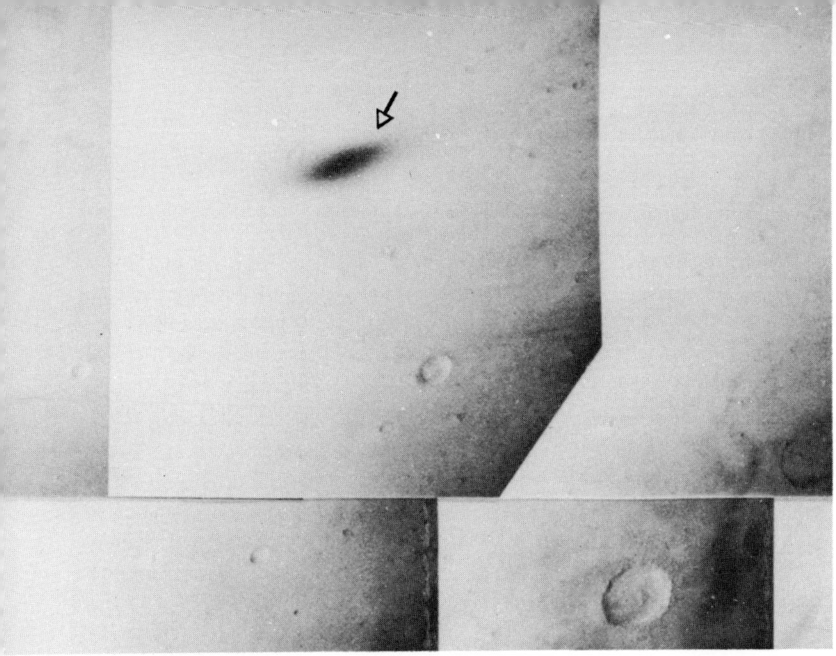

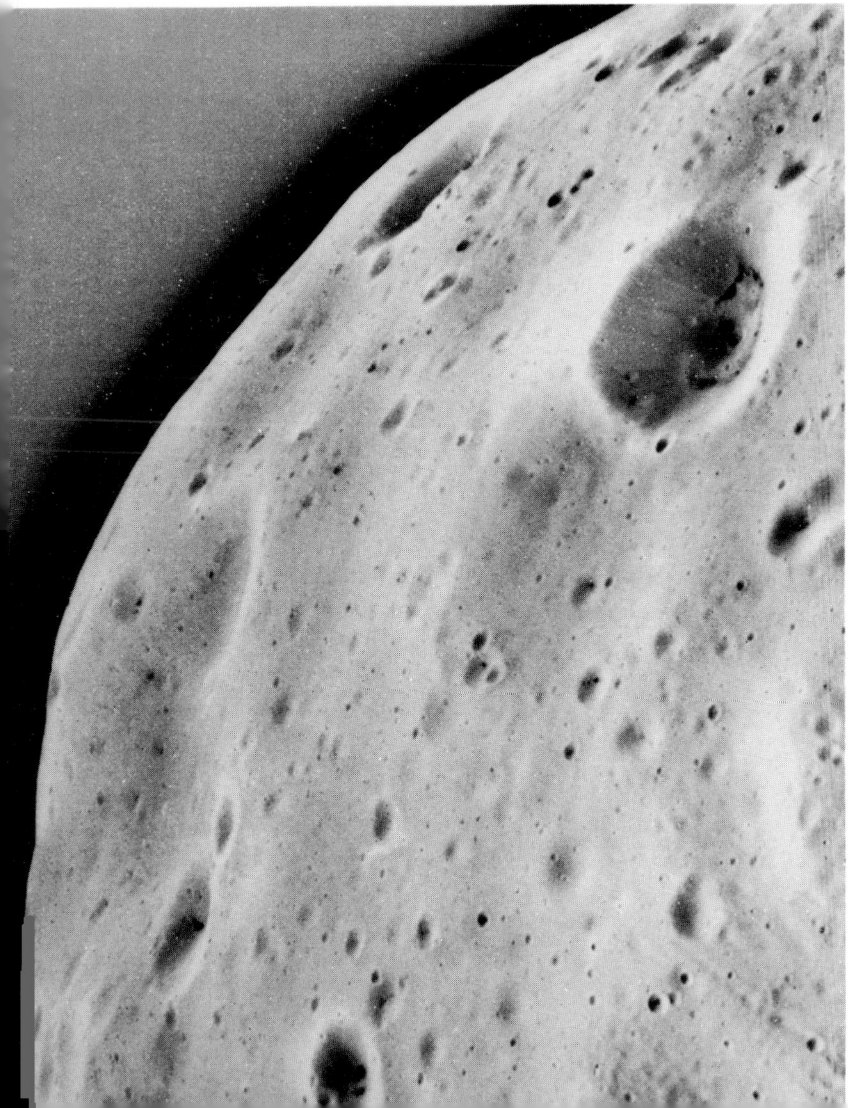

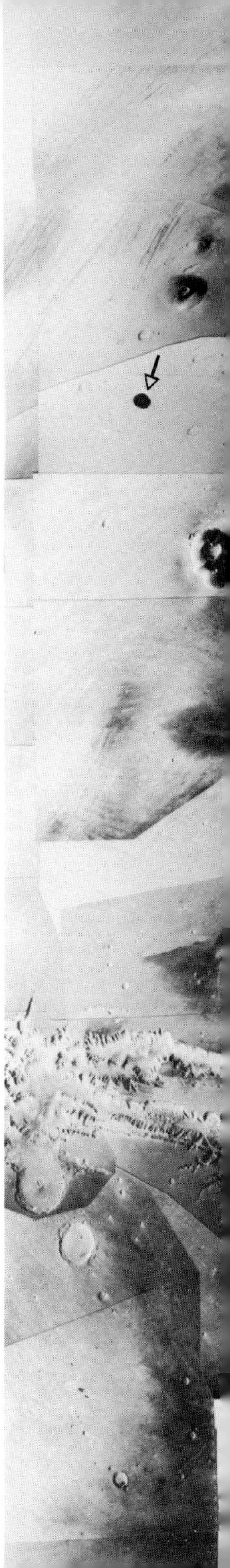

Mars Der gefurchte Mond

Die von Mariner 9 erhaltenen Daten wurden von den beiden Viking-Missionen bestätigt und verfeinert. So wurden die Bahnen der beiden Monde genauer bestimmt, indem sie gegen Hintergrundsterne photographiert wurden. Da die Viking-Orbiter Zwillings-Abbildungssysteme haben, konnten die Helligkeitsunterschiede zwischen den Sternen und den Monden überbrückt werden. Vorüberflüge an den Monden waren so nahe (Abstand von Deimos in einem Fall 23 km), daß mittlere Dichten aus der Gravitationwirkung auf die Raumsonde abgeleitet werden konnten. Bei Phobos wurde dieses Ergebnis kombiniert mit den Resultaten einer Analyse der aus Viking-1-Landegerät-Bildern bestimmten spektralen Reflektivität des Mondes. Dies führte zu dem Schluß, daß der Mond aus einem dunklen Material geringer Dichte besteht, das dem Typ I oder II von kohligen Chondriten-Meteoriten sehr ähnlich ist. Nach manchen Theorien sind solche Körper nur in der äußeren Hälfte des Asteroidengürtels gebildet worden, sodaß Phobos ein vom Mars eingefangener Asteroid sein könnte.

Die überraschendste Entdeckung auf den Viking-Aufnahmen ist, daß Phobos von langen, gewöhnlich 100-200 m breiten und 20 m tiefen Furchen (Bild oben) kreuz und quer durchzogen ist. Ihre Verteilung scheint einen Zusammenhang mit dem 10 km-Krater Stickney zu zeigen und man vermutet, daß sie die Oberflächenerscheinung der durch den Einschlag erzeugten Brüche sind. Es ist sicher, daß der Meteorit, der Stickney erzeugte, so ziemlich der größte war, den Phobos noch aushalten konnte, ohne zu zerbrechen.

Da Stickney sich an dem einen Ende von Phobos befindet, könnten die Risse auch durch Gezeitenwirkung vom Mars verursacht worden sein. Phobos befindet sich für seine Dichte sicherlich nahe an der Roche-Grenze, das heißt, wenn er ein flüssiger Körper ohne Kohäsionkräfte wäre, würde er von den Gezeitenkräften auseinander gerissen werden.

Bei hoher Auflösung sieht man, daß die Furchen aus Ketten von Kratern bestehen, die aber nicht wie die Ketten von Sekundärkratern aussehen. Man nimmt an, daß die Krater durch Ablaufen losen Materials in die Spalten oder durch Entweichen von Dampf aus dem Innern entstanden sind. Kohlige Chondriten enthalten gewöhnlich etwas Wasser, und Wasser im Innern von Phobos könnte durch den Stickney-Einschlag erhitzt worden sein und durch die während des Einschlags erzeugten Spalten entwichen sein.

Die Oberfläche von Deimos ist von der von Phobos in zweierlei Hinsicht verschieden. Erstens sind keine Furchen sichtbar und zweitens ist sie mit einem glatten, hellen Material bedeckt, das die meisten Krater teilweise füllt, was zu einem glatten Aussehen der Oberfläche führt. Unter all dem feinkörnigen Schutt sind hausgroße Blöcke zu sehen, die wahrscheinlich durch Meteoriteneinschläge herausgeschlagen wurden. Es ist unklar, warum sich Deimos so sehr von Phobos unterscheiden sollte. Verschiedene Mengen von Einschlag-Trümmern wurden vielleicht deswegen erzeugt, weil er aus anderem Material besteht, aber die beschränkten verfügbaren Daten sprechen nicht sehr für Unterschiede in der Zusammensetzung. Es ist auf jeden Fall klar, daß diese wahrscheinlich undifferenzierten Körper für das Verständnis des Ursprungs der Planeten sehr wichtig für die zukünftige Forschung sein werden.

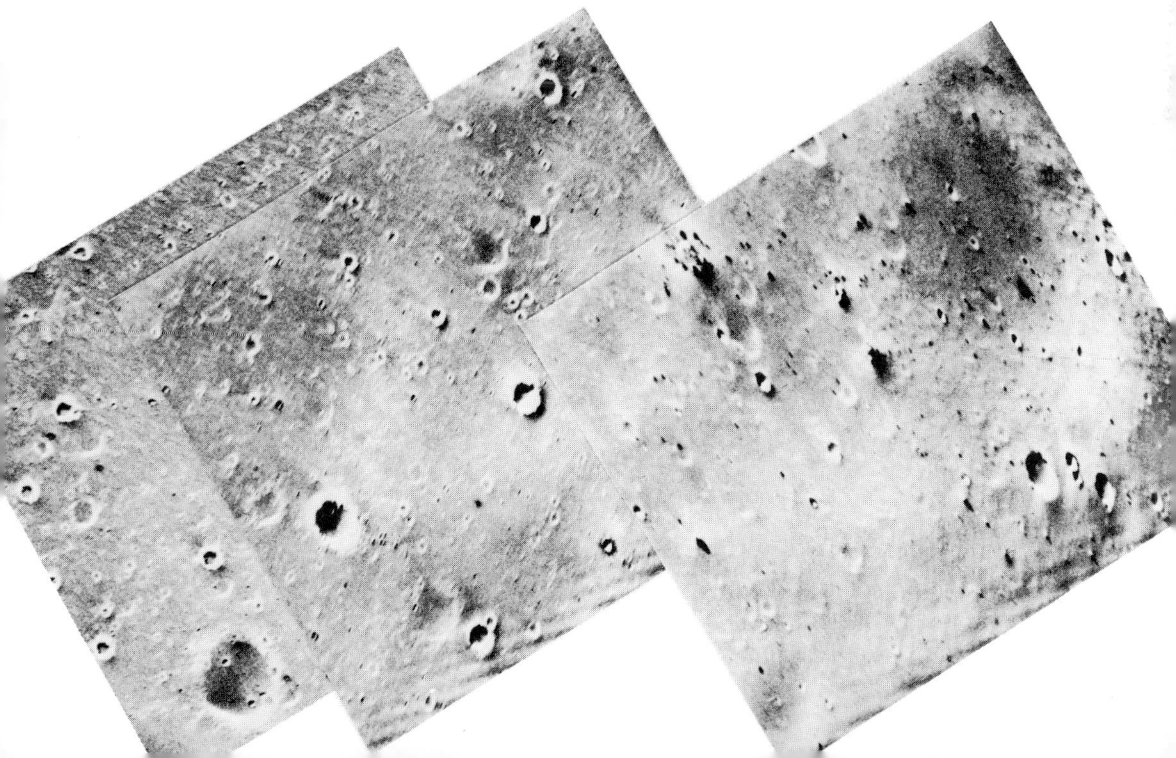

Venus Venus: der verhüllte Planet

Die Venus ist wegen ihrer großen Ähnlichkeit mit der Erde für die Planetologen von besonderem Interesse: Masse, Durchmesser und mittlere Dichte zum Beispiel sind fast dieselben wie bei der Erde. Sie ist auch der der Erde nächste Planet und beschreibt eine Bahn zwischen Erde und Merkur; deswegen und wegen ihrer wolkigen Atmosphäre ist sie eines der hellsten Objekte am Nachthimmel. Aber es gibt auch viele Unterschiede zwischen Erde und Venus.

Venus hat keinen Mond und kein Magnetfeld und sie rotiert sehr langsam um ihre Achse und zwar retrograd. Die Sonne geht im Westen der Venus auf und in ihrem Osten unter und ein Venustag dauert 243 Erdentage. Es ist jedoch unwahrscheinlich, daß irgendjemand auf der Venusoberfläche die Sonne aufgehen sehen könnte, denn Wolken und Dunstschichten verhüllen den Planeten. Die Wolken bestehen weitgehend aus Schwefelsäuretröpfchen, während man die Gebiete, die im Ultraviolett-Licht dunkel erscheinen (siehe das Mariner-10-Ultraviolett-Photomosaik gegenüber) für schwefelreich hält. Man glaubt, daß der Schwefel durch Photodissoziation von Kohlenstoff-Sauerstoff-Schwefel-Verbindungen in der tieferen Atmosphäre entsteht; dies ist nur eine Reaktion von vielen in einer komplexen und wenig verstandenen Wolken-Chemie.

Die Wolken befinden sich in einer dichten Kohlendioxyd-Atmosphäre, die an der Oberfläche einen Druck erzeugt, der das neunzigfache des irdischen Atmosphärendrucks in Meeresniveau beträgt. Die Temperatur an der Oberfläche hat den unglaublichen Wert von 480 Grad Celsius.

Da die Venus näher an der Sonne gebildet wurde als die Erde, war ihre Atmosphäre so heiß, daß keine Kondensation von Wasser stattfand, das einiges von dem Kohlendioxyd absorbiert und eine Kühlung und Stabilisierung bewirkt hätte. Da Kohlendioxyd Wärmestrahlung von der Sonne in die Atmosphäre hineinläßt, sie aber nicht so leicht herausläßt, ergab sich ein Gewächshauseffekt.

Es wird vermutet, daß in der kälteren äußeren Atmosphäre das ursprünglich vorhandene Wasser durch die solare Ultraviolettstrahlung in Sauerstoff und Wasserstoff dissoziert wurde. Der Wasserstoff ging an den Weltraum verloren; die direkteste Erklärung für den Sauerstoffüberschuß ist die Annahme, daß er mit dem Oberflächengestein reagierte. Es wurde jedoch darauf hingewiesen, daß ohne fließendes Wasser, durch das dauernd frisches Gestein der Oxidation ausgesetzt wird, auf diese Weise nicht genügend Sauerstoff hätte gebunden werden können.

Frisches Gestein könnte durch einen Prozess ähnlich wie bei der Plattentektonik auf der Erde an die Oberfläche gebracht werden, die vorhandenen Hinweise reichen aber nicht aus, um zu entscheiden, ob es auf der Venus erdähnliche Tektonik gibt oder nicht. Wenn ein der Erde in so vieler Hinsicht ähnlicher Planet nicht dasselbe tektonische Verhalten zeigt, ergibt sich natürlich die wichtige Frage, wieso die Tektonik auf der Erde so ist, wie sie ist.

Venus Venera und Pionier

Die Wolken der Venus hindern uns daran, die Oberfläche zu sehen, aber Radarbilder des Planeten wurden von den Radioteleskopen von Arecibo, Puerto Rico und Goldstone, Kalifornien, gemacht. Das obere Bild von der Goldstone Station zeigt ein etwa 1500 km breites Gebiet, in dessen Zentrum ein 1500 km langer, 150 km breiter und 2-4 km tiefer Canyon von oben nach unten (NNO-SSW) verläuft; auch andere Gebilde, insbesondere mögliche Einschlagsstrukturen, wurden entdeckt. Die Schlucht ist – analog zum Ostafrikanischen Graben auf der Erde und den Valles Marineris auf dem Mars – wahrscheinlich durch ausgedehnten Tektonismus entstanden.

Zwei Bilder der Venusoberfläche wurden von den sowjetischen Sonden Venera 9 und 10 übermittelt, die 1975 in einem Abstand von 2000 km auf dem Planeten landeten. Ein Teil eines dieser Bilder wird unten gezeigt. Man sieht, daß es unter den Wolken Tageslicht gibt und in diesem Licht erkennt man ein Panorama von kantigen bis rundlichen Blöcken von ungefähr einem halben Meter Breite, die durch feineres Material getrennt sind. Die Landegeräte bestimmten die Dichte der Blöcke zu 2,7-2,9 g/cm^3 was, ebenso wie die Radioaktivität unter den beiden Landegeräten und das niedrige Albedo typisch für terrestrischen Basalt ist.

Die Anwesenheit von Basalt würde anzeigen, daß der Planet heiß gewesen ist und sich in eine Kruste, einen Mantel und wahrscheinlich einen Kern differenziert hat, obgleich unklar ist, wie sich unter solch extremen Bedingungen Vulkanismus äußern und Lava verhalten würde.

Im Dezember 1978 startete eine Pionier-Raumsonde aus einer Venus-Umlaufbahn vier kleine Sonden, die an verschiedenen Stellen in die Planetenatmosphäre eindrangen, um Proben aufzunehmen und Messungen zu machen, bis sie die Oberfläche erreichten. Für den Fall, daß eine den Aufschlag überlebte, sollte sie für 110 Minuten Daten übermitteln. Diesen Sonden folgte nach wenigen Tagen die sowjetische Sonde Venera 12. Die vorläufigen Resultate bestätigen viele frühere Beobachtungen und Vermutungen und brachten auch einige Überraschungen, wie das Auftreten starker Blitze am Nachthimmel; die Atmosphäre ist an den Polen wärmer als am Äquator, und über dem Nordpol (wahrscheinlich auch über dem Südpol) befindet sich in der Wolkendecke ein Loch von 600 km Durchmesser. Die vielleicht wichtigste Entdekkung war die vom Massenspektrometer und dem Gaschromatographen festgestellte sehr große Häufigkeit von Argon-36, einem Isotop, von dem man glaubte, daß es von den terrestrischen Planeten schon sehr früh in der Geschichte des Sonnensystems verlorengegangen wäre, indem es vom Sonnenwind weggeblasen wurde. Ein hoher Argon-36 Gehalt würde bedeuten, daß die Venus sich viel später als Planet entwickelte als die übrigen terrestrischen Planeten.

Inzwischen konnten durch Auswertung von Radar- und anderen Höhenmessungen von Pionier aus ein Großteil der Venus-Oberfläche kartiert werden. Es wurden mehrere kontinentähnliche Gebiete (Ishtar-Terra mit dem über 10.500 m hohen Maxwell-Gebirge, Aphrodite-Terra, Alpha- und Beta-Regio) neben mehreren Senken oder Becken nachgewiesen, 10% der Oberfläche von Venus sind hochliegende Plateaus und Gebirge. Es wird auf Grund dieser Radarkartographie vermutet, daß die vulkanische Aktivität auf Venus geringer ist als auf der Erde.

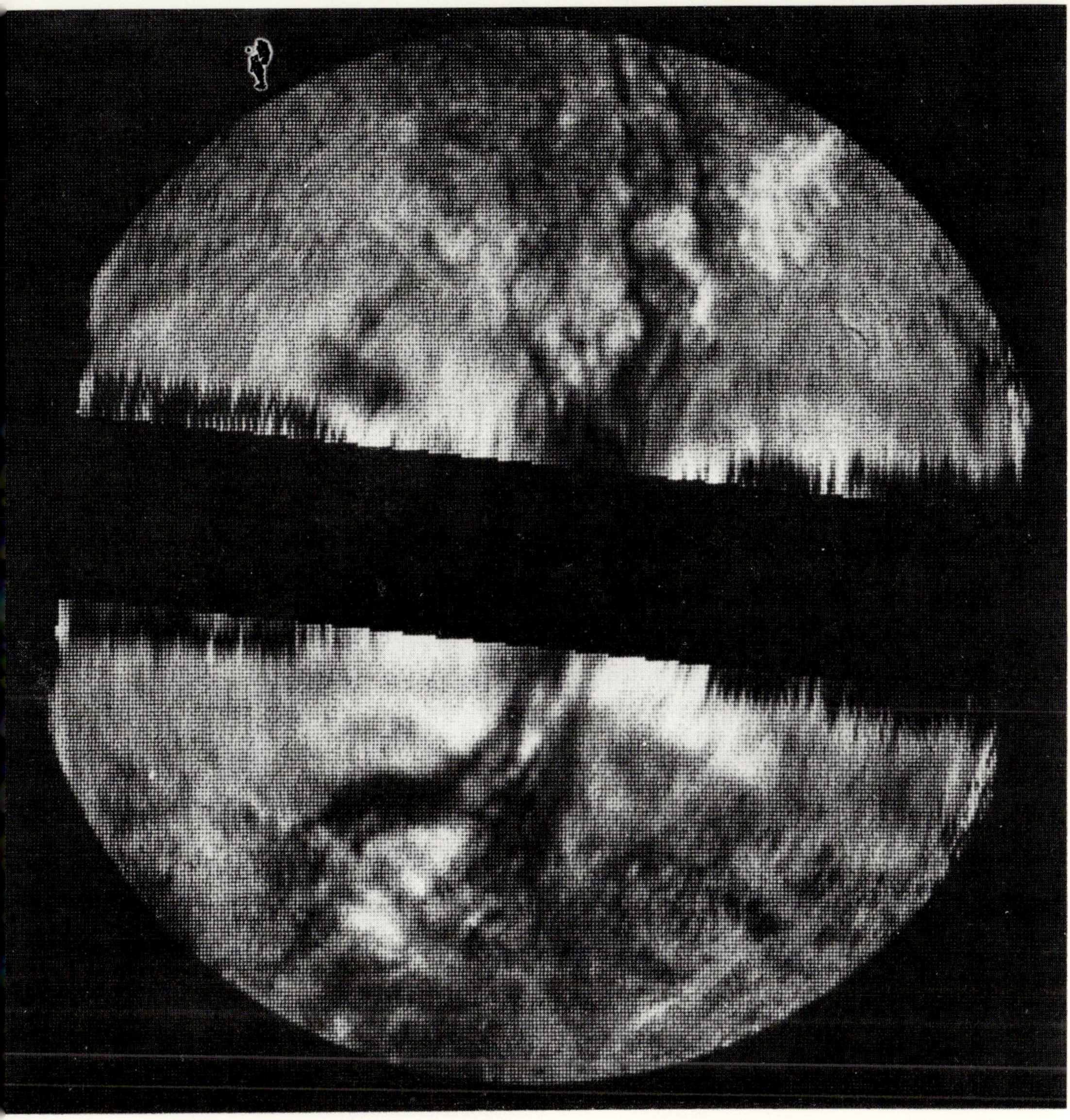

Satelliten von Jupiter Allgemeiner Überblick

Bisher haben wir in diesem Buch den Mond und die terrestrischen Planeten untersucht, jene festen Himmelskörper, die in ihrer Größe der Erde am nächsten kommen und ganz verschieden sind von den Riesenplaneten im äußeren Sonnensystem mit ihren dicken (gasförmigen) Atmosphären. Es gibt aber im Sonnensystem noch weitere sieben Körper von vergleichbarer Größe. Es sind dies die Jupitermonde: Io (3632 km), Europa (3126 km), Ganymed (5276 km) und Kallisto (4820 km), der Saturnmond Titan (4900 km), der Neptunmond Triton (ungefähr 4000 km) und der Planet Pluto (etwa 3000 km). Diese Größen reichen von fast Marsdurchmesser bis merklich weniger als dem Monddurchmesser.
Vier dieser Körper, die vier größten Satelliten von Jupiter werden gegenwärtig anhand der von den Voyager-Sonden übermittelten Nahaufnahmen studiert. Diese Satelliten erscheinen im Teleskop von der Erde aus klein und undeutlich. Mit großen Teleskopen und unter den besten Sichtbedingungen können helle und dunkle Streifen auf ihrer Oberfläche erkannt werden. Von Beobachtern auf der Erde gemachte Zeichnungen von Io, Europa, Ganymed und Kallisto werden in der Abbildung oben von links nach rechts gezeigt. Io ist davon der jupiternächste, Kallisto der fernste Satellit. Bereits an diesen Zeichnungen sind allgemeine Eigenschaften eines jeden Satelliten zu erkennen: Io hat dunkle Pole und einen hellen Äquator; Europa ist weniger kontrastreich mit dunkleren Äquatorgebieten und helleren Polen; Ganymed hat über die ganze Oberfläche helle und dunkle Flecken; und Kallisto ist dunkler als die anderen, hat aber ein paar helle Stellen.
Die vier Jupitersatelliten sind bei ihrem Umlauf von der Erde aus gesehen häufig von Jupiter verdeckt und wandern natürlich auch vor der Jupiterscheibe vorbei. Diese Vorübergänge bieten eine günstige Gelegenheit zur Beobachtung von Flecken auf der Oberfläche. Die Serie von Zeichnungen am rechten Rand der Abbildung zeigen einen Vorübergang von Ganymed.
Als sich die Voyager-1-Sonde dem Jupiter näherte, wurden diese allgemeinen Eigenschaften der Satelliten bestätigt und ein wesentlich detaillierteres Bild gewonnen. Man sieht die dunkle Oberfläche von Kallisto (unten links) dicht mit Einschlagkratern bedeckt. Darüber ist Ganymed abgebildet, der ein paar Einschlagkrater als weiße Flekken mit radialen Strahlen besitzt, sonst aber von einer eigenartigen, marmorierten Oberfläche mit rundlichen dunklen Flecken und helleren Streifungen bedeckt ist.
Über Ganymed ist Europa, auf der bei dieser Auflösung ein oder zwei mögliche Einschlagkrater sichtbar sind; ihre Oberfläche wird aber noch von den großen dunklen Gebieten in der Äquatorgegend und den helleren Polen beherrscht. Diesen überlagert sind Serien von eigenartigen, feinen, dunklen Linien, die bis zu Tausenden von Kilometern lang und über diese Distanz bemerkenswert gerade sind. Ihr Ursprung bleibt vorerst ein Rätsel, das vielleicht bald mit Hilfe der Aufnahmen von Voyager 2 gelöst werden wird.
Oben links, schließlich, ist ein Bild von Io, dem jupiternächsten Satelliten von diesen vier. Auf seiner Oberfläche sind keine Einschlagkrater sichtbar, es gibt aber viele rote Flecken, die manchmal von hellen Höfen umgeben sind.

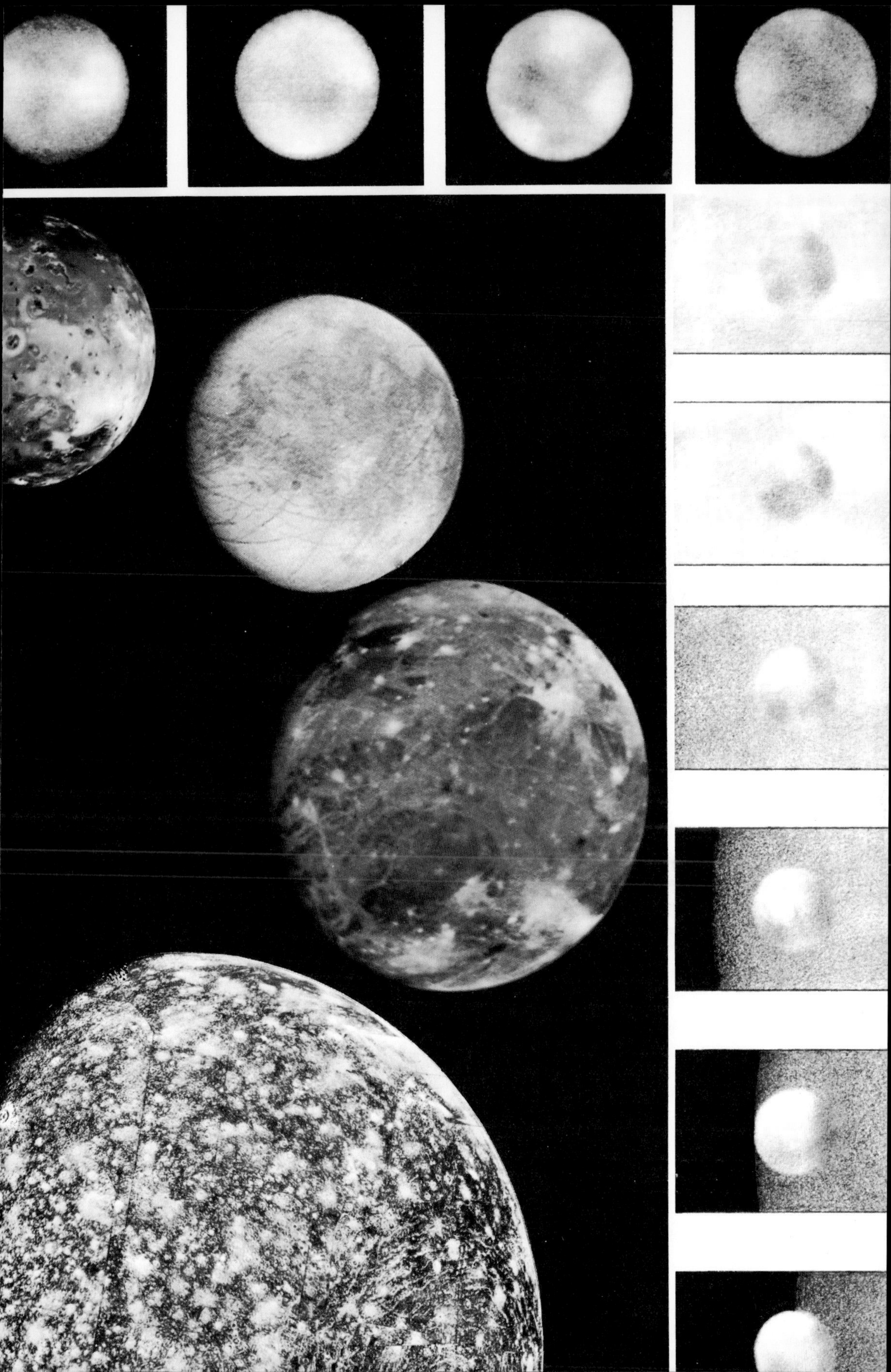

Satelliten von Jupiter Kallisto und Ganymed

Die Zahl der Einschlagkrater auf den Jupiter-Satelliten ist ein Schlüssel für das Alter ihrer Oberflächen. Die dichte Besetzung von Kallisto mit Kratern zeigt an, daß er eine Oberfläche aus der Frühzeit des Sonnensystems bewahrt hat. Ähnlich kraterreiche Gegenden des Mondes ergeben ein Alter von 4 Milliarden Jahren und mehr. Die ungewöhnlichste Erscheinung auf Kallisto ist die ausgedehnte weiße Fläche links unten, die 600 km im Durchmesser mißt und von mehreren konzentrischen Ringen umgeben ist, deren größter einen Durchmesser von 2600 km hat. Sie erinnert an das Orientale-Becken auf dem Mond und an das Caloris-Becken auf dem Merkur, aber keines der beiden hat soviele konzentrische Ringe; in dem gegenüber gezeigten Becken gibt es aber weder radiale Strahlen noch Sekundärkrater. Aus der Dichte von Kallisto kann geschlossen werden, daß er aus Eis und Gestein besteht, und es kann sein, daß die einzigartigen Eigenschaften dieses großen Beckens auf diese Mischung zurückzuführen sind.

Ganymeds Oberfläche ist jünger als die von Kallisto und die Anzahl der Einschlagkrater scheint ähnlich der in Mond-Maria, woraus auf ein Alter der gegenwärtigen Oberfläche von etwa 3,0 bis 3,9 Milliarden Jahre geschlossen werden kann. In den beiden Bildern rechts (das obere zeigt ein Gebiet von 1000 km × 600 km) sind weitere Details des eigenartigen Streifenmusters von Ganymed zu sehen. Diese Streifungen sind Nichts auf Mond, Mars, Merkur oder Erde ähnlich, sodaß ihr Ursprung gegenwärtig noch ein Rätsel ist. Nahaufnahmen (links oben wird ein Gebiet von 350 km × 670 km gezeigt) helfen da nicht, da sie nur zeigen, daß die Linienmuster einander unter ziemlich beliebigen Winkeln kreuzen, was gegen jede Art von Fließbewegung unter der Wirkung der Schwerkraft spricht. Es wurde vorgeschlagen, daß sie das Ergebnis einer Art Eistektonik sein könnten, da Eis ganz andere Muster erzeugen könnte als Tektonik im Gestein, die auf dem Mars die auf den Seiten 141-153 gezeigten spektakulären Erscheinungen verursacht hat. Die gefurchten Gebiete sind merklich heller als die ohne Furchen, vielleicht weil das Eis sauberer ist. Es wurde darauf hingewiesen, daß die groben Züge der Oberfläche von Ganymed dem entsprechen, was man von einer Kontinentaldrift, die von Konvektion im Innern bewirkt wird, erwarten würde. Sollte dies bestätigt werden, wäre neben der Erde Ganymed der einzige bisher erforschte Körper mit einem System von Plattentektonik. Wie aus der Zahl der überlagerten Einschlagkrater zu schließen ist, muß aber ein solches System schon vor langer Zeit, wahrscheinlich vor mehr als 3 Milliarden Jahren aufgehört haben, aktiv zu sein.

Als Voyager 1 sich Europa und Io näherte, erwartete man, daß sich Einschlagkrater zeigen würden, da sie auf allen anderen, bisher photographierten terrestrischen Körpern die dominierende Erscheinung sind. Europa hat vielleicht ein paar Einschlagkrater, aber Io hat überraschenderweise sicherlich keine, obwohl eine Anzahl eigenartiger, dunkler Flecken zu sehen sind (oben links auf der Rückseite). Das bedeutet, daß die Oberfläche der vier Satelliten umso jünger wird, je mehr man sich Jupiter nähert: Callisto ist am weitaus ältesten, Ganymed ist jünger, Europa noch jünger und Io anscheinend extrem jung.

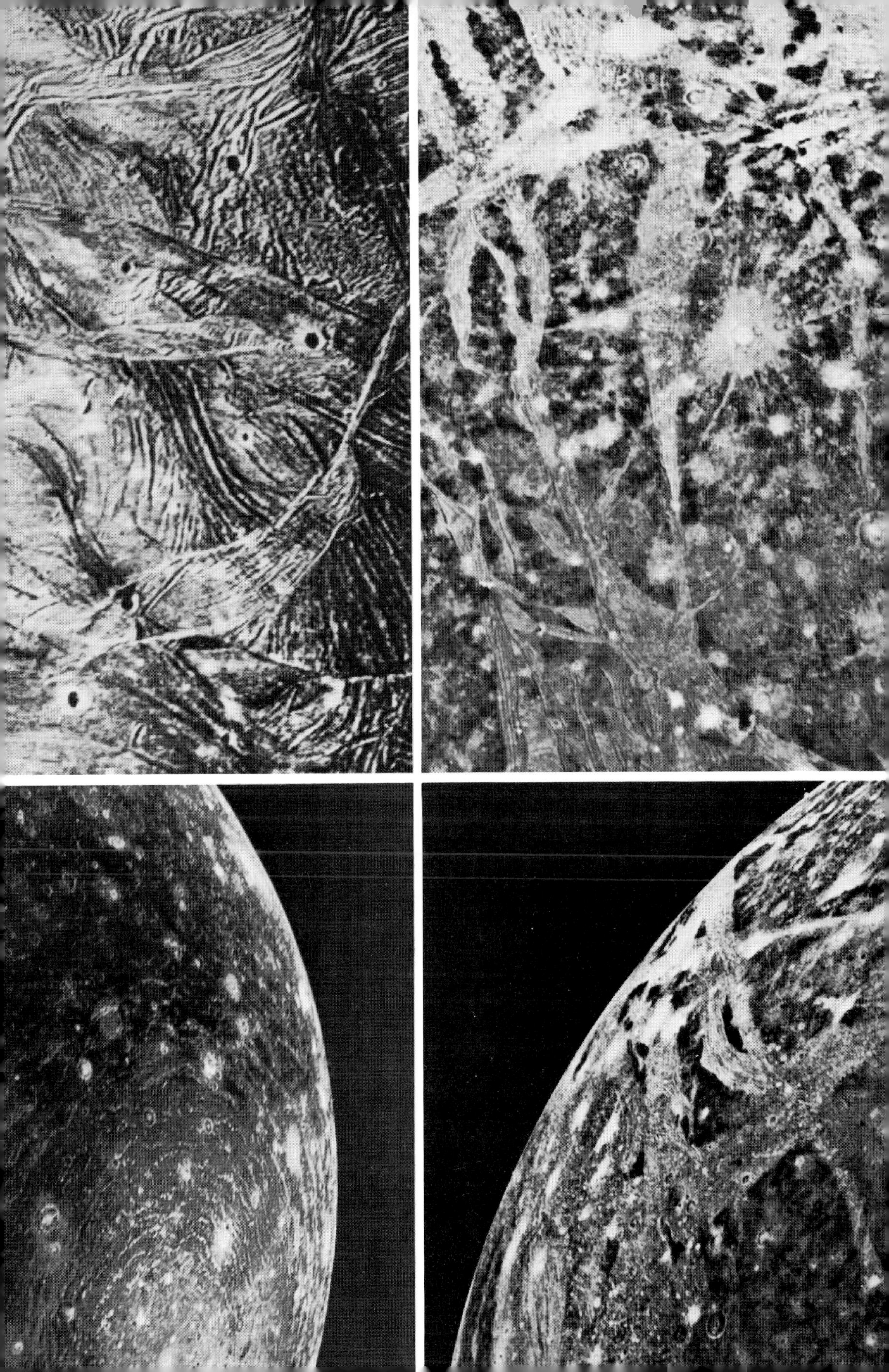

Der Jupitermond Io

Die größte Überraschung sollte aber noch kommen. Der Rand von Io wurde regelmäßig abgetastet und das Resultat in einem Computerprogramm zur Bestimmung der Position der Raumsonde verwendet. Bei einer dieser Routine-Abtastungen war der Rechner unfähig, die Randmessungen durch einen Kreis darzustellen und wies die Daten immer wieder zurück. Die entsprechenden Daten wurden nun zu einem Bild verarbeitet und man fand am Rand von Io ein Gebilde wie das oben rechts gezeigte. 30 Stunden lang diskutierte das Voyager-Team darüber, was das wohl sein könnte und machte schließlich die verblüffende Mitteilung, daß Io tätige Vulkane besitzt. Sechs weitere wurden in der Nähe des Äquators rund um den Mond entdeckt. Das mittlere rechte Bild zeigt zwei von ihnen: der eine verursacht den hellen Fleck nach Sonnenuntergang auf der nächtlichen Hemisphäre, der andere den 260 km hohen, großen Dom von Auswurfmaterial am rechten unteren Rand. Diese merkwürdigen Schirme entstehen, weil Io praktisch keine Atmosphäre und daher auch keinen Wind hat. Das ausgeworfene Material folgt nahezu perfekten Wurfparabeln, die zusammen den oben rechts sichtbaren „Springbrunnen" bilden. Auf der Erde würde das feinere Material vom Wind vertragen und weit verbreitet auf der Oberfläche abgelagert werden.

Als nähere Bilder von Io aufgenommen wurden, wurde der Ursprung der im mittleren linken Bild gezeigten dunklen Flecken klar. Die aus ihnen herausragenden gespreizten Finger dunklen Materials sind offenbar Lavaströme; von noch näher (unten links) sieht man den Umriß eines Kraters von ungefähr 50 km Durchmesser mit von ihm ausgehenden offensichtlichen Lavaströmen. Da die Krater nicht kreisförmig sind, ist auf vulkanischen Ursprung und nicht auf Einschlagkrater zu schließen. Es besteht auch eine große Ähnlichkeit mit vulkanischen Calderen auf der Erde. Zum Vergleich wird rechts unten die Caldera des Mauna Loa auf Hawaii gezeigt (das Bild umfaßt ein Gebiet von 6 km mal 7 km).

Die Entdeckung aktiver Vulkane irgendwo anders im Sonnensystem wäre aufregend genug gewesen, aber auf Io hätte man sie zuletzt erwartet. Seltsamerweise wurden sie aber in einem Artikel von Peal, Cassen und Reynolds theoretisch vorhergesagt, der wenige Tage vor ihrer Entdeckung erschienen war. Die Autoren berechneten, daß Europa und Ganymed die Bahn von Io stark stören würden und sich dadurch der von Jupiter erzeugte riesige Gezeitenwulst verlagert; durch die dabei entstehende Reibungswärme wird das Innere von Io so stark aufgeheizt, daß das Material dort aufgeschmolzen wird. Durch diesen andauernden internen Schmelzprozess bleiben die Vulkane aktiv und können die Oberfläche des Mondes ständig erneuern, was das völlige Fehlen von Einschlagkratern auf Io erklärt.

Die Entdeckung aktiver Vulkane auf Io ist wohl das bisher spektakulärste Ereignis in der ganzen Erforschung des Sonnensystems. Die Tatsache, daß sie erst vor kurzem gemacht wurde, erinnert daran, daß die planetare Geologie eine junge und sich rasch entwickelnde Wissenschaft ist, in der noch viel zu erforschen und zu entdecken bleibt. Detailliertere und umfassendere Ansichten der Jupitersatelliten werden von der Galilei-Mission erwartet. Und außerdem haben wir noch die Oberflächen von Venus, Titan und Triton, die in den kommenden Jahren weitere Überraschungen und Aufregungen bringen können.

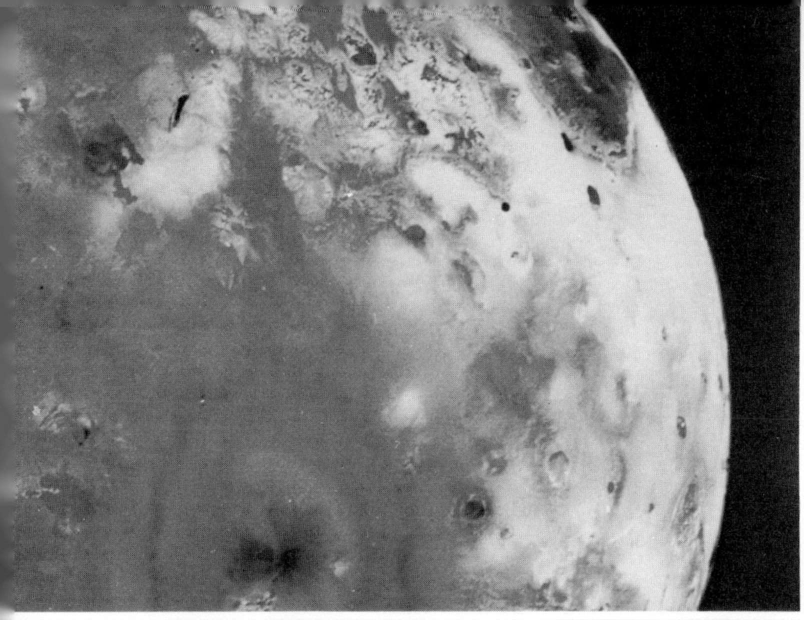
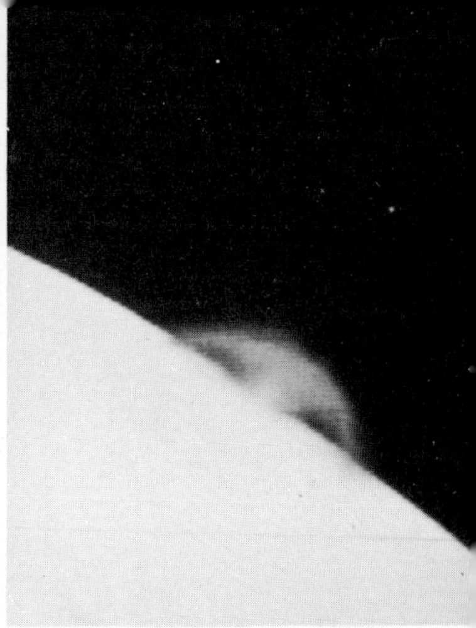
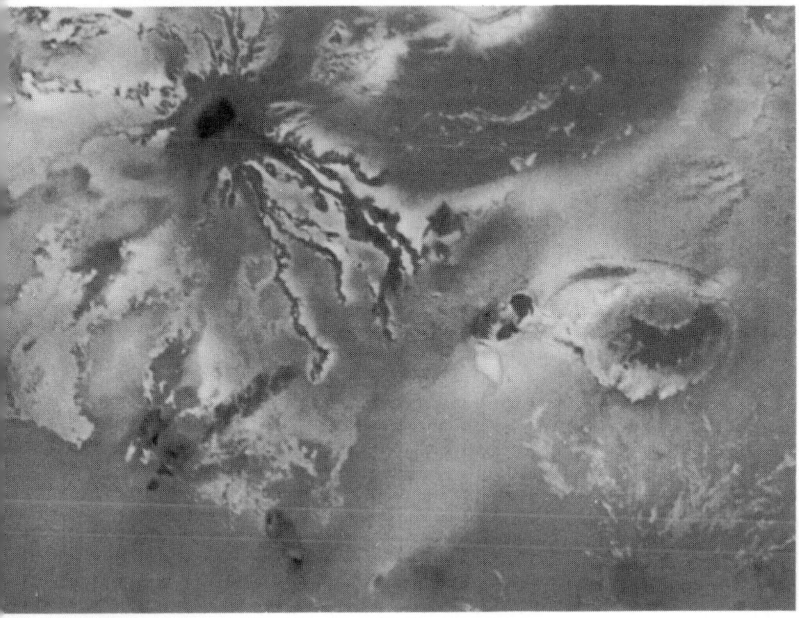
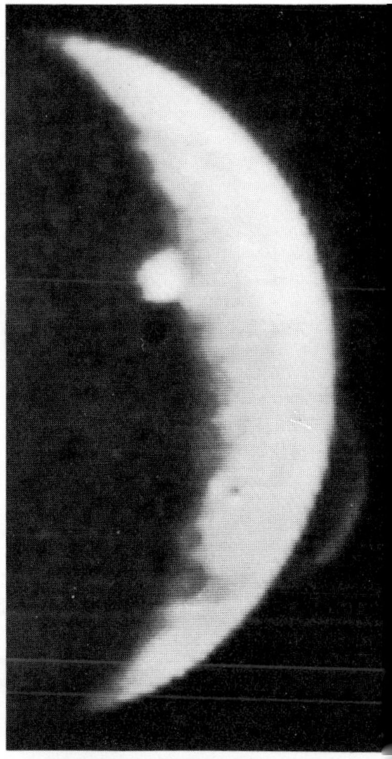
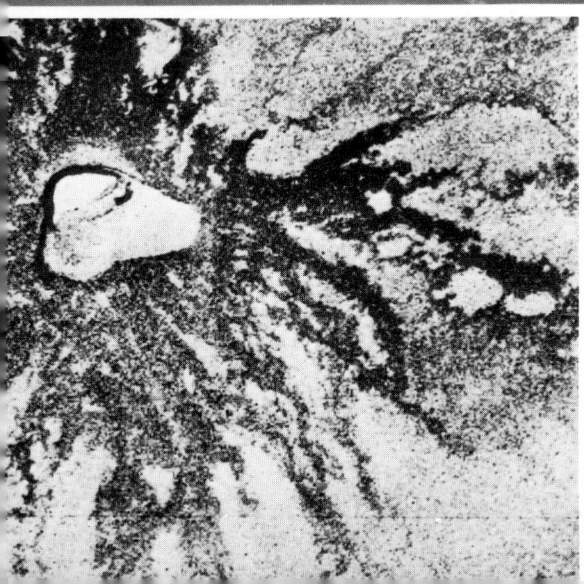

Danksagung

Dieses Buch wurde fast vollständig mit Fotografien illustriert, die von der „United States National Aeronautics and Space Administration“ stammen.
Die Abbildung Seite 17 wurde vom *Consolidated Lunar Atlas* übernommen; M. Malin stellte freundlicherweise die Abbildung Seite 197 (oben) zur Verfügung und C.P. Florensky Abbildung Seite 197 (unten). Die Autoren sprechen ihren Dank auch Pat Molloy und Joan Willsher aus, die das Manuskript mit der Maschine geschrieben haben, sowie David Rooks und John Barrett für die Vorbereitung des gesamten Bildmaterials.

Register